T0074075

MES-Kompendium

Jürgen Kletti und Rainer Deisenroth

MES-Kompendium

Ein Leitfaden am Beispiel von HYDRA

2. Auflage

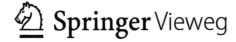 Springer Vieweg

Jürgen Kletti
MPDV Mikrolab GmbH
Mosbach, Deutschland

Rainer Deisenroth
MPDV Mikrolab GmbH
Mosbach, Deutschland

ISBN 978-3-662-59507-7   ISBN 978-3-662-59508-4 (eBook)
DOI 10.1007/978-3-662-59508-4

Die Deutsche Nationalbibliothek verzeichnet diese Publikation in der Deutschen Nationalbibliografie; detaillierte
bibliografische Daten sind im Internet über http://dnb.d-nb.de abrufbar.

Springer Vieweg

Gedruckt auf säurefreiem und chlorfrei gebleichtem Papier.

Springer Vieweg ist ein Imprint der eingetragenen Gesellschaft Springer Verlag GmbH und ist ein Teil von
Springer Nature.
Die Anschrift der Gesellschaft ist Heidelberger Platz 3, 14197 Berlin, Gemany

Vorwort

Die Rolle der Manufacturing Execution Systeme (MES) hat sich in den letzten Jahren signifikant verändert. Wurden in der Vergangenheit MES-Systeme im Wesentlichen als ein wichtiges Instrument gesehen, um effizienter zu produzieren, haben sich durch den immer schärfer werdenden, globalen Wettbewerb neue Herausforderungen ergeben. Manufacturing Execution Systeme müssen heute Fertigungsunternehmen immer intensiver dabei unterstützen, Produkte mit hoher und stabiler Qualität zu niedrigen Preisen zu produzieren, flexible und kurze Lieferzeiten zu gewährleisten, eine hohe Produktvielfalt bis hin zur Losgröße eins zu beherrschen und strenge, teils gesetzlich regulierte Vorgaben einzuhalten. Dies impliziert, dass MES in der Zukunft mehr als die klassischen, in der VDI-Norm 5600 definierten Aufgaben erfüllen müssen.

Und es kommt eine weitere große Herausforderung hinzu. Mit Blick auf zukünftige Technologien und Konzepte wie Industrie 4.0, Integrated Industry, Industrial Internet of Things oder die allgemein geforderte Digitalisierung werden Manufacturing Execution Systeme deutlich an Bedeutung gewinnen. In zukunftsorientierten Fertigungsunternehmen werden sie den Status eines strategischen Systems einnehmen, denn sie bieten nicht nur den „360 Grad-Blick" in Echtzeit auf alle Shopfloor-Prozesse, sondern sie fungieren zusätzlich als Datendrehscheibe. In dieser wichtigen Rolle werden sie dabei helfen, die enormen Datenmengen zu bewältigen und die umfassende Vernetzung der produktionsnahen Systeme sicherzustellen.

MES-Systeme werden natürlich auch in der Zukunft verantwortlich dafür sein, die tägliche Arbeit der Produktionsverantwortlichen und des Managements wirkungsvoll zu unterstützen. Sie können mit ihrer umfassenden Datenbasis und den daraus generierten Kennzahlen dabei helfen, die richtigen Entscheidungen zu treffen und den kontinuierlichen Verbesserungsprozess voranzutreiben. Die im MES angesiedelten Funktionen zur Feinplanung sind ein wichtiges Element auf dem Weg zu zielgerichteter und effizienter Produktion. Leistungsfähige MES-Applikation im QS-Bereich sind eine zuverlässige Basis dafür, dass die hohen Qualitätsansprüche der Kunden erfüllt werden und dadurch deren Zufriedenheit steigt.

Eine aufwands- und verschwendungsarme Produktion mit immer leistungsfähigeren Maschinen und Anlagen und einer Entwicklung hin zur sog. Smart Factory ist ohne leistungsfähige Fertigungs-IT nicht mehr vorstellbar. Bei genauerer Betrachtung wird deutlich, dass ein MES der Zukunft ein Werkzeug sein muss, das alle Daten von allen an der Produktion beteiligten Ressourcen behandelt und sowohl die eigentliche Fertigungsorganisation, das Personalmanagement in der Produktion und das Qualitätsmanagement mit geeigneten Funktionen versorgt. Diese sog. horizontale Integration muss ergänzt werden durch vertikal wirkende Schnittstellen zu übergeordneten Systemen wie ERP und zu unterlagerten Subsystemen in der Fertigung. Welche Bedeutung diese moderne Sichtweise hat, welche Vorteile sie bringt und wie sie in der Praxis umgesetzt werden kann, wird in den folgenden Kapiteln dieses Buches am Beispiel des Manufacturing Execution Systems HYDRA als zeitgemäßer Repräsentant für ein leistungsfähiges MES vorgestellt.

Kapitel 1 beschäftigt sich mit den Nutzeffekten, die sich aus dem MES-Einsatz bei richtiger Anwendung ergeben können und welche Aufgaben ein MES erfüllen muss. In Kapitel 2 wird dargestellt, welche wichtige Rolle Manufacturing Execution Systeme im Kontext von Industrie 4.0 spielen. Außerdem wird aufgezeigt, welche Herausforderungen Unternehmen im Zuge der Digitalisierung meistern müssen und wie sie auf dem Weg zur Smart Factory wirkungsvoll durch MES unterstützt werden. Kapitel 3 beschreibt die IT- und Systemstruktur des MES HYDRA, dessen Querschnittsfunktionen sowie die Komponenten zur Erfassung, Verarbeitung und Auswertung der Daten. Kapitel 4 widmet sich dem zentralen Thema Datenerfassung und Shopfloor-Integration. In Kapitel 5 werden die HYDRA-Module beschrieben, welche die Fertigungsorganisation unterstützen. Hier geht es hauptsächlich um die Fertigungsfeinplanung, Betriebs- und Maschinendatenerfassung sowie angrenzende Bereiche. Kapitel 6 beschäftigt sich mit den Aufgaben und Funktionalitäten des Personalmanagements in der Produktion. Der wichtige Bereich des Qualitätsmanagements wird in Kapitel 7 behandelt.

Für alle der oben genannten Bereiche sind wesentliche Funktionen in Textform erläutert und mit Grafiken sowie Screenshots illustriert. Die Beschreibungen geben so einen ersten, beispielhaften Einblick zur Funktionsweise der MES-Applikationen.

Natürlich ist es im Rahmen eines solchen Werkes nicht möglich, alle Funktionen im Detail zu beschreiben, denn die HYDRA-Handbücher umfassen tausend Seiten. Um den Gesamteindruck jedoch nicht nur auf die zentralen Funktionen zu beschränken, wurde jedem Kapitel eine kurze Übersicht angegliedert, in der auch nicht unbedingt im Fokus stehende Funktionalitäten in Kurzform aufgeführt sind. Insgesamt soll das vorliegende Werk einen Überblick über die Bandbreite von HYDRA sowie dessen Design und Funktionsumfang als repräsentatives Beispiel für ein modernes MES vermitteln.

Prof. Dr. Jürgen Kletti

Rainer Deisenroth   Mosbach, im März 2019

Inhalt

1 Einordnung und Funktionsumfang von MES 1
  1.1 Eine Standortbestimmung 1
  1.2 Anwendungsgebiete und Aufgaben von MES 3
  1.3 Integratives Datenmanagement 5
  1.4 MES als Informations- und Steuerungsinstrument 8

2 Industrie 4.0, MES und Digitalisierung 13
  2.1 MES 4.0 als konzeptionelle Vorstufe 13
  2.2 MES als Basis für Industrie 4.0 und Digitalisierung 17
  2.3 Das Vier-Stufen-Modell für den Weg zur Smart Factory 18
  2.4 Ausblick: Smart Factory Elements 22

3 HYDRA als Beispiel für moderne MES-Systeme 27
  3.1 HYDRA-Architektur unter IT-Gesichtspunkten 27
  3.2 Allgemeine Systemmerkmale 29
  3.3 HYDRA-Systemstruktur 31
    3.3.1 System Integration Services 32
    3.3.2 MES Application Services 37
    3.3.3 MES Operation Center (MOC) 38
    3.3.4 Smart MES Applications (SMA) 42
    3.3.5 MES Cockpit 45
    3.3.6 Enterprise Integration Services 47
    3.3.7 Acquisition and Information Panel (AIP) 48
    3.3.8 Shopfloor Connectivity Services 49
  3.4 Das maßgeschneiderte MES 50
  3.5 Die HYDRA-Anwendungen im Überblick 52

4 Datenerfassung und Shopfloor-Integration 57
  4.1 Besondere Rahmenbedingungen in der Fertigung 58
  4.2 Manuelle Datenerfassung und Information der Werker 59
  4.3 Automatisierte Datenübernahme 60
  4.4 Big Data und MES 63

5 HYDRA für das Fertigungsmanagement 67
  5.1 Betriebsdatenerfassung (BDE) 67
    5.1.1 Datenerfassung und Information 68
    5.1.2 Monitoringfunktionen zu Aufträgen und Arbeitsgängen 70
    5.1.3 Analytics- und Controllingfunktionen 72
    5.1.4 Funktionen für die Fertigungssteuerung 79

5.1.5   HYDRA-BDE im Überblick... 82

5.2   Maschinendatenerfassung (MDE) 84

5.2.1   Konfiguration von Maschinen und Arbeitsplätzen................... 85

5.2.2   Monitoring Maschinendaten.. 87

5.2.3   Analytics- und Controllingfunktionen zu Maschinendaten....... 90

5.2.4   HYDRA-MDE im Überblick... 98

5.3   HYDRA-Leitstand (HLS).. 100

5.3.1   Die Plantafel als zentrales Element 101

5.3.2   Individuelle Konfiguration des Leitstands............................... 102

5.3.3   Feinplanungs- und Belegungsfunktionen 104

5.3.4   Optimierung.. 106

5.3.5   Simulation... 108

5.3.6   Planungsinformationen 109

5.3.7   Bewertung der Planungssituation und Predictive Scheduling. 111

5.3.8   Mobiler Leitstand... 115

5.3.9   HYDRA-Leitstand im Überblick.. 116

5.4   Dynamic Manufacturing Control (DMC)................................. 118

5.4.1   Abbildung der Produktionslinien und Montagearbeitsplätze .. 119

5.4.2   Prozessüberwachung und –verriegelung 121

5.4.3   Werkerführung... 122

5.4.4   Produktdokumentation... 122

5.4.5   HYDRA-DMC im Überblick 124

5.5   Material- und Produktionslogistik (MPL) 125

5.5.1   Material- und Bestandsverwaltung.. 126

5.5.2   Bestandsübersichten und Verfallsstatistiken 127

5.5.3   Intralogistik und Transportmanagement.................................. 129

5.5.4   HYDRA-MPL im Überblick 131

5.6   Tracking & Tracing (TRT) 132

5.6.1   Chargen- und Losdatenerfassung 134

5.6.2   Chargen- und Losverfolgung... 136

5.6.3   Seriennummernverwaltung.. 137

5.6.4   Produktdokumentation... 138

5.6.5   HYDRA-TRT im Überblick... 139

5.7   Prozessdatenverarbeitung (PDV)... 140

5.7.1   Verwaltung der Stammdaten 141

5.7.2   Online-Visualisierung der Prozessdaten.................................. 143

5.7.3   Analytics-Funktionen 144

5.7.4   HYDRA-PDV im Überblick.. 147

5.8   Werkzeug- und Ressourcenmanagement (WRM)..................... 148

5.8.1   Verwaltung der Stammdaten 149

5.8.2   Aktuelle Informationen zu Werkzeugen und Ressourcen 151

5.8.3   Analytics-Funktionen, Reports und Archivierung.................. 153

5.8.4   Planungsfunktionen 154

5.8.5   HYDRA-WRM im Überblick.. 156

5.9   DNC und Einstelldaten 158

5.9.1   Typischer DNC-Workflow 158

5.9.2   Verwaltung der NC-Programme und Einstelldatensätze 160

5.9.3   Monitoring zu NC-Programmen..................................... 161

5.9.4   Download / Upload der NC-Programme 162

5.9.5   HYDRA-DNC im Überblick 164

5.10   Energiemanagement (EMG).. 165

5.10.1   Die gewachsene Bedeutung des Energiemanagements 165

5.10.2   Energiemanagement mit dem MES-HYDRA 166

5.10.3   Erfassung von Energiedaten 167

5.10.4   Verwaltung von Stammdaten 167

5.10.5   Monitoring Energiedaten 169

5.10.6   Analytics-Funktionen zum Energieverbrauch 170

5.10.7   HYDRA-EMG im Überblick... 173

6   HYDRA für das Personalmanagement.. 175

6.1   Allgemeiner Überblick 175

6.2   Personalzeiterfassung (PZE).. 177

6.2.1   Stammdatenverwaltung 177

6.2.2   Erfassung von Personalzeiten 179

6.2.3   Übersichten, Pflegefunktionen und Personalinformationen 180

6.2.4   HYDRA-PZE im Überblick 183

6.3   Personalzeitwirtschaft (PZW) 184

6.3.1   Bewerten von Personalzeiten....................................... 184

6.3.2   Arbeitszeit- und Fehlzeitenplanung 188

6.3.3   Workflow für Fehlzeiten... 190

6.3.4   Datenpflege und Auswertungen 191

6.3.5   Personal- und Lohnartenstatistiken............................... 194

6.3.6   HYDRA-PZW im Überblick 196

6.4   Personaleinsatzplanung (PEP) 198

6.4.1   Verwaltungsfunktionen zur Personaleinsatzplanung.............. 199

6.4.2   Ermittlung des Personalbedarfs und Personalbelegung........... 201

6.4.3   Auswertungen zur Personaleinsatzplanung 203

6.4.4   HYDRA-PEP im Überblick... 205

6.5   Leistungslohnermittlung (LLE) 206

6.5.1   Stammdatenverwaltung 207

6.5.2   Berechnungs- und Bewertungsfunktionen........................ 207

6.5.3   Datenpflege, Übersichten und Auswertungen 210

6.5.4   Auswertungen zu Prämiengruppen 212
6.5.5   HYDRA-LLE im Überblick 215
6.6   Zutrittskontrollsystem (ZKS) 216
6.6.1   Verwaltungsfunktionen 217
6.6.2   Aktuelle Übersichten und Informationen 220
6.6.3   Auswertungen zur Zutrittskontrolle 221
6.6.4   Spezielle Zutrittskontrollfunktionen 222
6.6.5   HYDRA-ZKS im Überblick 223

7   HYDRA für die Qualitätssicherung 225
7.1   Allgemeiner Überblick 225
7.2   Übergreifende CAQ-Funktionen 227
7.3   Fehlermöglichkeits- und -einflussanalyse (FMEA) 233
7.3.1   HYDRA-FMEA im Überblick 236
7.4   Fertigungsbegleitende Prüfung (FEP) 237
7.4.1   Prüfplanung für die fertigungsbegleitende Prüfung ... 237
7.4.2   Prüfdatenerfassung 238
7.4.3   Auswertung der Prüfergebnisse 240
7.4.4   Warenausgangsprüfung 244
7.4.5   Erstmusterprüfung 245
7.4.6   HYDRA-FEP im Überblick 245
7.5   Wareneingangsprüfung (WEP) 247
7.5.1   Prüfplanung für den Wareneingang 248
7.5.2   Durchführung der Wareneingangsprüfungen 249
7.5.3   Auswertungen 250
7.5.4   HYDRA-WEP im Überblick 253
7.6   Reklamationsmanagement (REK) 254
7.6.1   Stammdaten 254
7.6.2   Datenerfassung und Maßnahmenmanagement 254
7.6.3   Monitoring und Analysen 256
7.6.4   Berichte und Formulare 257
7.6.5   HYDRA-REK im Überblick 259
7.7   Prüfmittelverwaltung (PMV) 260
7.7.1   Stammdatenverwaltung 260
7.7.2   Prüfplanung und Kalibrierung 261
7.7.3   Datenauswertung und Kalibrierplanung 261
7.7.4   HYDRA-PMV im Überblick 263

Über die Autoren

Deisenroth, Rainer, Jahrgang 1953, war nach dem Abschluss des Studiums der Technischen Informatik zunächst im Bereich der Hard- und Software-Entwicklung sowie im Produktmanagement tätig. 1990 trat er in die MPDV Mikrolab GmbH ein. Dort ist er heute als Global Sales Coordinator und als Mitglied der Geschäftsleitung tätig.

Kletti, Jürgen, Jahrgang 1948, studierte Elektrotechnik mit dem Spezialfach „Technische Datenverarbeitung" an der Universität Karlsruhe. Nach seiner Promotion gründete er die Firma MPDV Mikrolab GmbH deren Gesellschafter und Geschäftsführer er heute noch ist. Daneben ist Prof. Dr. Kletti Mitglied in verschiedenen Gremien.

Kletti, Nathalie-Lorena, Jahrgang 1985, studierte Volkswirtschaftslehre / Betriebswirtschaftsleh-
re mit der Vertiefung Internationale Wirtschafts-
beziehungen. Seit 2018 ist sie als Vice President
Enterprise Development und Mitglied der Geschäftsleitung bei MPDV Mikrolab GmbH tätig.

Strebel, Thorsten, Jahrgang 1972, Dipl.-
Ing.(BA), studierte „Technische Informatik" mit
Schwerpunkt Produktionsinformatik an der Be-
rufsakademie Mosbach und ist heute als Vice
President Products and Consulting bei MPDV
Mikrolab GmbH verantwortlich für das Produktmanagement, die Weiterentwicklung des Pro-
duktportfolios sowie den strategischen Ausbau
des Consultingbereichs.

Glossar

AIP

Das Acquisition and Information Panel (AIP) ist eine HYDRA-Anwendung zur Erfassung von Daten und zum Anzeigen von Informationen in der Fertigung.

Arbeitsgang

Ein Arbeitsgang ist ein Arbeitsschritt (z.B. Drehen, Fräsen, Bohren) innerhalb eines mehrstufigen Fertigungsauftrags.

Archivierung

Ein MES muss die grundlegende Funktionalität besitzen, Daten über beliebig lange Zeiträume in Archivtabellen der Datenbank in mehr oder weniger verdichteter Form zu speichern. Über Standardauswertungen kann bei Bedarf auf die archivierten Daten zugegriffen werden.

Arbeitsplatz

Der Begriff Arbeitsplatz wird im MES HYDRA als Synonym für physikalische bzw. logische Arbeitsplätze und Maschinen in der Fertigung verwendet.

BDE

Die Betriebsdatenerfassung (BDE) sammelt auftragsbezogene Informationen zu den Fertigungsprozessen und stellt entsprechende Monitoring- bzw. Analyticsfunktionen bereit.

MES-Terminal

MES-Terminal steht als Sammelbegriff für Geräte, die direkt an Maschinen und Arbeitsplätzen in der Fertigung positioniert sind und über deren Bedienoberfläche Werker, Einrichter und andere Mitarbeiter sämtliche Daten eingeben und Informationen abrufen können. Außerdem können MES-Terminals mit geeigneten Schnittstellen ausgestattet werden, um automatisch Daten aus Maschinen und Anlagen zu übernehmen.

Belegnutzgrad

Der Belegnutzungsgrad ist der Quotient aus Belegungszeit dividiert durch Planbelegungszeit und liefert eine Aussage dazu, wie stark eine Ressource ausgelastet war.

Betriebsmittelkonten

Betriebsmittelkonten dienen der Verdichtung von erfassten Maschinenzuständen aus betriebswirtschaftlicher Sicht (z.B. Nebennutzungszeit, Hauptnutzungszeit).

CAQ

Computer Aided Quality Assurance – Erfassung, Überwachung und statistische Auswertung von Qualitätsdaten

DNC

Direct Numeric Control (DNC) übernimmt den Online-Datentransfer über Netzwerke oder Datenschnittstellen von und zu den Maschinen und gewährleistet damit die schnelle Verfügbarkeit der NC-Programme oder Einstelldatensätze in den Maschinen- und Anlagensteuerungen.

Einzelarbeitsplatz

Ist ein Arbeitsplatz, an dem eine Person an einem oder mehreren Arbeitsgängen arbeitet. Das Pendant ist der Gruppenarbeitsplatz, an dem mehrere Personen zeitgleich an einem oder mehreren Arbeitsgängen arbeiten.

EMG

Das Energiemanagement (EMG) unterstützt Unternehmen dabei, Energieverbräuche im Detail zu analysieren und Verursacher von Energieverschwendung ermitteln zu können. Die Ergebnisse sollen helfen, den Energieverbrauch signifikant zu reduzieren.

Enterprise Integration Services

Services zur Verknüpfung des MES mit den überlagerten Systemen wie ERP, CRM oder ähnliche.

ERP

Enterprise Resource Planning - System zur Planung des Ressourceneinsatzes (Kapital, Betriebsmittel, Personal), um die Geschäftsprozesse nachhaltig zu verbessern.

Euromap 63, Euromap 77

Eine Standard-Schnittstelle, die viele Hersteller von Spritzgießmaschinen zur Kommunikation der Maschinen mit externen Systemen wie MES anbieten.

Fehlzeit

Fehlzeiten sind geplante oder ungeplante Abwesenheitszeiten von Mitarbeitern.

FEP

Die Fertigungsprüfung (FEP) umfasst die Teilbereiche fertigungsbegleitende Prüfung, statistische Prozessregelung (SPC), Warenausgangsprüfung, Erstmusterprüfung und Produktlenkungsplan.

Fertigungsauftrag

Ein Fertigungsauftrag ist ein innerbetrieblicher Auftrag, der aus einem oder mehreren Arbeitsgängen besteht und die Herstellung bzw. Bearbeitung einer definierten Menge eines Materials, einer Baugruppe oder eines Enderzeugnisses zum Ziel hat.

Shopfloor Monitor

Visualisierungstool, das von verschiedenen HYDRA-Applikationen (BDE, MDE, ZKS, PDV, MPL) zur individuell gestaltbaren, grafischen Darstellung von Maschinen-und Anlagenzuständen, Materialflüssen, Prozesswerten und anderen Online-Daten genutzt wird.

Gruppenarbeitsplatz

Ein Arbeitsplatz, an dem mehrere Personen zeitgleich an einem oder mehreren Arbeitsgängen arbeiten.

HLS

Der HYDRA-Leitstand (HLS) ist ein Planungswerkzeug, das den Anwender bei der realitätsnahen Planung eines optimalen Produktionsablaufes unterstützt.

IDOC

Dokument, das erzeugt wird, um Daten zwischen SAP und anderen Systemen zu übertragen.

Industrie-PC

PC´s, die entwickelt wurden, um sie im industriellen Bereich unter Berücksichtigung der dort herrschenden Bedingungen einzusetzen.

LLE

Mit Hilfe der Leistungslohnermittlung (LLE) können unterschiedliche Leistungs- oder Prämienlohnmodelle abgebildet werden.

Lohnart

In der Personalzeitwirtschaft werden bewertete Zeiten auf Lohnarten wie Grundlohn, Mehrarbeit oder Nachtschichtzuschlag gebucht.

Los

Wird als Synonym für Charge verwendet und ist als Menge eines Materials zu interpretieren, das hinsichtlich seiner Eigenschaften als qualitativ gleichartig anzusehen ist.

Materialpuffer

Materialpuffer sind Lagerorte für Materialien innerhalb der Fertigung. Dies können z.B. WIP-Lager (Work in Progress) im herkömmlichen Sinn oder Materialpuffer vor und nach Maschinen sein.

MDE

Die Maschinendatenerfassung (MDE) bietet ein umfangreiches Funktionsspektrum, um Maschinendaten lückenlos zu erfassen, sie zeitaktuell zu visualisieren und je nach Sichtweise auszuwerten.

MES Application Services

Services zur Datenverarbeitung und –verdichtung als Vorstufe zur Präsentation der Informationen im MES Operation Center (MOC).

MES-Weaver

Integrationsplattform, die alle Basis- und Administrationsservices des HYDRA-MES-Systems beinhaltet.

MLE

MES-Link Enabling – Kommunikationsplattform zum Datenaustausch zwischen HYDRA und ERP-Systemen.

MOC

MES Operation Center- Grafische Benutzeroberfläche des MES-HYDRA zur Administration des Systems, zur Visualisierung der Daten und zur Nutzung von Planungstools.

Monitoring

Unter Monitoring wird in HYDRA die Anzeige von aktuell erfassten Daten zu Aufträgen, Maschinen, Werkzeugen, Prozessen, Personen etc. und deren Anzeige, die quasi in Echtzeit geschieht, verstanden.

MPL

Die Material- und Produktionslogistik (MPL) unterstützt den Anwender dabei, den Materialfluss zu verfolgen, zu steuern und zu dokumentieren.

NC-Programm

Ein NC-Programm beinhaltet sämtliche Steuerungsbefehle für Maschinen- und Anlagensteuerungen, die benötigt werden, um ein bestimmtes Teil zu produzieren. Als Synonym werden auch Begriffe wie NC-Datensatz, Einstelldatensatz oder Einstellparameter verwendet.

Nutzgrad

Der Nutzgrad gibt Auskunft darüber, wie produktiv eine Maschine bzw. eine Ressource ist.

OEE

Overall Equipment Effectiveness - Kennzahl zur Beurteilung der Gesamtanlageneffizienz, die das Produkt aus der Multiplikation der Faktoren Verfügbarkeit, Effektivität und Qualitätsrate ist.

OPC

OLE (Object Linking and Embedding) for Process Control - Standard-Schnittstelle zum Datenaustausch zwischen der Automatisierungstechnik und anderen Systemen.

PCC

Process Communication Controller (PCC) – Kommunikationsplattform zum Datenaustausch zwischen HYDRA und der Maschinenebene.

PDV

Über die Prozessdatenverarbeitung (PDV) werden Prozesswerte wie Temperatur, Geschwindigkeit, Druck und andere Prozessgrößen erfasst und ausgewertet.

PEP

Die Personaleinsatzplanung (PEP) unterstützt den Anwender dabei, das Personal optimal zu verplanen.

Pivot-Tabelle

Eine Pivot-Tabelle bietet dem Anwender die Möglichkeit, große Datenmengen in einer verdichteten Form dynamisch darzustellen. Dynamisch heißt, die Anordnung von Spalten und Zeilen kann individuell verändert werden (Pivotieren).

PMV

In der Prüfmittelverwaltung (PMV) werden alle Mess- und Prüfeinrichtungen verwaltet und deren Prüffälligkeit über Kalibrierintervalle überwacht.

Prozessgrad

Der Prozessgrad ist ein Maß für die Wirtschaftlichkeit eines Prozesses in der Fertigung.

Prüfanforderung

Prüfanforderungen werden auf der Basis von Prüfplänen mit konkretem Bezug zu Fertigungsaufträgen erzeugt.

Prüfplan

Im Prüfplan werden alle Daten zusammengeführt, die innerhalb einer Qualitätsprüfung für einen bestimmten Artikel relevant sind.

Prüfschritt

Für jedes zu kontrollierende Qualitätsmerkmal wird ein Prüfschritt erzeugt, auf deren Basis der Verantwortliche durch die Qualitätsprüfung geführt wird.

PZE

Die Personalzeiterfassung (PZE) erfasst die Kommt-/ Geht- und Pausenbuchungen der Mitarbeiter.

PZW

Die Personalzeitwirtschaft (PZW) verarbeitet alle in der PZE erfassten personenbezogenen Daten.

QMS

Qualitätsmanagement - System zur Entwicklung und Erhaltung des Qualitätsstandards von Geschäftsprozessen, Produkten und Dienstleistungen. Ist auf der unternehmensweiten Ebene angesiedelt.

Qualitätsrate

Die Qualitätsrate gibt das Verhältnis an zwischen Gutmenge und produzierter Menge.

REK

Im Reklamationsmanagement (REK) werden Reklamationen erfasst und über definierte Workflows deren Abarbeitung gesteuert.

Ressource

In den HYDRA-Stammdaten werden gleichartige Tabellen zur Verwaltung von Maschinen, Werkzeugen, Betriebsmitteln, Fertigungshilfsmitteln sowie Mess- und Prüfmitteln genutzt, in denen „Ressource" als übergreifendes Synonym für die o.a. Begriffe verwendet wird.

Rüstgrad

Der Rüstgrad gibt Auskunft darüber, wie groß der Anteil der Rüstzeiten an der gesamten Bearbeitungszeit eines Auftrags ist.

Smart Factory

Vision einer Produktionsumgebung, in der sich Fertigungsanlagen und Logistiksysteme ohne menschliche Eingriffe weitgehend selbst organisieren. Die Vernetzung von eingebetteten Produktionssystemen und dynamischen Geschäfts- und Engineering-Prozessen ermöglicht eine rentable Herstellung von Produkten auch bei individuellen Kundenwünschen bis hin zur Losgröße 1.

SOA

Service Oriented Architecture - Architekturmuster der Informationstechnologie, in dem Dienste ("Services") bereitgestellt werden, die durch verschiedene Zusammensetzung immer neue Funktionen ergeben können.

Statusklassen

Maschinenzustände werden auf Statusklassen mit technischer oder organisatorischer Ausrichtung verdichtet.

Technischer Nutzgrad

Der Technische Nutzgrad entspricht dem Wirkungsgrad einer Maschine und sagt aus, wie groß der Anteil von technisch bedingten Störungen an der gesamten Hauptnutzungszeit ist.

TRT

Mit Hilfe des Tracking & Tracing (TRT) kann der Produktionsprozess eines Produktes verfolgt und dokumentiert werden.

Vertikale Integration

Die verbindende Funktion von MES-Systemen zwischen unternehmensweiter Systemebene (z.B. ERP) und Maschinenebene in der Produktion.

WEP

Die Wareneingangsprüfung (WEP) erkennt fehlerhafte Rohstoffe und Produkte bereits vor der Weiterbearbeitung in der eigenen Fertigung und löst Reklamationen dazu aus.

WRM

Das Werkzeug- und Ressourcenmanagement (WRM) bietet dem Anwender Funktionen, um Werkzeuge und andere Ressourcen zu verwalten und zu überwachen.

Zeitgrad

Der Zeitgrad gibt das Verhältnis von vorgegebener Sollzeit zu benötigter Istzeit an.

ZKS

Mit Hilfe der Zutrittskontrolle können Zutrittsberechtigungen für Personal und Besuchern vergeben sowie Zutritte und Zutrittsversuche überwacht und protokolliert werden.

1 Einordnung und Funktionsumfang von MES

1.1 Eine Standortbestimmung

Der Zwang zu mehr Effizienz und Qualität sowie der Preisdruck, der durch den globalen Wettbewerb entsteht, zwingen Fertigungsunternehmen immer mehr, die Produktion zu optimieren und Abläufe zu verbessern. Eine pünktliche, fehlerfreie Lieferung an den Kunden ist längst nicht mehr das höchste Ziel eines Fertigungsunternehmens, sondern die Produktion, in der erst gar keine Fehler entstehen. Mögliche Qualitätsmängel sollen bereits vor der Entstehung vermieden oder fehlerhafte Teile sollen sofort nach deren Entdecken aus der Produktion ausgeschleust werden. Damit werden Aufwände und Kosten reduziert, die durch das Weiterbearbeiten von Teilen entstehen, deren Qualität durch die Probleme in den vorhergehenden Verarbeitungsschritten ohnehin nicht mehr gewährleistet ist. Weitere Schwachstellen in der Produktion sind überhöhte Umlaufbestände durch hohe Liegezeiten, Energieverschwendung durch schlechte Planung oder überdimensionierter Personaleinsatz durch nicht optimierte Prozessauslegung. Diese Liste ließe sich nahezu beliebig fortsetzen. Die Effekte hierzu wurden in zahlreichen Untersuchungen zu Verschwendungen in der Produktion beschrieben unter anderem im Buch „Die perfekte Produktion" (Kletti und Schumacher 2011).

Aber nicht nur Schwachstellen in der Fertigung plagen die Produzenten, sondern auch Anforderungen, die aus neuen gesetzlichen Regularien resultieren oder die Kunden heute an ihre Lieferanten stellen. In erster Linie sind hier Auflagen im Bereich von Tracking & Tracing zu nennen, welche eine mehr oder minder lückenlose Protokollierung von Fertigungsabläufen und deren Nachvollziehbarkeit vorschreiben. Echtzeitorientierte Produktionsprozesse wie „Just in Time" oder „Just in Sequence" bedingen eine hohe Termintreue, die wiederum nur über eine exakte Feinplanung und punktgenaue Steuerung der Fertigung zu erreichen ist. Hinzu kommt, dass der Markt heute immer individueller gestaltete Produkte fordert, was wiederum eine hohe Variantenvielfalt und im Extremfall sogar die Losgröße eins zur Folge hat.

Berücksichtigt man die Tatsache, dass sich in den nächsten Jahren durch die genannten Randbedingungen ein tiefgreifender Wandel in der Fertigungsorganisation vollzieht, wird schnell klar, dass die anstehenden, in Abb. 1.1 gezeigten strukturellen Veränderungen von den Unternehmen nur mit massiver Unterstützung durch fertigungsnahe IT-

© Springer-Verlag GmbH Deutschland, ein Teil von Springer Nature 2019
J. Kletti, R. Deisenroth, *Kompendium*
https://doi.org/10.1007/978-3-662-59508-4_1

Systeme bewältigt werden. Diese Erkenntnis führte unter anderem dazu, dass sich in den letzten Jahren nicht nur IT-Anbieter sondern auch staatliche Institutionen mit derartigen Themen sehr intensiv befassen. Heute werden Bestrebungen, die neben anderen im Kern die Verbesserung der Produktionsprozesse durch IT-Unterstützung zum Ziel haben, im direkten Zusammenhang mit Begriffen wie „Industrie 4.0", „Smart Factory" oder „Digital Factory" gesehen.

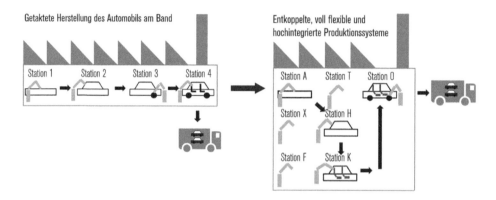

Abb. 1.1 Wandel in der Fertigungsorganisation am Beispiel der Automobilproduktion (Quelle: Umsetzungsempfehlungen für das Zukunftsprojekt Industrie 4.0)

Als ein Werkzeug oder auch „das Werkzeug" zur Bewältigung der anspruchsvollen Aufgaben haben sich in den letzten zwei Jahrzehnten Manufacturing Execution Systeme etabliert. Sie fungieren als zentrale Datendrehscheibe, und dienen dazu, die Flut an digitalen Informationen in sinnvoll nutzbare Ergebnisse umzuwandeln und damit die fertigungsnah agierenden Bereiche wirkungsvoll zu unterstützen.

Mit der intelligenten Verknüpfung von Maschinen, Werkstücken, Werkzeugen, Ladungsträgern und Fördermitteln durch ein MES können die Unternehmen signifikante Wettbewerbsvorteile erzielen. Mögliche Mehrwerte sind Energieeinsparung, eine höhere oder zumindest gleichmäßigere Auslastung der Produktion, mehr Transparenz sowie eine erhöhte Flexibilität. Die Fertigungsanlagen können selbstständig auf Veränderungen reagieren, kundenindividuelle Produkte schnell und zuverlässig fertigen oder den Ablauf über ein Netzwerk kooperierender Produktionseinheiten optimieren. Instandhaltungsmaßnahmen können vorbeugend auf Basis von belastbaren Ist-Daten oder Lebenszyklusmodellen gestaltet werden.

Das im vorliegenden Buch vorgestellte MES-System HYDRA ist einer der Vorreiter in dieser Disziplin. Es vereinigt alle wesentlichen Elemente des Fertigungs-, Personal- und Qualitätsmanagements, die in einem Produktionsbetrieb eine Rolle spielen. HYDRA wurde gemäß den Vorgaben der VDI-Richtlinie 5600 konzipiert. Es hilft den Mitarbeitern der fertigungsnahen Abteilungen bei der Bewältigung der zahlreichen Aufgaben und ist ein wichtiger Meilenstein auf dem Weg zur Smart Factory.

1.2 Anwendungsgebiete und Aufgaben von MES

Ursprünglich wurden Manufacturing Execution Systeme als Sammelsurium von Funktionen zur Betriebsdatenerfassung, Fertigungssteuerung, Maschinendatenerfassung, Werkzeugverwaltung, DNC, CAQ, Personalmanagement und weiteren verstanden. Die genannten Begriffe waren jedoch nicht sauber definiert, sodass ein weiter Spielraum für individuelle Auslegungen entstand. Um dem zu begegnen, hat sich erstmals im deutschsprachigen Raum ein Arbeitskreis des Vereins Deutscher Ingenieure (VDI) mit der Thematik MES im Detail beschäftigt und in der Richtlinie 5600 die Anwendungsgebiete und den Funktionsumfang von MES-Systemen beschrieben.

Abbildung 1.1 zeigt einen Auszug aus der Matrix, in der die Anwendungsgebiete beschrieben sind. Hier ist deutlich zu erkennen, welche der MES-Funktionalitäten die Einheiten und Abteilungen eines Fertigungsbetriebes in welchem Maße unterstützen.

Prozesse / Processes (siehe Abschnitt 6 / see Section 6) Teilprozesse / Subprocesses	Auftragsmanagement / Order management	Feinplanung und Steuerung / Detailed scheduling and process control	Betriebsmittelmanagement / Equipment management	Materialmanagement / Material management	Personalmanagement / Human resources management	Datenerfassung / Data aquisition	Leistungsanalyse / Performance analysis	Qualitätsmanagement / Quality management	Informationsmanagement / Information management	Energiemanagement / Energy management
Arbeitsvorbereitung / Operations planning										
Erstellung planungsrelevanter Unterlagen / generation of planning relevant documents	•		•	•			•	•	•	
Termin- und Kapazitätsplanung / time and capacity planning	•	•	•	•	•	•		•	•	
Sicherstellung der Verfügbarkeit / ensuring availability	•		•	•						
Analyse / analysis	•	•				•		•		
Produktion / Production										
Feinplanung / detailed planning	•	•	•	•	•	•				•
Vorbereitung / preparation	•		•	•	•				•	
Durchführung der Produktion / realisation of the production process	•		•	•	•	•	•		•	
Transport / Transportation										
Verwaltung und Planung von Transportaufträgen / administration and planning of transport orders	•	•	•			•			•	
Durchführung von Transportaufträgen / realisation of transport orders	•		•	•		•			•	
Materialwirtschaft / Materials management										
Materialdisposition / material disposal	•	•	•	•				•	•	
Materialbereitstellung / material provision	•			•					•	
Bestandsführung / stock management				•		•			•	
Inventur / inventory				•		•		•	•	
Materialanalysen / material analyses				•		•	•	•		
Qualitätssicherung / Quality assurance										
Definition von Prüfvorschriften / definition of test specifications			•	•				•		
Durchführung von Prüfungen / realisation of inspections	•	•			•	•		•		
Dokumentation und Bewertung der Prüfung / documentation and evaluation of inspections	•				•	•		•		
Einleitung von Maßnahmen / initiation of measures	•	•	•	•	•	•		•		

Abb. 1.2 Auszug aus der Aufgabenmatrix nach VDI 5600

In der VDI-Richtlinie 5600 wurde außerdem eine 3-Ebenen-Struktur für ein Fertigungsunternehmen definiert. Dabei werden den einzelnen Unternehmensebenen die jeweils re-
präsentierenden Systeme zugeordnet. Die Unternehmensleitebene wird dabei durch ERP
repräsentiert, die Fertigungsleitebene durch MES und die eigentliche Fertigungsebene
durch Arbeitsplätze, Maschinen und Anlagen.

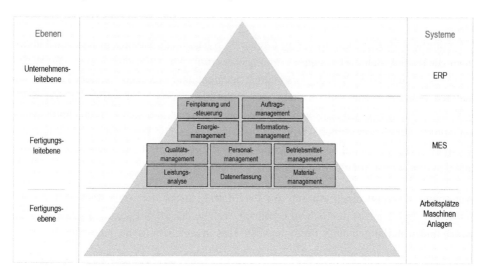

Abb. 1.3 Einordnung des MES in die Unternehmensebenen in Anlehnung an die VDI-Richtlinie 5600

In der MES-Ebene hat man Aufgaben eingefügt, die ein MES zur Unterstützung der Fertigungsprozesse übernimmt. Es wurden dort die zehn Aufgabenbereiche Auftragsma-
nagement, Feinplanung und Steuerung, Datenerfassung, Betriebsmittelmanagement, Materialmanagement, Qualitätsmanagement, Informationsmanagement, Leistungsanalyse,
Energiemanagement sowie Personalmanagement definiert.

Wie aus der Grafik deutlich zu erkennen ist, nimmt das MES in einem Fertigungsunternehmen eine zentrale Stellung ein. Die Darstellung der MES-Aufgaben nach VDI zeigt,
dass ein MES das Fertigungsmanagement in hohem Maße unterstützt durch fertigungs-
gerechte Auswertungen, Planungshilfen und Analysen für qualitätssichernde Maßnahmen. Diese Funktionalitäten tragen vor allem dem in den fertigungsnahen Abteilungen
vorherrschenden Detaillierungsbedarf als auch den kurzen Zeithorizonten Rechnung.

Das MES HYDRA hält sich mit seiner Modulstruktur an die Aufgabendarstellung gemäß der VDI-Festlegungen und fasst die Funktionen, die zur Erfüllung der Aufgaben
verfügbar sind, in etwas anderer Gruppierung mit teilweise abweichenden Begriffen zusammen. Der modulare Aufbau von HYDRA bietet die Möglichkeit, ein MES-System

anwendungs- und bedarfsorientiert in einem Fertigungsbetrieb zu implementieren und zu jedem beliebigen Zeitpunkt durch weitere MES-Anwendungen zu ergänzen.

Da die Datenerfassung und die Anbindung der Maschinen, Anlagen und Systeme im Shopfloor eine zentrale Stellung quasi als Voraussetzung für alle anderen Aufgaben einnimmt, wird dieses wichtige Thema in einem eigenen Kapitel behandelt.

1.3 Integratives Datenmanagement

In der Vorstufe und in den ersten Phasen von MES wurde sehr streng zwischen dem eigentlichen Fertigungsmanagement, der Qualitätssicherung und dem fertigungsnahen Personalmanagement unterschieden. Dies führte dazu, dass unterstützende IT-Systeme für jede dieser Disziplinen zunächst als völlig unabhängig betrachtet wurden und sich folgerichtig Insellösungen herausbildeten. Die Personalzeiterfassung und die Personalzeitwirtschaft waren eher ein Anhängsel der Lohn- und Gehaltssysteme. Die Funktionen der Betriebs- und Maschinendatenerfassung sowie des Fertigungsleitstands waren meist an ERP-Funktionalitäten gekoppelt. Die Funktionen zur fertigungsbegleitenden Qualitätssicherung waren einem Qualitätsmanagementsystem zugeordnet. Die Datenerfassung war zu diesem Zeitpunkt weniger automatisiert und wurde meist manuell durchgeführt. Notwendige Korrekturen als Ergebnis fehlender automatischer Plausibilitätsprüfungen waren die zwangsläufige Folge. Überprüfte und verlässliche Daten standen aus diesem Grund häufig nur mit einer Verspätung von mehreren Stunden oder gar Tagen zur Verfügung.

Mit dem Ausbau der MES-Idee kam die sogenannte „Vertikale Integration" ins Spiel. Aus der zentralen Stellung im Unternehmen wurde für das MES eine neue Rolle als Datendrehscheibe abgeleitet, mit der Plandaten von einem ERP übernommen und Ist-Daten übergeben werden. Darüber hinaus versorgt das MES die Fertigung mit Informationen und Daten.

Unter Ausnutzung zur Verfügung stehender IT-Komponenten konnte man in der Folge durch die mehr oder minder automatisierte Erfassung der Daten und durch Plausibilitätsprüfungen Daten weniger fehlerbehaftet und zeitnah erfassen, verdichten und bereitstellen. Damit wurde der Zeitversatz zwischen dem Erkennen von Ereignissen in der Fertigung und dem Darstellen innerhalb des MES sowie der Weitergabe an das ERP-System deutlich verkürzt.

In vielen Fertigungen gibt es komplexe Maschinen und Sub-Systeme für besondere Aufgaben, die alle am Fertigungsgeschehen beteiligt sind und die Daten enthalten, die unter MES-Gesichtspunkten zur Beurteilung der Realität hilfreich oder gar notwendig sind.

Ein zeitgemäßes MES sollte Integrationsfunktionen für Sub-Systeme und Schnittstellen besitzen, um Daten mit Maschinen und Anlagen auszutauschen.

Das MES-HYDRA bietet hier in beispielhafter Weise unterschiedliche Konzepte und Funktionen, die eine bidirektionale Kommunikation mit Maschinen und Anlagen ermöglichen. Die Elemente der sog. Shopfloor Connectivity Suite unterstützen die einfach handhabbare und kostengünstige Realisierung von Kopplungen über umfangreiche Schnittstellenbibliotheken. Eine Service-Schnittstelle erlaubt es darüber hinaus, Sub-Systeme mit überschaubarem Aufwand anzubinden und die umfangreichen HYDRA-Funktionen über die bereits vorhandene Infrastruktur mit Daten zu versorgen.

Standard-Schnittstellen zu ERP-, PLM-, CAD- und Lagerverwaltungssystemen sowie Lohn- und Gehaltsprogrammen runden die Palette an Integrationsfunktionen ab. HYDRA ist damit nicht nur ein MES, sondern auch ein Integrationsinstrument für verschiedenste Informationen die in einem Fertigungsunternehmen entstehen.

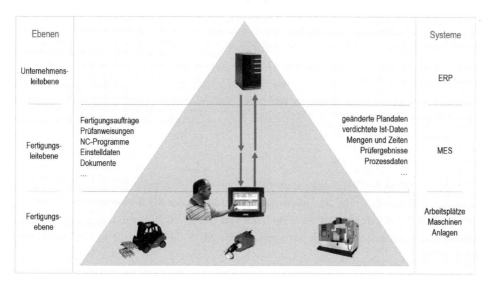

Abb. 1.4 Datenaustausch im Sinne der vertikalen Integration

Die weitere Komplexitätszunahme und Verflechtung in der Fertigung hat außerdem gezeigt, dass Personalmanagement, Qualitätssicherung und das eigentliche Fertigungsmanagement zwar noch gewisse Ordnungskriterien darstellen, aber nicht mehr unabhängig voneinander zu betrachten sind. Kunden erwarten heute beispielsweise eine umfangreiche, lückenlose Dokumentation des gesamten Herstellprozesses inklusive der Daten zum eingesetzten Material, zu den erfassten Qualitätsparametern und sogar Informationen dazu, welche Personen mit welcher Qualifikation die Maschinen bedient haben. In der Praxis ließe sich die Liste solcher Integrationsszenarien nahezu beliebig fortführen.

Die Informationen aus mehreren Insellösungen über Schnittstellen zusammenzuführen, erwies sich als schwierig, aufwendig und fehleranfällig. Unter modernen Integrationsansätzen und im Sinne zeitgemäßer IT-Technologien betrachtet, erscheint diese Form auch nicht mehr sinnvoll. Vor diesem Hintergrund ist es wichtig, dass moderne MES-Systeme nicht nur für eine vertikale Integration im Unternehmen sorgen, sondern selbst horizontal vernetzt arbeiten und so zur zentralen Datendrehscheibe in allen Richtungen werden.

Um die horizontale Integration zu ermöglichen und damit den MES-Anwendungen einen übergreifenden Zugriff zu gewähren, müssen die Daten aus den unterschiedlichen Bereichen in einer gemeinsamen Datenbank zusammengeführt werden. Damit entfallen auch alle Arten von Schnittstellen, die bei den oben genannten Insellösungen zwangsläufig erforderlich waren.

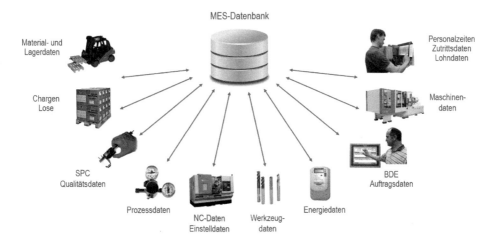

Abb. 1.5 Horizontale Integration als Basis für themenübergreifende Betrachtungen

Das MES-HYDRA ist ein Paradebeispiel für die horizontale Integration, in der alle Module unabhängig davon, ob sie zum Personalmanagement, zum Qualitätsmanagement oder zur eigentlichen Fertigungssteuerung gehören, auf eine gemeinsame Datenbasis zugreifen und einen 360 Grad-Blick auf alle Prozesse im Shopfloor bieten.

Als neue Herausforderung kommt heute hinzu, dass Daten nicht mehr nur auf direktem Weg in den MES-Datenbank gelangen, sondern auch von Subsystemen und intelligenten Sensoren über das Industrial Internet of Things (IIoT) übernommen werden müssen. Das IIoT wird sich in verstärktem Maß zum wichtigen Instrument der Datenvernetzung entwickeln. In Bezug auf die zentrale Datenhaltung und -verteilung werden sich außerdem neue Möglichkeiten durch Cloud-basierte Systemkonzepte ergeben.

1.4 MES als Informations- und Steuerungsinstrument

Um ein gemeinsames Verständnis in Bezug auf die Bedeutung des MES als Informations- und Steuerungsinstrument zu schaffen, soll an dieser Stelle noch einmal kurz die Ausgangssituation erläutert werden. Betrachtet man die Fertigung als Regelkreis, wird sehr schnell deutlich, dass die ursprünglichen Vorgaben wie Liefertermine oder Mengen bedingt durch technische und organisatorische Störungen (Probleme mit Maschinen und Werkzeugen, fehlendes oder nicht verwendbares Material, ausgefallenes Personal, fehlende Betriebs- und Hilfsmittel, etc.) nicht wie geplant eingehalten werden können. Will oder muss man die internen oder externen Einflüsse auf die Produktion kompensieren, benötigt man gesicherte Informationen über den aktuellen Ist-Zustand, um die Probleme überhaupt erst einmal zu erkennen. In der Folge ist es dann hilfreich oder ggf. sogar notwendig, Tools zur Verfügung zu haben, mit denen man die möglichen Änderungen am ursprünglich geplanten Ablauf simulieren und deren Auswirkungen erkennen kann.

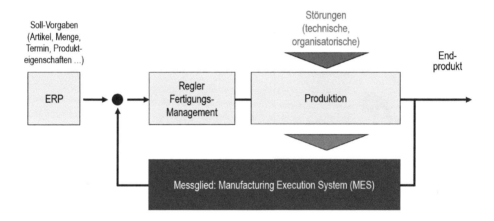

Abb. 1.6 Prinzipdarstellung der Produktion als Regelkreis

Zur Feinplanung von Fertigungsaufträgen existieren viele Lösungen auf dem Markt. Die meisten haben jedoch keine, verspätete oder zu wenig detaillierte Kenntnisse zur aktuellen Situation in der Produktion und planen gegen ein theoretisches, praktisch jedoch nicht verfügbares Kapazitätsangebot. Erst durch die direkte Integration des Shopfloors wird aus der reinen Planung eine punktgenaue Fertigungssteuerung. Unerwartete Ereignisse werden sofort erkannt, die Produktionskapazitäten werden der Realität angepasst und die Mitarbeiter können zeitnah reagieren. Fällt beispielsweise eine Maschine aus, kann mittels grafischer Feinplanung im MES-System geprüft werden, welche Alternativen zur Verfügung stehen und wie sich eine alternative Belegung auf die Gesamtheit aller Aufträge auswirkt.

Um schnelle Regelkreise für eine optimale Fertigungssteuerung zu etablieren, müssen Daten in der Fertigung erfasst werden, die Auskunft über die aktuellen Maschinenzustände, die laufenden Aufträge und deren Fortschritt geben. Durch eine direkte oder über das Indusrial Internet of Things (IIoT) realisierte, kostengünstige Maschinenanbindung können heute viele Daten automatisch übernommen werden – andere, wie zum Beispiel das An- und Abmelden von Aufträgen, werden über industriegerechte Terminals direkt an der Maschine erfasst. Somit stehen die Informationen in Echtzeit zur Verfügung und ein schnelles Reagieren ist möglich. Zahlreiche grafische und tabellarische Auswertungen oder individuell gestaltete Kennzahlensysteme unterstützen die Meister, Schichtleiter und auch das Produktionsmanagement bei der Entscheidungsfindung – sei es kurz-, mittel- oder langfristig.

Eine ganzheitliche MES-Lösung verwaltet alle fertigungsnahen Ressourcen. Dazu gehören einerseits die Maschinen, Werkzeuge und sonstigen Fertigungshilfsmittel (z.B. Vorrichtungen, NC-Programme, Einstelldatensätze), aber andererseits auch das Material vom Rohstoff über Halbfabrikate bis hin zum fertigen Produkt. Auf der Basis von zentralen Datenbeständen können alle Ressourcen punktgenau verplant und die Ist-Daten ausgewertet werden. Beispielsweise ist eine Verfügbarkeitsprüfung für Werkzeuge und Material bei der Einplanung eines Auftrags im Leitstand ebenso möglich wie die Rückverfolgung von Materialchargen.

Eine immer wichtiger werdendes „Element" im Produktionsprozess ist qualifiziertes Personal. Unterstützt durch integriertes Datenmanagement, können die in der Personalzeiterfassung über Kommt-/Geht-Stempelungen bzw. Schichtpläne erfassten Anwesenheits- und Fehlzeiten mit den Buchungen in der Fertigung abgeglichen werden. Hieraus lassen sich neben vielen Auswertungen auch prämien- bzw. leistungsbasierte Entlohnungssysteme aufbauen. Durch eine auftragsabhängige Personaleinsatzplanung können die zur Verfügung stehenden Mitarbeiter gemäß ihrer Qualifikation optimal und effizient eingesetzt werden.

Der dritte große Bereich, der mit einem MES-System nach VDI-Richtlinie 5600 neben den Themen Fertigung und Personal abgedeckt werden muss, ist das Qualitätsmanagement. Die zentrale Datenbank und die schnittstellenfreie Softwarearchitektur ermöglichen es, dass parallel zu den Fertigungsaufträgen auch Prüfpläne erzeugt werden können. Daraus abgeleitet, steht bei der Anmeldung eines Auftrags am MES-Terminal zeitgleich der passende Prüfauftrag zur Verfügung. Nach definierten Intervallen (zeit- oder taktbasiert) werden Prüffälligkeiten automatisch ermittelt und anstehende Prüfungen direkt am MES-Terminal signalisiert. Der Werker gibt die Prüfergebnisse per Touchscreen-Tastatur ein oder übernimmt die Messwerte direkt aus einem angeschlossenen Prüfmittel (z.B. digitaler Messschieber). Auch hier werden Arbeitsabläufe optimiert, da alle Tätigkeiten bedienergeführt an einem Erfassungsterminal in unmittelbarer

Nähe des Arbeitsplatzes vorgenommen werden können. Das MES übernimmt damit übergreifend die Steuerung der Fertigungs- und Qualitätsprozesse.

Ein wichtiges Werkzeug für das Management sind Kennzahlen. Aus den im MES erfassten Daten lassen sich sowohl standardisierte als auch individuelle Kennzahlen berechnen und zum Beispiel in einem Kennzahlen-Cockpit visualisieren. Auch hier zeigen sich die Vorteile der Echtzeitfähigkeit des MES. Schichtbezogene Kennzahlen stehen unmittelbar nach Schichtende zur Verfügung. Kontinuierlich berechnete Werte werden ständig aktualisiert und geben jederzeit den aktuellen Status wieder. Zielgerichtet kann über statistische Auswertungen steuernd auf die Gestaltung der Fertigungsprozesse Einfluss genommen werden.

Die gewachsene Bedeutung von MES-Systemen zur Optimierung und Steuerung der Fertigungsprozesse wurde auch in der VDI-Richtlinie 5600 thematisiert. Hier spricht man von der Realisierung eines Wirkungskreislaufs, der von Manufacturing Execution Systemen umgesetzt und unterstützt wird.

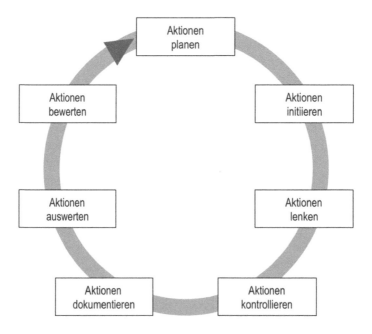

Abb. 1.7 Wirkungskreislauf nach VDI-Richtlinie 5600

Literatur

Promotorengruppe Kommunikation der Forschungsunion Wirtschaft – Wissenschaft (2013) Umsetzungsempfehlungen für das Zukunftsprojekt Industrie 4.0. Abschlussbericht des Arbeitskreises Industrie 4.0

VDI (2016), VDI-Richtlinie 5600 Blatt 1. Beuth Verlag

Schumacher J, Kletti J (2011, 2014) Die perfekte Produktion. Springer Vieweg

2 Industrie 4.0, MES und Digitalisierung

Der Begriff „Industrie 4.0" tauchte erstmals 2011 zur Hannover Messe auf. Im Oktober 2012 wurde ein erster Entwurf der Umsetzungsempfehlungen und im April 2013 ein Abschlussbericht mit dem Titel **„Umsetzungsempfehlungen für das Zukunftsprojekt Industrie 4.0 des Arbeitskreises Industrie 4.0"** der Bundesregierung vorgelegt. Damit erfolgte der Startschuss für ein Projekt, dass in den Folgejahren unter anderen Überschriften wie „Digital Factory", „Industry 2020" u.v.a.m. weltweit Verbreitung gefunden hat.

In den Umsetzungsempfehlungen vom April 2013 wird Industrie 4.0 wie folgt definiert: „Unternehmen werden zukünftig ihre Maschinen, Lagersysteme und Betriebsmittel als Cyber-Physical Systems (CPS) weltweit vernetzen. Diese umfassen in der Produktion intelligente Maschinen, Lagersysteme und Betriebsmittel, die eigenständig Informationen austauschen, Aktionen auslösen und sich gegenseitig selbstständig steuern. In den neu entstehenden Smart Factory herrscht eine völlig neue Produktionslogik: Die intelligenten Produkte sind eindeutig identifizierbar, jederzeit lokalisierbar und kennen ihre Historie, ihren aktuellen Zustand sowie alternative Wege zum Zielzustand."

Analysiert man diese sehr theoretisch anmutende Definition etwas intensiver, lassen sich darin einige grundsätzliche Definitionen zu MES erkennen, die in den vorangegangenen Kapiteln in etwas anderer Form beschrieben wurden. Zusammengefasst wird klar, dass unabhängig davon, wie intelligent andere dezentrale IT-Systeme auch sein mögen, Manufacturing Execution Systeme zumindest als zentrale Datendrehscheibe zwingend benötigt werden. Gerade große Datenmengen und die immensen Herausforderungen bei der umfassenden Vernetzung von vielen unterschiedlichen Systemen im Shopfloor werden in Zukunft nur mit leistungsfähigen MES-Lösungen beherrschbar sein.

2.1 MES 4.0 als konzeptionelle Vorstufe

In den zitierten Umsetzungsempfehlungen werden Themen, denen sich Fertigungsunternehmen auf Ihrem Weg zur Smart Factory annehmen müssen, in sehr großer „Flughöhe" beschrieben. Um die eher theoretischen Betrachtungen für die Praktiker verständlicher und vor allem greifbarer zu machen, wurde im März 2013 von der MPDV Mikrolab GmbH ein erstes Whitepaper mit dem Titel **„Das MES der Zukunft – MES 4.0 unterstützt Industrie 4.0"** veröffentlicht. Die MES-Experten beschreiben hier und in den

© Springer-Verlag GmbH Deutschland, ein Teil von Springer Nature 2019
J. Kletti, R. Deisenroth, *Kompendium*
https://doi.org/10.1007/978-3-662-59508-4_2

nachfolgenden Whitepaper im Detail das Konzept „MES 4.0" mit den wichtigsten Hand-
lungsfeldern, die auf dem Weg zur Smart Factory zu beachten sind.

Abb. 2.1 Die Titelgrafik des zukunftsweisenden Konzepts „MES 4.0" illustriert die wichtigsten Handlungs-
felder auf dem Weg zur Industrie 4.0 und zur Smart Factory

Management Support

Das Management in einer Smart Factory wird intensiver als heute in die produktionsre-
levanten Entscheidungsprozesse einbezogen. Gesicherte Entscheidungen lassen sich jedoch nur treffen, wenn den Verantwortlichen die dazu erforderlichen Informationen in
geeigneter Form vorliegen. Das MES der Zukunft stellt Kennzahlen oder andere Auswertungen zu wichtigen Produktionsparametern zeitnah und managementtauglich zur
Verfügung.

Faktor Mensch

Industrie 4.0 unterscheidet sich in einem wesentlichen Punkt von früheren, technologischen Ansätzen: Es bezieht den Menschen mit ein und schreibt ihm eine zentrale Rolle zu. Damit eine moderne und flexible industrielle Fertigung funktionieren kann, müssen alle beteiligten Prozesse und Ressourcen miteinander synchronisiert werden. Dies geht weit über die reine Fertigungssteuerung im Sinne von „Manufacturing Control" hinaus und beinhaltet neben dem Qualitätsmanagement auch das Personalmanagement (Human Resources). Ein zeitgemäßes Manufacturing Execution System bietet bereits beste Voraussetzungen dafür, dass Mensch und Technik miteinander interagieren können und Mitarbeiter alle verfügbaren Informationen aus dem MES bekommen, damit sie anstehende Entscheidungen fundiert treffen können.

Horizontale Integration und integratives Datenmanagement

Im Mittelpunkt steht die horizontale Integration, d.h. die Verknüpfung der Daten über alle am Fertigungsprozess beteiligte Ressourcen hinweg mit dem Ziel, autonome Insellösungen und zusätzliche Schnittstellen zu vermeiden. Das integrative Datenmanagement des MES stellt mit seinem übergreifenden Ansatz anders als Insellösungen sicher, dass alle Ressourcen wie Maschinen, Werkzeuge, Personal, NC-Programme oder Einstellparameter, Fertigungshilfsmittel, Prüfpläne sowie Prüfmittel rechtzeitig verfügbar sind und in Summe optimal ausgelastet werden. Dies fördert die Überlegenheit einer autonomen Industrie 4.0-Fertigung mit hoher Variantenvielfalt und flexibler Lieferfähigkeit.

Flexibilität: Konfiguration statt Programmierung

Gerade in flexiblen Fertigungsumgebungen stoßen Standardanwendungen sehr schnell an ihre Grenzen. Um diese zu überwinden, muss meist eine aufwendige und kostenintensive Softwareanpassung mit all ihren Nachteilen in Auftrag gegeben werden. Moderne Software-Konzepte, die eine flexible Fertigung im Sinne von Industrie 4.0 unterstützen sollen, basieren dagegen auf der Annahme, dass die meisten Anwendungsfälle im Standard durch Konfiguration im MES abgebildet werden können. Dieses kann erstens zeitnah und zweitens kostengünstig erfolgen. Zusätzliche Vorteile entstehen, wenn auch individuelle Services bzw. Anwendungen auf Basis einer serviceorientierten Architektur (SOA) ohne großen Aufwand hinzugenommen oder bestehende Dienste entfernt bzw. ausgetauscht werden können.

Mobilität

Durch die Dezentralisierung von Prozessen in der Fertigung müssen auch die Mitarbeiter flexibler agieren können. Mobile Endgeräte und die dazu passenden MES-Anwendungen stellen alle Daten genau dort zur Verfügung, wo sie benötigt werden.

Unified Shopfloor Connectivity

Zusätzlich zur Variabilität innerhalb des Maschinenparks wird auch die Vielfalt der Maschinen an sich zunehmen. Bereits heute sehen sich MES-Systeme vor der Herausforderung, mit Maschinen auf unterschiedliche Art zu kommunizieren, um Daten für die Planung im Leitstand, für die Rückverfolgbarkeit der Prozesse und für vielfältigste Auswertungen abzugreifen. Je nach Maschinentyp ist auch die Übertragung von Einstelldaten bzw. NC-Programmen von Bedeutung. Hinzu kommt die Herausforderung, dass es auch in der Smart Factory Möglichkeiten geben muss, Daten manuell zu erfassen.

Dezentralität

Je konkreter die Überlegungen zu Industrie 4.0 werden, umso klarer wird, dass eine Flexibilisierung von Prozessen und damit die Erweiterung der Möglichkeiten in der Fertigungssteuerung nur mit einer Dezentralisierung einhergehen können. Ansonsten wäre die Komplexität einer zentralen Steuerung nicht mehr beherrschbar. Die Forderung nach Dezentralisierung ist eine Forderung nach intelligenteren Prozessen und mehr Entscheidungsfreiheit in dezentral organisierten Produktionen, auf jeden Fall jedoch auf Basis gesicherter Erkenntnisse.

Online-Fähigkeit

Die Online-Fähigkeit eines MES-Systems wird zum absoluten Muss, damit erfasste Daten als Basis für Transparenz und zeitkritische Entscheidungen zur Verfügung stehen. Im Zuge der Dezentralisierung von Fertigungssystemen ist neben der Erfassung und Verarbeitung in Echtzeit aber auch die Offline-Fähigkeit der MES-Komponenten sehr wichtig. Sollte die Verbindung einer Maschine oder eines Sensors zur zentralen Datenbank einmal gestört sein, müssen intelligente Komponenten diese Zeit überbrücken können. Dies ist im Hinblick auf lückenlose Dokumentation und optimalen Fertigungsdurchlauf von großer Bedeutung.

Big Data

Bei Big Data geht es nicht nur um große Datenmengen, sondern eine ganz neue Qualität der Datenerfassung und -verarbeitung. Big Data wird in einem **BITKOM-Leitfaden** mit den Attributen Datenmenge (Volume), Datenvielfalt (Variety), Geschwindigkeit (Velocity) und Analytics (Value) charakterisiert.

Was bei der Betrachtung von Massendaten aber auch nicht außer Acht gelassen werden darf, ist der Mensch. Sowohl heute als auch in Zukunft wird der Mensch die Verantwortung für das tragen, was tagtäglich in der Fertigung abläuft. Damit er den Überblick behält, braucht er aussagekräftige, gefilterte Informationen – also nicht Big Data sondern

„Smart Data". In Zukunft werden hier Elemente aus dem Bereich der Künstlichen Intelligenz (KI) zum Einsatz kommen, um aus den Massendaten für den Menschen verwertbare Informationen zu generieren

Security by Design

Die Angreifbarkeit von fertigungsnahen IT-Systemen muss auf ein Minimum reduziert werden. Die Applikationen und die angeschlossenen Geräte werden in einem eigens abgeschirmten Netzwerk betrieben und Zugriffe aus dem Organisationsnetzwerk sollten nur wenigen ausgewählten Anwendungen gewährt werden. Der Betrieb muss ohne Zugang zum offenen Internet möglich sein. Sicherheitsmechanismen wie z.B. ausgefeilte Benutzer- und Berechtigungskonzepte, Zugriffsbeschränkungen, Verschlüsseln von Datenbankinhalten und Überwachung des Datentransfers sind absolute Muss-Kriterien.

Interoperabilität und unternehmensübergreifende Prozesse

In der Zukunft wird sich der Trend verstärken, dass Kunden aktiv auf die Produktionsprozesse ihrer Lieferanten Einfluss nehmen wollen. Ein typisches Beispiel hierfür sind die Automobilhersteller, die bei ihren Zulieferern die Serienaufträge, die damit belegten Maschinen und die verwendeten Werkzeuge überwachen wollen. Der hierfür notwendige unternehmensübergreifende Zugriff auf fertigungsrelevante Informationen beim Zulieferer kann entweder über einen Client beim Kunden, der direkten Zugriff auf das MES des Lieferanten hat oder über ein gesichertes Kundenportal im Internet realisiert und damit der Umweg über die ERP-Ebene vermieden wird.

2.2 MES als Basis für Industrie 4.0 und Digitalisierung

Betrachtet man die im vorhergehenden Kapitel beschriebenen Funktionsbedarfe und gleicht diese mit dem Leistungsumfang der IT-Systeme und Automatisierungslösungen ab, die Stand heute am Markt verfügbar sind, ergibt sich ein recht eindeutiges Bild. Dem Stand der Technik entsprechende Manufacturing Execution Systeme decken im Vergleich zu ERP- und PLM-Systemen oder Lösungen in den Bereichen Logistik und Qualitätsmanagement sowie den Systemen der Automatisierungstechnik bereits heute einen großen Teil der in der Smart Factory geforderten Funktionen ab.

Zusammenfassend lässt sich feststellen, dass MES-Systeme eine zentrale Rolle auf dem Weg zur Smart Factory und allgemein zur Digitalisierung spielen. Dabei geht es nicht nur darum, Daten in Echtzeit zu erfassen und zu verarbeiten. Vielmehr werden MES die zentrale Informations- und Datendrehscheibe für die Fertigung und aller daran beteiligter Bereiche im Unternehmen und damit das einzige System sein, den sog. Digitalen Zwilling als Abbild des realen Shopfloors generieren zu können. Um diese Rolle vollumfänglich zu besetzen, müssen die heutigen Systeme sicher noch perfektioniert werden. Der prinzipielle Ansatz des MES-Gedankens geht aber genau in die richtige Richtung.

2.3 Das Vier-Stufen-Modell für den Weg zur Smart Factory

Ein Blick in die Historie zeigt, dass Fertigungsunternehmen aus nachvollziehbaren Gründen Hemmschwellen aufbauen, wenn technologisch ausgerichtete Konzepte propagiert werden und dabei der Vorteil für die späteren Anwender nur bedingt erkennbar ist. Dieser Umstand hat in den 1990-er Jahren beispielsweise dazu geführt, dass mit CIM (Computer Integrated Manufacturing) eine gute Idee nicht weiterentwickelt wurde, weil große Investitionen in die Modernisierung der IT-Technik flossen, jedoch zu wenig geeignete Lösungen zur Unterstützung der fertigungsnahen Prozesse verfügbar waren.

Um derartige Fehlentwicklungen zu vermeiden und Fertigungsunternehmen ganz konkret in Richtung Digitalisierung zu unterstützen, hat die MPDV Mikrolab GmbH ein praktisch umsetzbares **Vier-Stufen-Modell** entwickelt. In diesem werden die relevanten Meilensteine und Handlungsempfehlungen für einen gangbaren Weg zur Smart Factory konkret aufgezeigt. Dabei stehen der Mensch sowie die praxisnahe Anwendbarkeit immer im Fokus.

Abb. 2.2 Das Vier-Stufen-Modell zeigt, wie Unternehmen Schritt für Schritt zur Smart Factory gelangen. Anforderungen werden in Stufen gruppiert, für die wiederum definierte MES-Funktionen genutzt werden können.

Stufe 1: Transparenz schaffen

Mit dem in Kapitel 1 vorgestellten Regelkreis der Fertigung wurde eindeutig belegt, dass eine wirklichkeitsgetreue Datenbasis (der digitale Zwilling) und damit die daraus resultierende Transparenz zu allen Fertigungsprozessen die Grundlage für alle weiteren Ideen in Richtung Prozessverbessungen und Effizienzsteigerung ist. Das klingt zwar banal, aber es muss an dieser Stelle kritisch festgestellt werden, dass noch immer zu viele Unternehmen zu wenig über ihre Produktionsabläufe wissen – und das, obwohl die dafür benötigten Technologien und Methoden schon seit vielen Jahren verfügbar sind. Das Gute daran ist, dass oft schon minimale Erweiterungen im Sinne einer konsequenten Datenerfassung große Optimierungsotenziale erschließen.

Der heterogene Maschinenpark ist mit Sicherheit ein Grund dafür, dass es für viele Unternehmen eine Herausforderung darstellt, flächendeckend Daten im Shopfloor zu erfassen. In den Fabrikhallen findet man meist eine große Vielfalt aus modernen, älteren und auch sehr alten Maschinen. Um den Aufwand für die Anbindung von Maschinen und Anlagen signifikant zu reduzieren, werden moderne Schnittstellen und Werkzeuge benötigt, die in den nachfolgenden Kapiteln ausführlich beschrieben werden.

Natürlich macht es wenig Sinn, die Daten um ihrer selbst willen zu erfassen, sondern sie im nächsten Schritt dazu zu nutzen, die notwendige Transparenz herzustellen. So zeigt die Gesamtheit aller erfassten Daten zusammen mit im Voraus bekannten Zusammenhängen ein mehr oder weniger exaktcs, digitales Abbild der Realität. Hierbei ist zu bedenken, ob das digitale Abbild von einem IT-System oder vom Menschen genutzt werden soll. Beide Zielgruppen brauchen dieses Abbild mit verschiedenen Granularitäten: IT-Systeme profitieren von möglichst umfangreichen und detaillierten Daten – der Mensch hingegen bevorzugt verdichtete, aussagekräftige Kennzahlen und Auswertungen. Beiden Anforderungen muss mit der Datenerfassung und -verarbeitung Rechnung getragen werden.

Zu den wichtigsten Funktionen, die zu mehr Transparenz in der Produktion führen, zählen die MES-Anwendungen Betriebs- und Maschinendaten. Hierbei geht es einerseits um eine effiziente Nutzung des Maschinenparks und andererseits darum, die automatisch übernommenen Maschinendaten mit den manuell erfassten Auftragsmeldungen zusammenzuführen. Es darf aber auch die Erfassung von Werkzeug- und Materialdaten nicht vernachlässigt werden. Dadurch können Zusammenhänge zwischen den an der Produktion beteiligten Elementen erkannt und in Optimierungsprozesse überführt werden. Auch die Nachkalkulation von Fertigungsaufträgen wird durch diese Vorgehensweise mit verlässlichen Daten unterstützt.

Aufgrund der Masse an erfassten Daten erfüllt ein MES außerdem die Aufgabe der Datenverdichtung und Aggregation, da überlagerte ERP-Systeme meist wenig mit den filig-

ranen Rohdaten aus dem Shopfloor anfangen können. In seiner Funktion als zentrale In-
formations- und Datendrehscheibe verbindet ein MES so die betriebswirtschaftlich ausgerichtete Ebene in Form des ERP-Systems mit dem Shopfloor und sorgt so für gegen-
seitiges Verständnis und letztendlich mehr Transparenz.

Stufe 2: Reaktionsfähigkeit sichern

Die immense Bedeutung der zweiten Stufe „reaktionsfähige Fabrik" gründet im Wesentlichen auf zwei Fakten: Erstens läuft in der Fertigung selten alles nach Plan und zweitens
ändern Kunden oftmals nachträglich ihre Wünsche bezüglich der zu produzierenden Artikel (z.B. Lieferzeiten und Liefermenge). Die Fertigung muss daher auf unvorhersehba-
re Ereignisse reagieren. Je schneller und flexibler das funktioniert, desto weniger Verlus-
te entstehen dabei. Klassische Beispiele für Störungen in der Fertigung sind
Werkzeugprobleme, erkrankte Mitarbeiter oder qualitativ minderwertiges, zu spät oder
falsch angeliefertes Rohmaterial. Kunden haben dafür meist wenig Verständnis und erhöhen den Druck auf die Produktion sogar noch zusätzlich durch kurzfristige Ände-
rungswünsche.

Ein MES hat gegenüber anderen IT-Tools oder gegenüber einem ERP-System den Vorteil, dass es die komplette Produktion mit allen beteiligten Elementen überblickt. So
kann es einerseits Störungen frühzeitig erkennen und andererseits Alternativen inkl. deren Auswirkungen aufzeigen. Ohne ein integriertes MES zieht eine Störung oder eine
Änderungsanfrage eines Kunden oftmals aufwendige Aktionen wie zahlreiche Telefona-
te, E-Mails und kurzfristig einberufene Besprechungen nach sich.

Aufbauend auf der Kenntnis über den aktuellen Zustand der Fertigung können nun Aufträge, die ein MES in der Regel von einem ERP-System übergeben bekommt, eingelastet
werden. Im Gegensatz zu einer groben Planung im ERP-System gegen unbegrenzte Kapazitäten legt der Fertigungssteuerer im MES exakt fest, auf welcher Maschine und
wann genau der Auftrag gefertigt werden soll. Hierzu muss er wissen, welche Aufträge
bereits eingeplant sind bzw. aktuell laufen und welcher Fertigungsfortschritt bereits erreicht wurde. Man spricht dabei auch von einer Planung gegen reale Kapazitäten.

Erweitert man die Planung zusätzlich um Echtzeitdaten aus der Fertigung, so wird die
Planung mehr und mehr zur Steuerung, die auf aktuelle Ereignisse reagieren kann. Ein
Werkzeugbruch oder eine andere Maschinenstörung wird sofort erkannt und löst in der
Feinplanung eine entsprechende Verschiebung nachfolgender Aufträge aus. Der Fertigungssteuerer wird benachrichtigt und kann gezielt auf die neue Situation reagieren. So
hat er die Möglichkeit, ggf. zeitkritische oder wichtige Aufträge umzuplanen, zu splitten
oder zusätzliche Kapazitäten z.B. durch Sonderschichten zu schaffen.

Stufe 3: Automatisch funktionierende Regelkreise nutzen

Bei der Selbstregelung geht es im Wesentlichen darum, dass ein bestimmter Ablauf bzw. Prozess sich selbst so reguliert, dass vorgegebene Parameter möglichst gut eingehalten werden. Im Fertigungsumfeld geht es beispielsweise um eine optimale Auslastung von Maschinen, die Sicherstellung von Qualität oder die Steigerung der Produktivität. Die Zahl der möglichen Stellgrößen sowie der spezifizierten Zielparameter ist dabei beliebig groß. Auch lassen sich manche Parameter nur durch manuellen Eingriff verändern. Trotzdem führen die Ansätze der Selbstregelung zum Erfolg – vorausgesetzt, man definiert die passenden Regelkreise und stattet diese mit den notwendigen Kompetenzen und Befugnissen aus.

Die einfachste Form der Selbstregelung besteht darin, einen oder mehrere Parameter zu überwachen und beim Überschreiten der vorgegebenen Schwellenwerte eine Benachrichtigung zu verschicken bzw. ein Signal zu geben, damit manuell darauf reagiert werden kann. Funktionen dieser Art werden mit Begriffen wie beispielsweise „Eskalationsmanagement" oder „Messaging & Alerting" überschrieben.

Etwas leistungsfähiger sind Funktionsbausteine, die als „Workflow Management" bezeichnet werden. In diesem Fall wird nicht nur über die Abweichung vom Soll informiert sondern auch gleich eine Gegenmaßnahme vorgeschlagen bzw. eingeleitet.

Eine weitere Steigerung sind komplett selbstregelnde Systeme. Ein Beispiel hierfür ist Kanban bzw. das digital unterstützte Äquivalent eKanban. Damit wird automatisch Nachschub bestellt, sobald das Material zur Neige geht. Durch die eingebaute Regelung werden jedoch keine unnötigen Bestände aufgebaut.

Ein wichtiger Aspekt bei der Selbstregelung ist die Prozessverriegelung. Diese stellt sicher, dass beispielsweise nur das Material verwendet wird, das für den jeweiligen Arbeitsschritt vorgesehen bzw. freigegeben ist und dass nur diejenigen Teile im Produktionsprozess verbleiben, die keine Fehler aufweisen.

Stufe 4: Systeme funktional vernetzen

Die funktionale Vernetzung im Sinne des „Digital Thread", also das Zusammenbringen von Anwendungen, Funktionen und insbesondere Daten, die bisher nicht gemeinsam betrachtet oder genutzt wurden, gewinnt zukünftig deutlich an Bedeutung. So führt die funktionale Vernetzung gleichzeitig zu einer ganz neuen Komplexität – sowohl technisch als auch organisatorisch. Umso wichtiger ist es, dass sowohl die Fertigungsmitarbeiter als auch das Management die Eckpfeiler der Smart Factory wie Transparenz und Reaktionsfähigkeit verstehen und leben. Denn nur so ist sichergestellt, dass mit der funktionalen Vernetzung neue Möglichkeiten zur Optimierung oder sogar neue Geschäftsmöglichkeiten entstehen.

Beschränkte sich die in Kapitel 1 beschriebene horizontale Integration auf Daten innerhalb eines Systems, spricht man bei der Integration über Systemgrenzen hinweg von Interoperabilität. Hier sind dann weitere relevante Themen zu beachten. Neben notwendigen Sicherheitsmechanismen wie z.B. die Verschlüsselung geht es dabei im Wesentlichen um ein gemeinsames Verständnis von Daten und deren Bedeutung. Eine zu
definierende gemeinsame Semantik stellt u.a. sicher, dass die übermittelten Daten auch
genau so verstanden und vom empfangenen System nicht anders interpretiert werden.

Stellvertretend für viele mögliche Vernetzungen sei hier ein Beispiel genannt. Leistungsfähige MES-Systeme bieten bereits Lösungen zur digitalen Abbildung der innerbetrieblichen Logistik. Durch die Vernetzung des MES mit einem sogenannten Warehouse Management System (WMS) kann dieses aktuelle Bestandsinformationen zu Material und
Zwischenerzeugnissen in der Fertigung, also sogenannte WiP-Bestände (Work in Progress) übernehmen. Dabei entsteht eine vollkommen neue Qualität an Informationen, da
Materialbestandsbetrachtungen heute üblicherweise auf retrograden Materialbuchungen
am Auftragsende basieren. Durch die funktionale Vernetzung des MES mit einem WMS
können Reichweiten prognostiziert und damit Materialengpässe sowie daraus resultierende Verzögerungen früher erkannt, umgangen oder gar vermieden werden.

2.4 Ausblick: Smart Factory Elements

In Kapitel 1.4 wurde aufgezeigt, dass MES-Systeme in der jüngeren Vergangenheit weniger in aufgabenorienter Sichtweise sondern vielmehr als wichtiges Element in den Regelkreisen der Fertigung betrachtet werden. Dieser Trend hat sich in Darstellungen zu
MES und Industrie 4.0 oder der Smart Factory wahrnehmbar verstärkt. Die Darstellungen zu den Regelkreisen haben sich allerdings verändert – es werden Aufgabenbereiche
stark zusammengefasst und es kommen neu Themen hinzu. So basiert das Funktionieren
der „neuen" Regelkreise in der Zukunft aus dem Zusammenspiel der sog. Smart Factory
Elements: Planning & Scheduling, Execution, Analytics, Prediction und Industrial
Internet of Things (IIoT).

Die bis dato nicht genutzten Begriffe „Analytics" und „Prediction" stehen dabei als
Überbegriffe für die Informationen, die ein MES in Form von aktuellen Übersichten o-
der vergangenheitsbezogenen Auswertungen zu allen an der Produktion beteiligten Ressourcen zur Verfügung stellt und den Maßnahmen, die ein MES auf Basis eines hinterlegten Regelwerks vorausschauend vorschlägt, damit kritische Situationen gar nicht erst
entstehen.

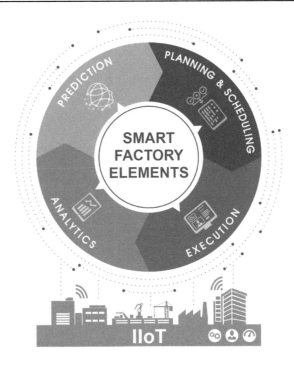

Abb. 2.3 Moderne Darstellung des Regelkreises der Produktion unter Einbeziehung vorausschauender Maßnahmen (Prediction) und des Industrial Internet of Things (IIoT)

In der praktischen Darstellung lassen sich die Regelkreise in der Smart Factory stark vereinfacht wie folgt beschreiben: auf Basis von Vorgaben aus unterschiedlichen Quellen wird die Maschinenbelegung geplant (Planning & Scheduling). Die Planungen werden dann umgesetzt bzw. ausgeführt (Execution). Die dabei erfassten Daten werden analysiert (Analytics), um daraus unter anderem Vorhersagen abzuleiten (Prediction), die zusammen mit anderen Erkenntnissen wiederum in die Planung einfließen können. Das Industrial Internet of Things unterstützt diesen Kreislauf durch die Erfassung und Bereitstellung von Daten.

Ein mit praxisnahen Beispielen angereichertes Szenario soll das Funktionieren der Regelkreise etwas anschaulicher darstellen:

Zunächst werden im Element „Planning & Scheduling" die Fertigungsaufträge aus dem überlagerten ERP-System übernommen und zusammen mit relevanten Informationen aus den Elementen „Analytics" und „Prediction" in ein geeignetes Planungstools geladen. Beispielsweise stellt „Analytics" Erkenntnisse bereit, dass Artikel A auf Maschine 1 und 3 um 30% effizienter gefertigt werden kann als auf Maschine 2. Aus „Prediction" kommt die Vorhersage, dass Maschine 3 mit einer Wahrscheinlichkeit von 75% in den nächsten drei Tagen wegen eines voraussichtlich verschlissenen Antriebs ausfallen wird. Also beschließt der Mitarbeiter in der Fertigungssteuerung, den ersten Arbeitsgang für Artikel A auf Maschine 1 einzuplanen. Nachdem er sich in der Personaleinsatzplanung vergewissert hat, dass ein Mitarbeiter in der Instandhaltung verfügbar ist, setzt er für Maschine 3 eine präventive Wartung für den übernächsten Tag an, um die Antriebe zu überprüfen und ggf. auszutauschen. Da es sich bei Artikel A um ein Teil handelt, bei dem eine hohe Maßhaltigkeit gefordert ist, wird im Qualitätsmanagement basierend auf den Messungen zu früheren Produktionslosen festgelegt, dass nach jedem 100-sten Teil eine Stichprobenprüfung erfolgen soll, bei der kritische Maße überprüft werden müssen.

Die Ergebnisse aus der Planung werden an das nächste Element: „Execution" übergeben. Die Einrichter und Werker an den Maschinen sehen die anstehenden Aufträge in der elektronischen Vorgabeliste und melden diese an, sobald Werkzeuge, Material und begleitende Informationen bereitstehen sowie der vorhergehende Arbeitsgang beendet ist. Gleichzeitig wird jeweils ein Prüfauftrag angemeldet. Es werden nun kontinuierlich aktuelle Kennzahlen sowie der Auftragsfortschritt angezeigt. Nach jeweils 100 produzierten Teilen wird der Werker auf die anstehende Prüfung hingewiesen. Er entnimmt das entsprechende Teil und prüft die vorgegebenen Merkmale mit einem digital angebundenen Messsystem. Das System erfasst kontinuierlich die laufenden Produktionsdaten als auch die Ergebnisse der Qualitätsprüfungen über das „IIoT". Ergibt sich ein Trend zu immer höheren Maßabweichungen, wird sofort einer der Verantwortlichen über das Eskalationsmanagement informiert und er kann Gegenmaßnahmen einleiten, um die Maßhaltigkeit sicherzustellen. Die durchgeführten Korrekturen werden auf elektronischem Weg dokumentiert, um diese Erkenntnisse bei der nächsten Produktion des gleichen Artikels einfließen zu lassen. Weichen die danach gemessenen Werte dennoch zu stark von den Sollvorgaben ab und werden ggf. Eingriffs- oder gar Toleranzgrenzen verletzt, wird die Produktion sofort gestoppt (Prozessverriegelung).

Sobald der laufende Arbeitsgang abgeschlossen ist, wird der nächste angemeldet. Am übernächsten Tag kommt ein Mitarbeiter der Instandhaltung und kümmert sich um die angesetzte Wartung an Maschine 3. Hierbei erfasst er die Daten zu den durchgeführten Tätigkeiten über eine App auf seinem Smartphone und generiert damit wertvolle Informationen, die sowohl für vorausschauende Überlegungen in der Instandhaltung als auch für monetäre Betrachtungen wichtig sind.

Neben anderen nutzen vor allem Meister und Schichtleiter die Funktionen in „Analytics", um sich z.B. einen Überblick über Produktivität, Maschinenkennzahlen und Ausschussrate der aktuellen Schicht zu informieren. Gleichzeitig analysieren sie die Maschinenstörungen der letzten Tage und korrelieren diese mit Systemunterstützung mit erfassten Prozess- und Qualitätsdaten. Dabei finden sie heraus, dass auch Maschine 5 geeignet ist, um den Artikel A mit hoher Effizienz zu fertigen. Diese Erkenntnis spielen sie an „Planning & Scheduling" zurück. Fallen bei diesen Analysen Zusammenhänge auf, die eine umgehendes Eingreifen erfordern, so werden diese unmittelbar an „Execution" weitergeleitet.

„Prediction" arbeitet ebenfalls mit den in „Execution" erfassten Daten und berechnet fortlaufend die Wahrscheinlichkeit, wann und wo Probleme entstehen könnten. Diese Erkenntnisse übermittelt das System an „Planning & Scheduling", um rechtzeitig Wartungen der entsprechenden Maschinen und Werkzeuge einzuplanen (Predictive Maintenance) sowie weitere Maßnahmen bereits im Vorfeld einzuleiten.

Im Kontext zu Vorhersagen im Qualitätsbereich könnte ein neuer MES-Anwendungsbereich „Predictive Quality" wertvolle Unterstützung liefern. Die kontinuierlich erfassten Prozesswerte bei der Herstellung von Artikel A bilden die Basis für die Vorhersage der Qualitätsentwicklung in der laufenden Produktion. Die Steuerung der Prozesse könnte so weit gehen, dass Teile, deren Prognose „Ausschuss" lautet, eine andere Behandlung erfahren als Teile, die als „io" vorhergesagt werden. Die Ergebnisse aus „Prediction" fließen dabei direkt zu „Execution".

„IIoT" ist neben der klassischen Datenerfassung über Einrichtungen zur manuellen Dateneingabe durch die Werker dafür verantwortlich, dass die Daten aus Maschinen, Anlagen, Messeinrichtungen und Sensoren den digitalen Zwilling entstehen lassen sowie alle benötigten Dokumente und Einstelldaten zur Visualisierung bzw. Steuerung in den Shopfloor übertragen werden.

Auch wenn die genannten Beispiele trivial erscheinen, so führt deren Abbildung über die Smart Factory Elements dazu, dass neben mehr Transparenz und Effizienz auch die angestrebte Automatisierung der Prozesse im Shopfloor erreichbar wird. Der Funktionsumfang eines heutigen MES-Systems unterstützt dabei bereits einen Teil der Anwendungen, die hier genannt wurden. Insbesondere für „Analytics" und „Prediction" braucht es jedoch neue Methoden und Tools, die mit großer Wahrscheinlichkeit auch aus dem Bereich der Künstlichen Intelligenz (KI) kommen, um aus den vorhandenen Daten weitergehende Erkenntnisse und Vorhersagen zu generieren.

Literatur

Promotorengruppe Kommunikation der Forschungsunion Wirtschaft – Wissenschaft (2013) Umsetzungsempfehlungen für das Zukunftsprojekt Industrie 4.0. Abschlussbericht des Arbeitskreises Industrie 4.0

MPDV (2014) Whitepaper Management Support – Mit Kennzahlen die Produktion im Griff. https://www.mpdv.com/de/innovation-vision/whitepaper

MPDV (2015) Whitepaper Dezentralität – Industrie 4.0 – nur mit MES. https://www.mpdv.com/de/innovation-vision/whitepaper

MPDV (2015) Whitepaper Horizontale Integration. MES – aber richtig! https://www.mpdv.com/de/innovation-vision/whitepaper

BITKOM-Arbeitskreis Big Data (2012) Big Data im Praxiseinsatz – Szenarien, Beispiele, Effekte. BITCOM

MPDV (2016) Whitepaper In vier Stufen zur „Smart Factory". https://www.mpdv.com/de/innovation-vision/whitepaper

MPDV (2016) Whitepaper Die reaktionsfähige Fabrik. https://www.mpdv.com/de/innovation-vision/whitepaper

MPDV (2017) Whitepaper Die selbstregelnde Fabrik. https://www.mpdv.com/de/innovation-vision/whitepaper

3 HYDRA als Beispiel für moderne MES-Systeme

3.1 HYDRA-Architektur unter IT-Gesichtspunkten

Die IT-Architektur legt fest, wie die Infrastruktur mit Hardware, Software und Netzwerk gestaltet ist, welche IT-Komponenten eingesetzt werden und wie die Schnittstellen zwischen den einzelnen IT-Systemen aussehen. Dabei stellt sich u.a. die Frage, auf welche Standards Unternehmen setzen: Welche Betriebssysteme werden bevorzugt? Welche Datenbanksysteme werden eingesetzt? Wie erfolgt die Kommunikation zwischen den Systemen? Das bedeutet, dass ein MES vor seiner Auswahl auch dahingehend untersucht werden sollte, ob es den vielfältigen Anforderungen der IT-Verantwortlichen genügt.

Durch die Unterstützung der marktüblichen Betriebs- und Datenbanksysteme sowie gängiger Netzwerktechnologien und durch den serviceorientierten Ansatz bietet HYDRA gute Voraussetzungen, nahtlos in eine bestehende IT-Landschaft eingebunden werden zu können.

HYDRA kann sowohl lokal als auch in der Cloud betrieben werden. Beide Varianten haben Vor- und Nachteile. Bei der lokalen Installation wird die Performance nicht durch die externen Datenübertragungswege beeinflusst, jedoch ist die benötigte IT-Infrastruktur im Hause des Anwenders bereitzustellen. Die Cloudlösung hingegen bietet hohe Verfügbarkeit und Standardisierung bei geringem Administrationsaufwand. Es darf aber die Geschwindigkeit der Produktionsprozesse nicht durch unzureichende Datenübertragungsraten ungewollt verlangsamt werden. Daher ist es in diesem Kontext besonders wichtig, das Antwort-/Zeitverhalten der Netzwerk-Infrastruktur im Auge zu behalten.

In Abbildung 3.1 ist die typische IT-Architektur von HYDRA-Systemen dargestellt. Die zentralen MES-Services sind die Kernelemente die auf dedizierten Servern, in einer virtualisierten Umgebung oder in der Cloud zusammen mit der sogenannten Produktionsdatenbank installiert sind. In ihr sind sowohl die Stammdaten, die erfassten Ist-Daten als auch die verarbeiteten Daten gespeichert. Da die zu bewältigende Datenmenge und die Anzahl der genutzten Clients sehr stark variieren kann, gewährleistet HYDRA durch eine entsprechende Skalierbarkeit, dass die notwendige Performance des MES gegeben ist. Vorhandene oder einzurichtende Datensicherungsmechanismen und -komponenten sor-

© Springer-Verlag GmbH Deutschland, ein Teil von Springer Nature 2019
J. Kletti, R. Deisenroth, *Kompendium*
https://doi.org/10.1007/978-3-662-59508-4_3

gen dafür, dass die MES-Daten ihrer Wichtigkeit und gesetzlichen Vorgaben entsprechend gesichert werden.

Abb. 3.1 Typische IT-Architektur von HYDRA-Systemen

Die eigentlichen MES-Anwendungen in Form des sogenannten MES Operation Centers (MOC) bieten individuell konfigurierbare Applikationen zur Präsentation der vorverarbeiteten Daten in Form von Listen, Reports, Grafiken sowie Funktionen für die Feinplanung. Sie stehen auf Office-PC's oder Notebooks im Meisterbüro, in der Fertigungssteuerung, in der Instandhaltung, im Controlling, in der Personalabteilung, in der Qualitätssicherung, in der Fertigungsleitung und im Management zur Verfügung. Auf diesen PC's können neben der HYDRA-Applikation selbstverständlich alle anderen Windows-basierenden Programme wie z.B. Microsoft Office parallel betrieben werden.

Die MOC-Arbeitsplätze können entsprechend der Aufgabenstellung der dort tätigen Mitarbeiter so konfiguriert werden, dass zum einen nur die relevanten Daten angezeigt, ausgewertet oder verändert werden dürfen und zum anderen auch nur die für den Nutzer freigegebenen Funktionen und Auswertungen verfügbar sind.

Zur Erfassung der Daten an den Maschinen oder Arbeitsplätzen und zur Anzeige von Informationen werden wahlweise MES-Terminals, Industrie-PC's oder Office-PC's mit entsprechendem Zubehör (Barcode-Leser, Ausweisleser, Drucker, etc.) genutzt. Auf den Geräten wird das HYDRA-AIP (Akquisition & Information Panel) installiert, das eine individuell konfigurierbare Bedienoberfläche für Werker, Maschinenbediener und Einrichter bietet. Durch die Online-Kommunikation mit dem MES-Server ist es möglich, die Dateneingaben auf Plausibilität zu prüfen und dem Bediener sofort anzuzeigen, wenn seine Eingaben fehlerhaft waren. Ist die Online-Verbindung unterbrochen, wird automatisch der Offline-Modus aktiviert und die Daten werden lokal in den MES-Terminals gespeichert. Ist die Verbindung zum Server wieder hergestellt, werden die zwischengespeicherten Daten automatisch zur Datenbank transferiert.

Dem Ruf nach immer mehr Mobilität gerecht werdend, können HYDRA-Anwender auch auf ein breites Portfolio mobiler MES-Anwendungen zurückgreifen. Die Smart MES Applications (SMA) bieten Apps für Smartphones, Tablets und browserbasierte PC-Arbeitsplätze, die sowohl Funktionen zur Datenerfassung als auch MES-Anwendungen zur Planung, Auswertung und Information umfassen.

Zur Kommunikation mit Maschinen, Anlagen und anderen Einrichtungen in der Fertigung nutzt HYDRA Funktionen bzw. Technologien, die mit den Überschriften Shopfloor Connectivity Services, Edge Computing Services und Industrial Internet of Things (IIoT) belegt sind.

3.2 Allgemeine Systemmerkmale

Im Fertigungsumfeld eingesetzte, IT-basierte Systeme, wie MES müssen spezielle Anforderungen erfüllen, die unter anderem auch Auswirkungen auf die Systemstruktur haben. Hierzu zählen zum Beispiel Vorgaben, die aus der beschriebenen horizontalen und vertikalen Integration, aus der abzubildenden Fertigungsorganisation, aus den Verfügbarkeitsanforderungen, aus Ergonomie und Bedienbarkeit oder auch den erschwerten Umgebungsbedingungen an den Maschinen und Anlagen resultieren. Starre MES-Systeme bieten zu wenig Flexibilität, dass sie mit überschaubarem Aufwand an die vorgegebenen Randbedingungen adaptiert werden könnten, denn jede Produktion ist einzigartig. Sie besteht aus einer heterogenen Maschinenlandschaft mit flexibel gestaltbaren Prozessen. Ein modernes MES-System muss auf die individuellen Bedingungen über weitreichende Konfigurationsmöglichkeiten variabel einstellbar sein und eine reibungslose Kommunikation mit Systemen sowohl in der Fertigungs- als auch in der Managementebene gewährleisten. Beim Systemdesign des MES HYDRA wurden daher folgende wesentliche Anforderungen berücksichtigt:

- Modular aufgebaute Standardsoftware mit der Fähigkeit, mit den Anforderungen des Anwenders zu wachsen (Ausbaufähigkeit)
- Berücksichtigung von marktüblichen MES- und IT-Standards (Normen, Betriebssysteme, Datenbanken …)
- vollständige Abbildung der Daten, die über alle Prozesse in der Fertigung hinweg entstehen (horizontale Integration)

- Kommunikation mit angrenzenden Systemen wie ERP, Maschinen- und Anlagensteuerungen oder Subsystemen (vertikale Integration)
- einfache Anpassbarkeit der Standardmodule sowohl auf die Prozesse als auch die funktionalen Anforderungen des Anwenders
- hohe Verfügbarkeit und Datensicherheit
- einfache, ergonomische und sichere Datenerfassungsfunktionen
- Abbildung von individuellen Benutzer- und Berechtigungskonzepten

Um die genannten Anforderung zu erfüllen, sowie technologisch auf dem neuesten Stand zu agieren, wurde HYDRA nach den Leitlinien der serviceorientierten Architektur (SOA) entwickelt. Dies bedeutet, dass die interne modulare Struktur die fachlich orientierten MES-Dienste in entsprechender Granularität als „Services" bereitstellt. Die Services wiederum entstehen durch das variable Zusammenstellen („Orchestrieren") von vorhandenen Softwaremodulen, um die geforderten MES-Funktionen im System verfügbar zu haben.

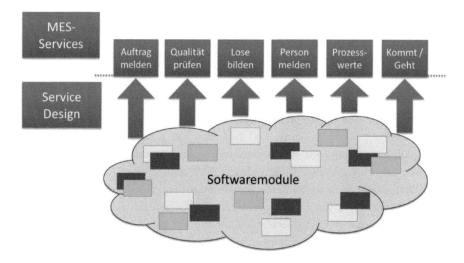

Abb. 3.2 Entstehung von MES-Services zur Abbildung MES-typischer Funktionen auf Basis der serviceorientierten Architektur von HYDRA

Gesamthaft betrachtet, basiert HYDRA somit auf einem Systemkonzept, das von hoher Flexibilität und großer Funktionsvielfalt geprägt ist. Nur wenn ein MES diese Eigenschaften aufweist, lässt es sich maßgeschneidert in die bestehende Systemlandschaft eines Fertigungsunternehmens integrieren, um die Durchführung aller Geschäftsprozesse zu unterstützen.

3.3 HYDRA-Systemstruktur

Die bereits im vorherigen Kapitel erwähnten HYDRA-Services lassen sich in folgenden Funktionsgruppen zusammenfassen:

- System Integration Services mit dem MES Weaver als wichtigste Komponente bilden den funktionalen Kern von HYDRA
- Application Services sind Anwendungsdienste, die für die Verarbeitung, Verdichtung und Archivierung der erfassten Daten sorgen
- Applikationen im MES Operation Center (MOC) visualisieren die vorverarbeiteten Daten in unterschiedlichster Form und bieten vielfältige Funktionen für den MES-Systemadministrator
- Smart MES Applications (SMA) stellen mobile bzw. browserbasierte Anwendungen zur Datenerfassung und –auswertung bereit
- Anwendungen im MES-Cockpit sind eine ideale Basis zum Aufbau von standardisierten oder individuellen Kennzahlensystemen
- Shopfloor Connectivity Services werden zur bidirektionalen Kommunikation mit Maschinen und Anlagen bzw. Subsystemen eingesetzt
- Acquisition and Information Panel (AIP) ist die Bedienoberfläche für die Werker und Einrichter zur Erfassung alle fertigungs-, personal- oder qualitätsrelevanten Daten und zur Anzeige von Informationen
- Enterprise Integration Services werden zur Kommunikation mit übergeordneten Systemen wie ERP- oder Lohn- und Gehaltssystemen verwendet

Abb. 3.3 Zu wesentlichen Funktionsgruppen verdichtete Darstellung der HYDRA-Services

In den folgenden Kapiteln werden die MES-Services und deren Zusammenwirken innerhalb des MES HYDRA ausführlicher beschrieben.

3.3.1   System Integration Services

Alle zentralen Administrations- und Steuerungsprogramme sowie die allgemeinen Sys-
temeinstellungen sind im HYDRA-MES Weaver angesiedelt. Sie sind u.a. dafür verantwortlich, dass der Systembetrieb von HYDRA weitestgehend automatisiert abläuft und
Administrationsaufgaben auf ein Minimum beschränkt sind.

Ein typisches Beispiel für die ausgefeilten Mechanismen, die im Hintergrund des MES
wirken, ist der HYDRA-Scheduler. Hier werden die Startzeitpunkte für Programme definiert, die zum Beispiel die Datensicherung, die lückenlose Protokollierung der Syste-
mereignisse oder das Löschen von Daten übernehmen. Sie werden automatisch gestartet
und erleichtern damit dem Systemadministrator die Arbeit.

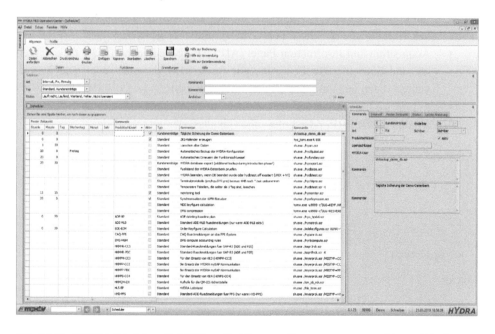

Abb. 3.4 Der HYDRA-Scheduler mit vielfältigen Funktionen zur Steuerung von automatisierten Abläufen

Weitere komfortable Funktionen stehen auch für die Verwaltung und Überwachung aller
Komponenten im MES zur Verfügung. Ziel ist es dabei, die Arbeit der Systemadministratoren zu vereinfachen, indem zum Beispiel der Status wichtiger Elemente des MES
permanent überwacht wird und die Verantwortlichen informiert werden, wenn Probleme

im System erkannt wurden. Gerade bei großen oder lokal verteilten Systemen ist es von Vorteil, wenn die Administration von jeder beliebigen Stelle im Netzwerk aus durchgeführt werden kann.

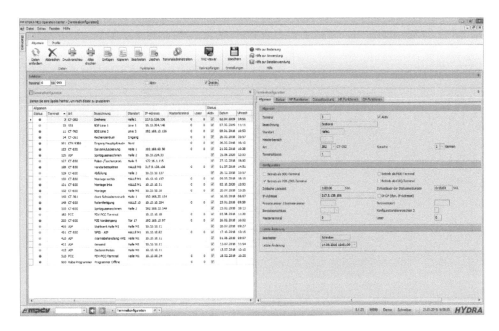

Abb. 3.5 Die Verwaltung und Überwachung der Datenerfassungsterminals als Beispielanwendung zur Unterstützung der Systemadministratoren

Benutzerverwaltung und Berechtigungskonzept

Datensicherheit und Zugriffsschutz sind auch im MES-Umfeld besonders sensible Themen, da vielfach personen- oder sogar lohnrelevante Daten erfasst und verarbeitet werden. HYDRA verfügt daher über ein ausgefeiltes Kennwort-, Benutzer- und Berechtigungskonzept, über das einstellbar ist, welche Funktionen von welchen Anwendern genutzt und welche Daten eingesehen oder verändert werden dürfen.

Sind bereits andere Systeme im Einsatz, in denen die Benutzer- und Berechtigungsverwaltung realisiert ist, kann das HYDRA-MES im Sinne eines „Single Sign On" auf diese aufsetzen.

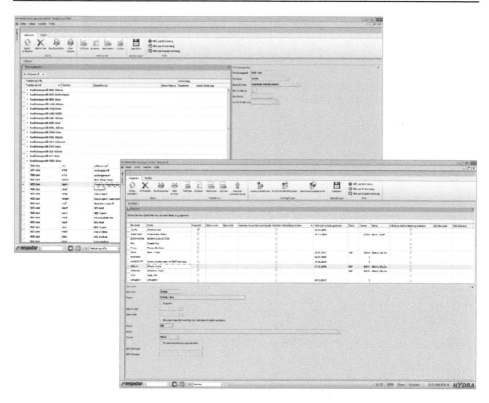

Abb. 3.6 Beispieltabellen aus der Benutzerverwaltung, in der alle User mit den individuellen Berechtigungen eingetragen sind. Zur Vereinfachung der Administration können Funktionsprofile angelegt und zugewiesen werden.

Messaging Services

Der effiziente Austausch von Informationen zwischen den Mitarbeitern im Shopfloor, Meistern, Instandhaltung und anderen Abteilungen ist essenziell für einen reibungslosen Fertigungsalltag. In vielen Unternehmen werden die Informationen auch heute noch in mündlicher Form oder auf dem Papierweg ausgetauscht, da ein Zugang zu E-Mail-Systemen in der Fertigung nur bedingt oder gar nicht vorhanden ist.

Die Messaging Services im MES HYDRA erlauben es dagegen, Nachrichten in elektronischer Form zu erstellen als auch deren Historie und Verlauf anzuzeigen. Es kann auf Nachrichten geantwortet und sie können weitergeleitet werden. Wichtige Benachrichtigungen werden durch ein Pop-Up-Fenster im Office Client (MOC) angezeigt bzw. im Shopfloor auf stationären und mobilen Geräten besonders gekennzeichnet. Zusätzlich kann die Information auch beispielsweise als klassische E-Mail versendet werden, um die Adressaten zu erreichen, die nicht ständig mit HYDRA arbeiten.

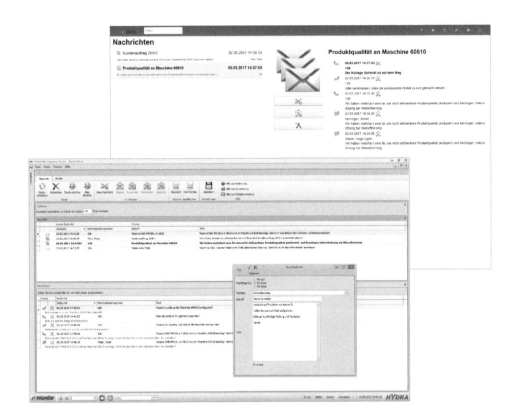

Abb. 3.7 Nachrichten können unter Nutzung der MES-Infrastruktur zum Beispiel zwischen den Mitarbeitern im Shopfloor und denen in der Arbeitsvorbereitung / Fertigungssteuerung ausgetauscht werden.

Der Vorteil einer Integration der fertigungsnahen Kommunikation in HYDRA besteht darin, dass die Informationen auch im MES dokumentiert werden. Dadurch können Störungen im Ablauf besser nachvollzogen und Prozesse optimiert werden, insbesondere in Bezug auf Schnittstellen zu benachbarten Abteilungen, Bereichen und beim Schichtwechsel.

Eskalationsmanagement

Im HYDRA-MES Weaver ist mit dem Eskalationsmanagement eine weitere zentrale Funktionalität mit enormen Nutzeffekten verfügbar. Das Eskalationsmanagement sorgt dafür, dass individuell konfigurierbare Ereignisse erkannt und proaktiv gemeldet werden, wenn daraus notwendige Reaktionen resultieren. Die Spanne reicht dabei über alle HYDRA-Anwendungen und beginnt bei einer Mitteilung an den Systemadministrator, wenn z.B. eine Datenbanktabelle bis zu einem definierbaren Prozentsatz gefüllt ist. Ein Beispiel aus der Maschinendatenerfassung zeigt die breite Palette an Möglichkeiten. Der Mitarbeiter in der Instandhaltung bekommt eine SMS auf sein Smartphone, dass an einer Maschine ein Problem mit dem Werkzeug gemeldet wurde. Oder der Abteilungsleiter erhält eine Mail, weil einer seiner Mitarbeiter Urlaub beantragt hat. Oder der Verantwortliche in der Qualitätssicherung wird darüber informiert, dass der Prüffälligkeits-Termin bei der Produktion eines Artikels überschritten ist.

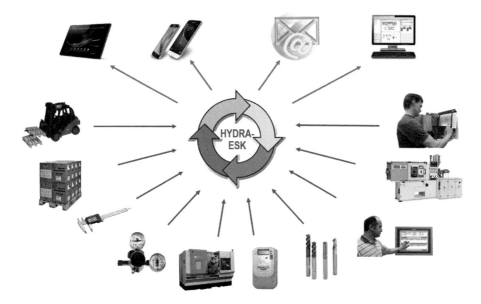

Abb. 3.8 Mit dem HYDRA-Eskalationsmanagement lassen sich typische, vorab definierte Problemsituationen erkennen und Eskalationen erzeugen.

Workflowmanagement

Eskalationen resultieren in aller Regel aus nicht planbaren Unregelmäßigkeiten oder kritischen Situationen im Produktionsprozess. Soll die Behebung der Probleme gezielt gesteuert, der aktuelle Stand der Bearbeitung stets erkennbar und alle Schritte der Bearbeitung nach Abschluss dokumentiert werden, lässt sich als Add-On zum Eskalations- das Workflowmanagement nutzen. Es ist dafür verantwortlich, dass eine automatische Initiierung eines Workflows beim Auftreten einer beliebigen Eskalation erfolgt, die Bearbeitung von Aufgaben inkl. der festgehaltenen Zeitpunkte dokumentiert und wiederum automatisch der nächste Prozessschritt aktiviert wird. Zur Erstellung individueller Workflows kann der HYDRA Workflow-Designer eingesetzt werden, mit dem individuelle Workflows inkl. der Zuteilung von Aufgaben zu Benutzern und Definition der Reaktionsmöglichkeiten innerhalb der einzelnen Schritte erstellt werden können.

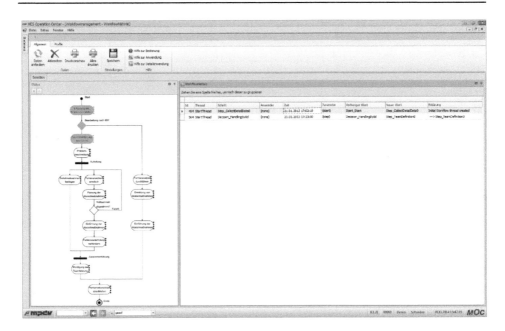

Abb. 3.9 Ein Beispiel aus dem Bereich des Reklamationsmanagements illustriert ein typisches Anwendungsszenario für den Workflow-Designer.

3.3.2 MES Application Services

Die leistungsfähigen MES Application Services sind quasi im Hintergrund dafür verantwortlich, die im MES gespeicherten Daten zu verwalten, zu verarbeiten, zu verdichten und für die Darstellung auf den HYDRA-Clients aufzubereiten.

Eine weitere wichtige Aufgabe der Application Services besteht darin, für jede MES-Anwendung leistungsfähige Funktionen zur Erfassung und Verwaltung der relevanten Stammdaten zur Verfügung zu stellen. Umfangreiche Konfigurationsmöglichkeiten erlauben es, die Eigenschaften der im MES verwalteten Objekte (Maschinen, Werkzeuge, Aufträge, etc.) in Datenbankfeldern so zu beschreiben, dass damit die reale Fertigungswelt abgebildet wird. Nur so ist sichergestellt, dass ein branchen- oder anwenderneutrales Standard-MES wie HYDRA ohne Programmierung an die konkrete Aufgabenstellung eines Unternehmens anpassbar ist und dass damit quasi automatisch der „digitale Zwilling" der Fertigung als elementare Basis für die Smart Factory entsteht.

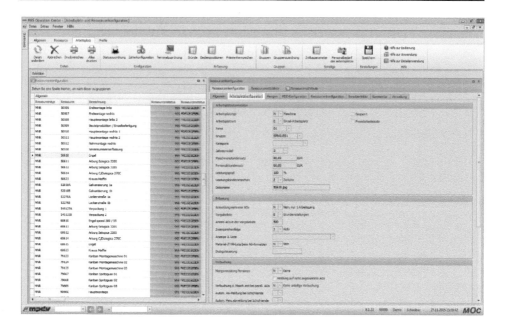

Abb. 3.10 Die Funktion zum Konfiguration der Arbeitsplätze und Maschinen über Stammdaten zeigt beispielhaft die vielfältigen Möglichkeiten zur exakten, anwenderspezifischen Abbildung der Objekte und Prozesse.

3.3.3   MES Operation Center (MOC)

Das MOC ist die grafische Benutzeroberfläche, die auf modernen IT-Technologien basierend entwickelt wurde und mit der unter anderem die Ergebnisse der Application Services in Form von Tabellen oder Grafiken visualisiert und Planungsfunktionen in Formt von Gantt-Charts realisiert sind. Das MOC kommuniziert via Webservices mit den zentralen Diensten auf dem MES-Server.

Bei der Entwicklung wurden Konfigurationsmöglichkeiten und Ergonomie in den Mittelpunkt gestellt. Durch die Anlehnung der Benutzeroberfläche an moderne Windows-Bedienkonzepte wird den Anwendern eine intuitive und komfortable Handhabung geboten. Zum einen wurde eine rollenbasierte Menüstruktur implementiert, die sich am täglichen Arbeitsablauf des Benutzers je nach Rolle im Unternehmen orientiert. Dabei wurde die Aufgabenstruktur eines MES-Systems gemäß der VDI-Richtlinie 5600 berücksichtigt. Die zweite Ausprägung folgt der applikations- oder produktbezogenen Sichtweise für MES-Systeme.

Beide Menütypen sind über den Menü-Editor individuell anpassbar. Der Anwender kann beispielsweise die Reihenfolge der Unterpunkte verändern oder Funktionen, die er nicht benötigt, einfach ausblenden.

Abb. 3.11 Rollenorientiertes und produktorientiertes Menü des MES Operation Center

Neben dem Funktionsaufruf über das Menü hat der User weitere Möglichkeiten zum Starten der MES-Applikationen. So kann er oft benötigte Funktionen in einem Favoriten-Menü speichern und deren Aktivierung von dort aus vornehmen. Im Autostart-Menü abgelegte Funktionen werden automatisch beim Starten des MOC geöffnet. Für jede Anwendung gibt es außerdem einen Transaktionscode, der in der Startleiste direkt eingegeben werden kann.

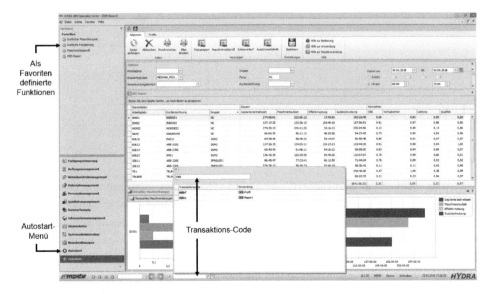

Abb. 3.12 Möglichkeiten zum Aufrufen der MES-Anwendungen im MOC

Durch die Multi-Window Funktionalität hat der Anwender viele Möglichkeiten, die Darstellungen im MOC seinen individuellen Bedürfnissen sehr leicht anzupassen. Er kann die Masken, aus denen er Informationen benötigt oder in denen er Daten eingeben möchte, gleichzeitig öffnen und bequem zwischen den Fenstern wechseln.

Ein weiteres Highlight bietet das MOC mit der Darstellung von korrelierenden Informationen und der Synchronisation der verschiedenen Fensterinhalte innerhalb einer MES-Anwendung. Wird beispielsweise die Maschinenübersicht aufgerufen, erhält der Anwender einen Überblick zu Arbeitsgängen, Wartungsintervallen oder Mengen, die an diesem Arbeitsplatz produziert werden. Je nachdem, welcher Datensatz ausgewählt wurde, ändern sich die Daten in den verknüpften Anwendungen automatisch mit. Werden mehrere Datensätze gleichzeitig angeklickt, erfolgt automatisch eine Kumulation der relevanten Daten.

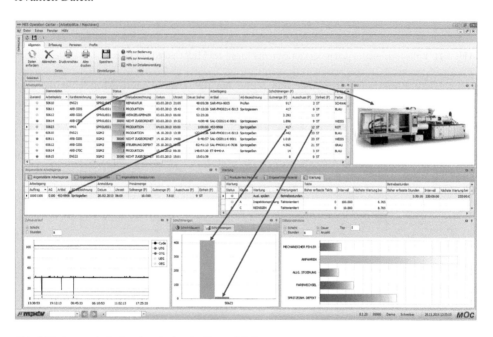

Abb. 3.13 Automatische Synchronisation der Fensterinhalte

Die Anpassbarkeit der Bedienoberfläche an individuelle Vorstellungen und Gewohnheiten schließ auch ein, dass Teilanwendungen innerhalb der gesamten Anwendungsmaske frei platziert oder ein- und ausgeblendet sowie Farben und Hintergründe verändert werden können. In den Benutzereinstellungen speichert das System die vom Benutzer ausgeführten Änderungen (z.B. die Breite von Spalten in Tabellen oder die Anordnung von Anwendungen auf dem Desktop), sodass die individuellen Änderungen auch nach einem Neustart des MOC erhalten bleiben. Genauso ist es möglich, Konfigurationseinstellungen an alle Benutzer des MES zu verteilen, um ein einheitliches Outfit der MOC-Oberfläche systemweit sicherzustellen.

Insbesondere für international operierende Unternehmen ist es wichtig, dass die MES-Applikationen in der Muttersprache der Benutzer angezeigt werden. Über den sogenannten Language Manager und die Unicode-Fähigkeit von HYDRA können beliebig viele Sprachen verwaltet und individuelle Übersetzungen vorgenommen werden, in die dann sogar während des laufenden Systembetriebs umgeschaltet werden kann.

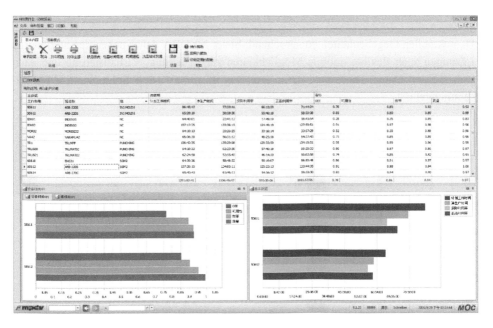

Abb. 3.14 Die Multilingualität und Unicode-Fähigkeit von HYDRA erlaubt das einfache Umschalten in andere Sprachen

Ein weiterer Pluspunkt des MOC ist die große Auswahl an Möglichkeiten, mit denen Daten in den MES-Anwendungen angezeigt werden können. Die Visualisierung erfolgt beispielsweise über unterschiedlichste Charts, deren Elemente direkten Bezug auf die Tabelleneinträge nehmen. Bei der Auswahl einzelner Objekte der Tabelle werden automatisch die passenden Chartinhalte zum Objekt angezeigt. Werden mehrere Datensätze ausgewählt, können diese auch miteinander verglichen werden.

In den tabellenorientierten Auswertungen helfen Sortier-, Gruppierungs- und Pivot-Funktionen dabei, dass die Inhalte in übersichtlicher Form angezeigt werden. Darüber hinaus sind Funktionen verfügbar, die Tabelleninhalte automatisch nach EXCEL exportieren oder ein Dokument im PDF-Format erzeugen.

3.3.4   Smart MES Applications (SMA)

Waren in der Vergangenheit eher klassische, stationäre Bedienstationen mit MES-Funktionen im Einsatz, führt unter anderem die enorme Verbreitung und Akzeptanz von mobilen Applikationen sowohl im privaten als auch geschäftlichen Umfeld dazu, dass auch im Bereich der Fertigungs-IT eine Trendwende zu beobachten ist. So werden mobile MES-Komponenten in modernen Produktionsprozessen zukünftig eine zentrale Rolle einnehmen. Durch den mobilen Zugriff auf Fertigungsdaten können beispielsweise Wegezeiten reduziert und unnötige Meetings abseits der Produktion vermieden werden.

Den aktuellen Gegebenheiten entsprechend, bietet HYDRA daher neben den stationären Lösungen auch flexible, mobile Möglichkeiten zur Erfassung, Visualisierung und Auswertung von Daten. Diese sind unter dem Begriff „Smart MES Solutions" (SMA) zusammengefasst.

Abb. 3.15 Übersichtlicher, adaptiver Startbildschirm für Smartphones und Tablets

Die Smart MES Applications können sowohl als Apps auf einem Smartphone oder Tablet-PC als auch webbasiert auf jedem beliebigen Gerät mit Internet-Browser genutzt werden. Dabei stellt HYDRA sicher, dass der Anwender stets genau die Informationen bekommt, die er gerade benötigt und dass diese in einer Form dargestellt werden, die für sein aktuell genutztes Gerät am besten passt (Responsive Design). Die SMA-Programme lassen sich durch folgende wichtige Merkmale charakterisieren:

- Ortsunabhängige Nutzung von HYDRA-Funktionen
- Intuitive Bedienung durch Touch-Gesten (Wischen, Tippen, Ziehen, etc.)
- Übersichtliches Startmenü mit kurzen Beschreibungen der Apps

- Rollenbasierte App-Auswahl
- Benutzer- und rollenspezifische Daten- und Informationsaufbereitung
- Kombination von SMA und klassischen HYDRA-Clients
- Individuelle Konfiguration und Customizing mit Hilfe leistungsfähiger Tools

MES-Apps für den Fertigungsalltag

Um den Überblick in der Produktion zu behalten und eine umgehende, flexible Reaktion auf Unerwartetes zu ermöglichen, bieten SMA zahlreiche Apps zur Datenerfassung sowie zur Überwachung und Steuerung der Fertigung:

- Überblick über alle Maschinen und Arbeitsplätze inkl. aktueller Informationen und Möglichkeit zur Erfassung von Betriebsdaten
- Auftragsübersicht und Liste aller Arbeitsgänge
- Kennzahlenmonitor mit Drill-Down-Funktion
- Arbeitsvorrats- und Rüstwechselliste
- Wartungskalender und Meldedialoge für Instandhaltungsaufträge
- Fertigungssteuerung mit mobilen Leitstandsfunktionen
- Umfangreiche Apps für das Materialmanagement
- Erfassen von Energieverbräuchen
- Flexible Projektzeiterfassung

Abb. 3.16 Die App gibt auf einen Blick Auskunft über alle Maschinen und die darauf angemeldeten Arbeitsgänge. Detaillierte Informationen lassen durch einen Touch auf die jeweiligen Buttons aufrufen.

MES-Apps für Zeiterfassung und HR Self Services

Der Motivationsgrad bei Mitarbeitern und Vorgesetzten steigt, wenn nützliche bzw. notwendige Informationen auf einfache Art und Weise beschafft werden können. Wenn zudem träge, papierbehaftete Abläufe digitalisiert werden, dann wirkt sich das positiv auf alle Prozesse im HR-Umfeld aus. Leistungsfähige Apps bieten Funktionen wie

- Erfassung von Anwesenheitszeiten auch an externen Standorten
- Persönliche Zeitnachweisliste mit der Möglichkeit, fehlende Stempelungen nachzuerfassen
- Anwesenheitsstatus der Mitarbeiter mit direkter Kontaktmöglichkeit über Telefon oder E-Mail
- Papierloser Fehlzeitenantrag mit Kalenderdarstellung
- Planung und Genehmigung von Fehlzeiten durch Vorgesetzte
- Individueller Personaleinsatzplan

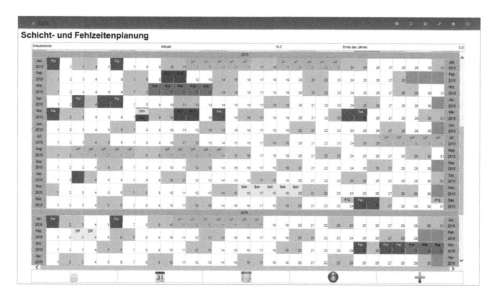

Abb. 3.17 Die App zeigt in anschaulicher Form den Schicht- und Fehlzeitenkalender eines ausgewählten Mitarbeiters über mehrere Monate hinweg.

MES-Apps für die Qualitätssicherung

Auch im Qualitätsmanagement profitieren Mitarbeiter von einfach handhabbaren und flexiblen IT-Tools. Dabei kommt es auf Verlässlichkeit und Ergonomie an. Oftmals ist es aber auch die räumliche Flexibilität, die für mobile Qualitätsanwendungen ausschlaggebend ist. Mit bedarfsgerechten Apps garantieren die SMA reibungslose Prüfprozesse:

- Erfassung und Dokumentation von Prüfergebnissen
- Anzeige von Dokumenten (z. B. Prüfanweisungen, Maßzeichnungen, Fotos, Videos), die für die Prüfungen relevant sind
- Statistikfunktionen zur Auswertung der Prüfdaten
- Anlage und Bearbeitung von Reklamationen
- Nutzung von Workflows zur Reklamationsbearbeitung
- Umfangreiche Auswertungen zu Qualitätsfehlern und Ausschuss
- Zugriff auf HYDRA-Eskalationsmanagement und -Messaging Services

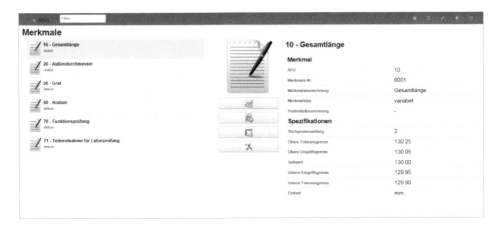

Abb. 3.18 Die gezeigte App dient dazu, den Werker oder Mitarbeiter in der Qualitätssicherung zielgerichtet durch den Prüfprozess zu führen und unterstützt bei der Erfassung der Prüfmerkmale

3.3.5 MES Cockpit

Die MES-Cockpit Applications grenzen sich im Wesentlichen durch zwei Eigenschaften von klassischen MES-Anwendungen ab: MES-Cockpit Applications sind reine Auswertungstools und können ergänzend zu herkömmlichen MES-Anwendungen auch werksübergreifende Daten auswerten und sogar Daten anderer Systeme einbeziehen. Zudem können mit ihnen verdichtete Daten über mehrere Jahre hinweg ausgewertet werden, auch wenn diese im produktiven MES-System bereits ausgelagert oder archiviert sind. Durch die gezielte Auswertung von Daten in sog. Dashboards profitieren Geschäftsführer, Controller, Fertigungsleiter und die Mitarbeiter in der operativen Ebene von mehr Transparenz in der Fertigung. Außerdem dienen im MES-Cockpit visualisierte, verlässliche Kennzahlen einem kontinuierlichen Verbesserungsprozess im Unternehmen.

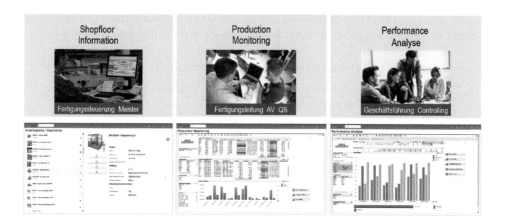

Abb. 3.19 Funktionen des MES Cockpits sorgen für Transparenz auf allen Unternehmensebenen

Mit leistungsfähigen Grafikfunktionen erlauben die MES-Cockpit Applications korrelative Betrachtungen zu unterschiedlichen Bereichen und Messgrößen. Sie zeigen außerdem Trends auf, sodass ein verantwortlicher Mitarbeiter bereits vor dem Eintreten von kritischen Situationen oder der Verletzung von unternehmensspezifisch definierten Grenzwerten reagieren und gegensteuern kann.

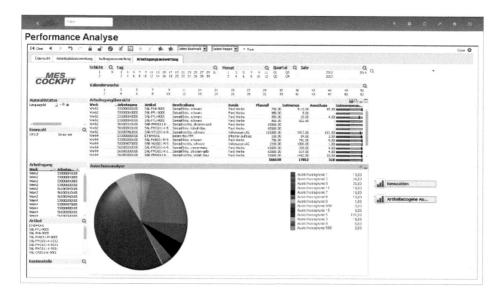

Abb. 3.20 Die Performance-Analyse ist ein Beispiel dafür, wie man mit dem MES Cockpit Daten in nahezu beliebiger Form darstellen, verdichten und korrelieren kann.

Bei Bedarf unterstützen MES-Cockpit Applications den Aufbau von Kennzahlensystemen, die auf den Definitionen des VDMA-Einheitsblatts 66412-1 basieren.

3.3.6 Enterprise Integration Services

Im Sinne der vertikalen Integration ist das MES das Bindeglied zwischen der Fertigungs- und der Managementebene. Die Kommunikation zwischen HYDRA und den überlagerten Systemen wie ERP, SCM (Supply Chain Management), APS (Advanced Production Scheduling) oder auch HR-Anwendungen übernehmen die Enterprise Integration Services, zu denen auch die Kommunikationsplattform MES Link Enabling (MLE) gehört.

MLE stellt standardisierte Schnittstellen zur Übernahme und Übergabe von Daten bereit. Dabei können beispielsweise aus den ERP-Systemen die Stammdaten zu Fertigungsaufträgen inklusive zugehöriger Arbeitsgänge, Komponenten und vieler weiterer Informationen direkt in die HYDRA-Produktionsdatenbank übernommen werden. In umgekehrter Wirkungsrichtung werden erfasste Ist-Daten in verdichteter Form an das ERP oder andere relevante Systeme übergeben. Neben dem Einsatz der Schnittstellen in standardisierter Form sind natürlich projektspezifische Modifikationen möglich. Ein ausgefeiltes Monitoring der Schnittstellen mit Protokollierung der Eingangs- und Ausgangstransaktionen verhindert, dass ggf. auftretende Probleme beim Datenaustausch unentdeckt bleiben und mit fehlerhaften Datenbeständen gearbeitet wird.

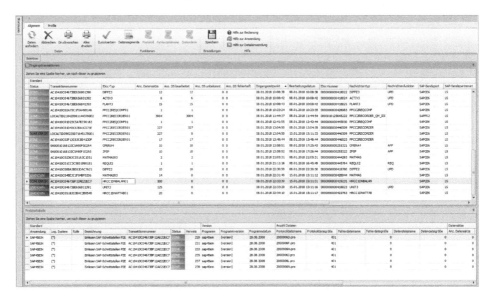

Abb. 3.21 Statusmonitor zur Überwachung der Schnittstellen zwischen dem MES HYDRA und anderen übergeordneten Systemen

Zur Kommunikation mit SAP-Systemen werden spezielle Schnittstellen genutzt, die den SAP-Konventionen entsprechen und als Zeichen für deren Funktionsfähigkeit von der SAP AG offiziell zertifiziert wurden. Der Datenaustausch mit den SAP-Modulen PP, PP-PI, PP-REM, CO, HR, PM, PS, QM, MM und dem NetWeaver basiert wahlweise auf den zertifizierten Schnittstellen HR-PDC und PP-PDC bzw. PDC-CC1 und -CC2, den standardisierten Schnittstellen PDC-CC3, PDC-CC4, PI-PCS, PP-REM, QM-IDI und MM-MOB sowie individuellen Schnittstellen, die RFC-, BAPI- und iDOC-Technologien nutzen.

3.3.7 Acquisition and Information Panel (AIP)

Das AIP ist die windowsbasierte Bedienoberfläche und dient als Bindeglied zwischen Mensch und MES-System. Zur manuellen Erfassung der relevanten Daten wird eine Dialogführung eingesetzt, die für die Nutzung im Fertigungsumfeld unter Verwendung von Touchscreens und Peripheriegeräten wie Barcode- oder RFID-Leser optimiert ist. Das AIP bietet für jede Aufgabe die passenden Erfassungsdialoge, da diese individuell konfigurierbar sind. Begleitende Informationen wie Stücklisten, Arbeitspläne, Prüfanweisungen oder Zeichnungen können dem Werker zum Aufbau einer papierarmen oder gar papierlosen Fertigung angezeigt werden. Auch NC-Daten und Einstellparameter werden angezeigt und direkt in die Maschinen- und Anlagensteuerungen transportiert.

Abb. 3.22 Beispiele für einfache BDE-Dialoge und komplexe Anwendungen für die Werkerselbstprüfung

Das AIP überzeugt durch eine moderne Oberfläche und wurde auf die Bedürfnisse der Anwender in der Produktion zugeschnitten. Durch die Einteilung in Anwendungsgruppen und die individuellen Konfigurationsmöglichkeiten für einzelne Arbeitsplätze sind für die Werker und Einrichter nur die Funktionen sichtbar, die sie wirklich benötigen und die ihrem normalen Arbeitsablauf entsprechen. Für die intuitive Handhabung wurde ein mehrstufiger Aufbau der Eingabemasken unter Beachtung eines anwendungsgerechten Erfassungs-Workflows für alle MES-Anwendungen umgesetzt. Die Spanne reicht dabei von einfachen Applikationen der Personalzeiterfassung (Kommt-/Geht-Stempelung) über normale BDE-/MDE-Dialoge bis hin zu komplexen Anwendungen, bei denen Materialmeldungen, Prüfergebnisse oder Chargen- und Losdaten erfasst und begleitende Informationen angezeigt werden.

Wegen der zentralen Bedeutung der Funktionen zur Datenerfassung und der Werkerinformation werden diese in Kapitel 4 ausführlich behandelt.

3.3.8 Shopfloor Connectivity Services

Die Kommunikation von HYDRA mit Maschinen, Anlagen, Systemen, Waagen und anderen Produktionseinrichtungen übernehmen die sogenannten Shopfloor Connectivity Services. Je nach Anforderungen bzw. technischen Möglichkeiten auf der Maschinenseite beginnt das breite Spektrum der Realisierungsmöglichkeiten bei Maschinenschnittstellen, die über eine direkte Verbindung mit Sensoren in den Maschinen eine einfache Aufnahme von Takten und digitalen Signalen sowie analogen Messwerten wie z.B. Temperatur, Druck, Drehzahl oder Geschwindigkeit ermöglichen. Steigen die Ansprüche bzgl. des Datenaustausches und sollen vor allem auch Einstelldaten oder NC-Datensätze an die Steuerungen übergeben werden, kommt der Process Communication Controller (PCC) als wichtigster Baustein der HYDRA Shopfloor Connectivity Suite zum Einsatz.

Unter der Überschrift Shopfloor Connectivity Services werden aber auch das sogenannte Service Interface, das vor allem zur Kommunikation mit vorhandenen Subsystemen entwickelt wurde und die Edge Computing Suite, die bei Prozessen mit hohem Datenaufkommen eingesetzt wird, geführt.

Gerade im Kontext zu Big Data, IIoT und Digitalisierung erreicht die Kommunikation mit den Einrichtungen im Shopfloor eine vollkommen neue Dimension. Daher werden diese Themen zusammen mit der Datenerfassung in Kapitel 4 in ausführlicher Form dargestellt.

3.4 Das maßgeschneiderte MES

Am Ende dieses Kapitels soll zusammenfassend dargestellt werden, welche vielfältigen Möglichkeiten HYDRA bietet, ein maßgeschneidertes, auf die individuellen Bedürfnisse eines Fertigungsunternehmen ausgerichtetes MES zu designen. Im Mittelpunkt steht dabei der große Fundus an Standardfunktionen, die praxiserprobt und adhoc einsatzfähig sind und mit denen sich ein Großteil der Prozesse ohne zusätzliche Programmierung abbilden lässt. Dennoch stellt sich die Frage, welche Produkteigenschaften HYDRA auszeichnen und welche zusätzlichen Mechanismen existieren, eine vollständige Adaption des MES an die individuellen Prozesse zu erreichen.

Abb. 3.23 Die Elemente von HYDRA, die eine maßgeschneiderte MES-Lösung ermöglichen

Konfiguration

Die erste Ebene zur variablen Gestaltung der Abläufe und Verhaltensweise des Systems bilden die vielfältigen Möglichkeiten, die Standardfunktionen durch Konfigurationsparameter in ihrem Verhalten zu beeinflussen. Der Anwender ist selbst in der Lage, HYDRA so zu konfigurieren, dass das MES seine Anforderungen erfüllt. So ist es zum Beispiel möglich, alleine durch die Nutzung von Parametern unterschiedliche Auftragsarten so zu definieren, dass damit die differenzierte Behandlung von Serienaufträgen in der Produktion, von Wartungssaufträgen in der Instandhaltung und der Einzelfertigung im Werkzeugbau in einem System abbildbar ist. Konfigurierbare Schnittstellen sind die Basis dafür, dass HYDRA in die vorhandene Infrastruktur mit einem heterogenen Maschinenpark und überlagerten Systemen wie ERP nahtlos eingepasst werden kann.

Modifizierbare Bedienoberflächen

Wie ein MES von den Anwendern angenommen und akzeptiert wird, hängt in starkem Maße u.a. davon ab, dass die Funktionen einfach und ergonomisch zu bedienen sind. Die Bedienoberflächen der HYDRA-Clients können mit HYDRA-Bordmitteln nach individuellen Wünschen umgestaltet werden. Dynamische Terminaldialoge orientieren sich am Arbeitsablauf der Werker und Auswertungen oder Ansichten lassen sich mit einfachen Mitteln so gestalten, dass der Benutzer auf einen Blick die von ihm benötigten Daten in der gewünschten Form sieht.

Designer für Reports, Begleitpapiere und Etiketten

HYDRA stellt einen Designer zur Verfügung, mit dem spezifische Auswertungen und Reports bzw. Dokumente wie Laufkarten oder Lohnscheine so gestaltet werden können, dass sie dem erforderlichen Format entsprechen und die gewünschten Daten beinhalten. Auch Etiketten, Palettenbegleitscheine o.ä. können mit dem Etikettendesigner vom Anwender konfiguriert und somit auf die Anforderungen der eigenen Fertigung angepasst werden.

Entwicklungsumgebung und User Exits

Die HYDRA Business Development Suite ist eine leistungsfähige Entwicklungsumgebung, die nach entsprechender Schulung und unter Beachtung der HYDRA-Designregeln auch vom Anwender selbst zur Erstellung firmenspezifischer MES-Applikationen nutzt werden kann. Die Tools gewährleisten, dass selbst hochspezialisierte Prozesse über individuelle Customizings abbildbar sind und komplexe anwenderspezifische Anforderungen erfüllt werden.

User Exits ermöglichen eine Modifikation der HYDRA-Funktionen, in dem an definierten Ausstiegspunkten individuelle Erweiterungen zu den Standardprogrammen eingeflochten werden, ohne dabei Standardabläufe zu verändern.

3.5 Die HYDRA-Anwendungen im Überblick

Für die drei wesentlichen Funktionsbereiche Fertigungs-, Qualitäts- und Personalmanagement haben sich wegen ihrer unterschiedlichen Aufgaben individuelle Strategien und Vorgehensweisen entwickelt. So muss das Personalmanagement, das die wichtigste „Ressource" Mensch verwaltet, den natürlichen Gegebenheiten dieser „Ressource" und auch allen gesetzlichen Auflagen Rechnung tragen. Die Organisation der Fertigung selbst hat als oberstes Ziel, die Produktion effizient, mit wenig Reibungsverlusten und geringstem Ressourceneinsatz durchzuführen. Die Qualitätssicherung sorgt dafür, dass die strengen Qualitätsansprüche eingehalten und Produktionsprozesse so optimiert werden, dass Ausschuss gar nicht erst entsteht. Die drei Anwendungsbereiche müssen in einem modernen MES vollständig integriert sein. Inselartige Lösungen mit betreuungsbedürftigen Schnittstellen verbieten sich in der modernen IT-Landschaft der Smart Factory nahezu von selbst.

Ein MES muss also den unterschiedlichsten Aufgabenstellungen gerecht werden, für ein effizientes Handling der Daten und für eine ausreichende Integration sorgen. In HYDRA wird dies mit einer übergreifenden Datenhaltung und einem gemeinsamen Framework gelöst. Die beiden Elemente erlauben einerseits die volle Integration aller Anwendungen und andererseits deren unabhängige Einsetzbarkeit und Weiterentwicklung. Darüber hinaus gewährleistet diese Technologie den unabhängigen Einsatz einzelner MES-Produkte, deren stufenweise Erweiterung bis hin zu einem vollumfängliche MES, das keine Wünsche offen lässt.

Die Darstellung in Abbildung 3.22 soll noch einmal verdeutlichen, dass der Einsatz von HYDRA-Anwendungen bausteinartig und dennoch schnittstellenfrei erfolgen kann. Das Integrations-Framework hierfür stellt der HYDRA MES Weaver zur Verfügung. Das bedeutet zweifelsfrei, dass HYDRA der immer komplexer werdenden Fertigungswelt dadurch Rechnung trägt, dass die Vernetzung zwischen einzelnen Funktionsbereichen und Applikationen vollständig gewährleistet ist und das die beliebig miteinander kombinierbaren Funktionsbausteine aufgrund der serviceorientierten Architektur jederzeit durch neue MES-Applikationen erweitert werden können.

Bevor die Module des MES HYDRA in den folgenden Kapiteln ausführlich beschrieben werden, soll die nachfolgende Grafik und die anschließende Auflistung einen schnellen Überblick vorab ermöglichen. Im Manufacturing Execution System HYDRA sind folgende MES-Anwendungen verfügbar:

Abb. 3.24 Die Module des MES HYDRA in Form von Icons visualisiert

Betriebsdaten (HYDRA-BDE)

Erfassen von auftragsbezogenen Meldungen mit Online-Plausibilitätsprüfungen; Auftragshandling und -überwachung mit umfangreichen Analytics- und Statistikfunktionen sowie einfachen Applikationen zur Fertigungssteuerung

Maschinendaten (HYDRA-MDE)

Automatische Übernahme von Maschinendaten über Daten-Schnittstellen und IIoT oder manuelle Erfassung an Terminals; umfangreiche Controlling- und Analytics-Funktionen zur Performance-Verbesserung, OEE-Betrachtungen und Berechnung von Kennzahlen

Material- und Produktionslogistik (HYDRA-MPL)

Handling von materialbezogenen Daten, Verwalten von Umlaufbeständen innerhalb der Produktion, Führen von Materialpuffern und WIP-Beständen, Schnittstellen zu Lagerverwaltungssystemen

Tracking & Tracing (HYDRA-TRT)

Erfassen von Daten zu Chargen und Losen; Tracking von Rohstoffen, Halbfabrikaten und Fertigprodukten über alle Fertigungsstufen hinweg; Analysefunktionen als Basis für Reklamationen

Dynamic Manufacturing Control (HYDRA-DMC)

Spezielle Funktionen zur Werkerführung und Unterstützung des Betriebs von Produktionslinien, an denen Baugruppen mit hoher Variabilität und geringen Stückzahlen gefertigt werden

Energiemanagement (HYDRA-EMG)

Analyse der Energieverbräuche in Bezug zu Aufträgen und Maschinen; umfangreiche Planungs-, Report- und Statistikfunktionen zur Optimierung des Energieverbrauchs

Direct Numeric Control (HYDRA-DNC)

Transfer von NC-Programmen und Einstelldaten zu Maschinen und Anlagen; Editor für NC- und Einstelldaten; Übernahme von optimierten Daten aus Maschinen und Anlagen inkl. deren Versionierung und Speicherung

Prozessdatenerfassung (HYDRA-PDV)

Erfassung aller Arten von Prozessdaten; effektive Speicherung der Massendaten; grafische Anzeige inkl. Korrelationsfunktionen; Verdichtung der Daten und Langzeitarchivierung; Überwachen von Grenzwertverletzungen während der Produktion

Werkzeug- und Ressourcenmanagement (HYDRA-WRM)

Verwalten von Werkzeugen, Betriebsmitteln und anderen Ressourcen in der Produktion; Aufzeichnung von Nutzungszeiten inkl. statistischer Auswertungen; Werkzeuglebenslauf, umfangreiches Instandhaltungsmanagement für Ressourcen

Personalzeit (HYDRA-PZE)

vielfältige Erfassungsfunktionen für An- und Abwesenheitszeiten; Unterstützung aller gängigen Ausweisarten, An- / Abwesenheitsübersichten

Personalzeitwirtschaft (HYDRA-PZW)

Abgleich der An- und Abwesenheitszeiten an Jahreskalendern; Unterstützung von fixen und flexiblen Zeitmodellen; Fehlzeitenplanung; Erstellen von Monatszeitkonten nach Lohnarten gegliedert; Schnittstellen zu Lohn- und Gehaltssystemen

Leistungslohnermittlung (HYDRA-LLE)

Berechnung von Basisdaten für die Leistungsentlohnung; Zusammenführen von Daten aus Personalzeitwirtschaft und BDE; individuelle Konfigurationsmöglichkeiten für unterschiedlichste Arten von Leistungs- und Prämienlöhnen; Schnittstellen zu Lohn- und Gehaltssystemen

Zutrittskontrolle (HYDRA-ZTK)

Sicherung von Zugängen in Produktionsbetrieben und Büros, Erstellen von Zutrittsprofilen, Protokollieren von Zugängen, umfangreiche Verwaltungs- und Statistikfunktionen, Sicherheitsleitstand

Personaleinsatzplanung (HYDRA-PEP)

Belastungs- und kapazitätsorientierte Personaleinsatzplanung unter Berücksichtigung von Qualifikationen und Schichtmodellen; Statistikfunktionen mit grafischen Darstellungen über unterschiedliche Zeithorizonte

Fehlermöglichkeits- und -einflussanalyse (HYDRA-FMEA)

Funktionen zur Fehlervermeidung und Erhöhung der technischen Zuverlässigkeit, die meist in der Design- bzw. Entwicklungsphase neuer Produkte oder Prozesse angewandt werden

Fertigungsprüfung (HYDRA-FEP)

Zentrales Instrument des Qualitätsmanagements mit umfangreichen Funktionen zur fertigungsbegleitenden Prüfung; Online-Plausibilitätsprüfungen; Verarbeitung von Eingriffs- und Toleranzgrenzen; umfangreiche Statistikfunktionen nach verschiedenen Normen; zeit- und stückorientierte Steuerung der Erfassungsintervalle; Prüfplanung, Erstmusterprüfung, Warenausgangsprüfung und Produktionslenkungsplan

Wareneingang (HYDRA-WEP)

Prüfen von Rohstoffen, Teilen und Komponenten im Wareneingang; Dokumentieren der Prüfergebnisse; statistische Auswertungen und Fehlerschwerpunkanalysen für das Qualitätsmanagement

Reklamationsmanagement (HYDRA-REK)

Verwaltung reklamierter Teile, Chargen und Lose; Workflow-Unterstützung zur Bearbeitung der Reklamationen; automatisierte Erstellung von Dokumenten zu Reklamationen; Fehlerschwerpunkanalysen inkl. Betrachtungen zu Reklamationskosten

Prüfmittelverwaltung (HYDRA-PMV)

Verwaltung der im Qualitätssicherungsprozess eingesetzten Prüfmittel, Unterstützung bei der Kalibrierung, automatisierte Messwerterfassung, Funktionen zur Sicherstellung der Prüffähigkeit

Die Aufzählung der Funktionsmodule des MES HYDRA zeigt die Bandbreite der Einsatzmöglichkeiten. Über die Standardfunktionen hinaus sind der Vielfalt von HYDRA über individuelle Customizings unter Nutzung der HYDRA-Entwicklungsumgebung nahezu keine Grenzen gesetzt.

4 Datenerfassung und Shopfloor-Integration

Manufacturing Execution Systeme können gerade die im Zuge von Industrie 4.0 und der Digitalisierung geforderten, anspruchsvollen Aufgaben nur dann erfüllen, wenn sie in der Lage sind, ein vollständiges und fehlerfreies digitales Abbild der Fertigung zu schaffen und eine verlässliche Datenbasis bereitzustellen. Dies wiederum bedingt, dass alle Möglichkeiten im Shopfloor genutzt werden müssen, die Daten lückenlos über die gesamte Prozesskette hinweg zu erfassen. Es muss daher eine Infrastruktur geschaffen werden, die einerseits Bedienerdialoge an Handarbeitsplätzen unterstützt und andererseits leistungsfähige Schnittstellen zur Kommunikation mit Maschinen, Anlagen, Systemen, Waagen und anderen Produktionseinrichtungen in einem äußerst heterogenen Umfeld zur Verfügung stellt.

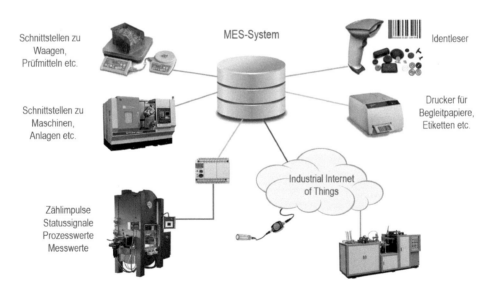

Abb. 4.1 Ein modernes MES muss in der Lage sein, die vielfältigen, in einem meist heterogenen Maschinenpark geforderten Erfassungsmöglichkeiten und Schnittstellen bereitzustellen.

In diesem Zusammenhang soll hier noch einmal die wichtige Rolle des Industrial Internet of Things (IIoT) erwähnt werden, das eine ausgezeichnete Möglichkeit zur Integration aller Elemente bietet, die an der Fertigung und ggf. auch an externen Standorten beteiligt sind.

© Springer-Verlag GmbH Deutschland, ein Teil von Springer Nature 2019

J. Kletti, R. Deisenroth, *Kompendium*

https://doi.org/10.1007/978-3-662-59508-4_4

4.1 Besondere Rahmenbedingungen in der Fertigung

Bei der Einführung eines MES müssen die speziellen Rahmenbedingungen der Fertigung berücksichtigt werden. Anders als IT-Systeme, die im Büroumfeld genutzt werden, müssen MES ein hohes Maß an Ergonomie bieten, damit sie von den Werkern und Maschinenbedienern im rauen Fertigungsumfeld fehlerfrei bedient werden können. Einfache und verständliche Bedienerdialoge mit Plausibilitätskontrollen sind eine zwingende Voraussetzung für eine hohe Akzeptanz, ohne die ein MES nicht erfolgreich eingeführt werden kann.

Ebenso sind die schwierigen Umgebungsbedingungen in der Fertigung wie Schmutz, Spritzwasser, Dämpfe oder Ölnebel zu beachten. Unempfindliche Industrie-PC´s in Gehäusen mit entsprechender Schutzart und robuste Bedienoberflächen in Form von Touchscreens oder Folientastaturen sowie geeignete Zubehörkomponenten wie Barcodescanner oder RFID-Leser sind erforderlich.

Außerdem ist Mobilität zunehmend gefragt. Große Hallen mit weiten Wegen oder auch schwer erreichbare Lagerpositionen forcieren den Einsatz von mobilen Erfassungsgeräten, denn das MES muss heute zu jeder Zeit und direkt vor Ort nutzbar sein. Die Definition von Erfassungsgeräten als Bereichs- oder Gruppenterminals aber auch die Zuordnung von mehreren Terminals zu einer Linie muss ebenso möglich sein, wie eine Konfiguration, bei der ein Terminal direkt einer Maschine zugewiesen ist.

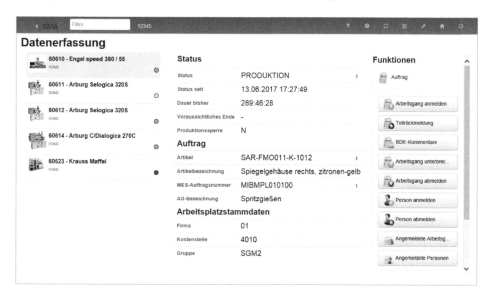

Abb. 4.2 Die Smart MES Applications (SMA) bieten mobile Erfassungs- und Informationsfunktionen, die für vielfältige Buchungsvorgänge mittels Smartphones und Tablets genutzt werden können..

4.2 Manuelle Datenerfassung und Information der Werker

Die Akzeptanz und damit der Nutzeffekt fertigungsnaher Systeme hängt in entscheidendem Maße davon ab, wie stark diese in die Fertigungsumgebung integriert sind und wie gut die Arbeit der Werker, Einrichter und Maschinenbediener unterstützt wird. Zukunftsorientierte Systeme wie HYDRA verfügen über zahlreiche Möglichkeiten zur manuellen oder teilautomatisierten Erfassung von Daten. Dazu werden einerseits stationäre Terminals und mobile Geräte mit Touchscreen oder Tastatur genutzt. Andererseits können Daten teilautomatisiert aus Ident-Lesern für RFID-Tags, Barcodes, Legic- oder Mifare-Ausweise sowie aus Prüf- und Messmitteln übernommen werden.

MES-Dialoge im Shopfloor müssen übersichtlich strukturiert und leicht zu bedienen sein. HYDRA bietet für jede Aufgabe die richtigen Dialoge, da diese individuell konfigurierbar sind. HYDRA überprüft bereits bei der Erfassung die Richtigkeit der eingegebenen Daten und weist den Bediener auf Falscheingaben hin. Online-Plausibilitätskontrollen garantieren eine hohe Datenqualität.

Die Fertigung darf durch den Ausfall von IT-Systemen nicht behindert oder gar unterbrochen werden. Die Offlinefähigkeit sorgt dafür, dass auch im Störungsfall Daten erfasst werden können. Durch geeignete Mechanismen werden die Daten gepuffert und deren Verlust auf diese Weise verhindert.

Abb. 4.3 Eine Mitarbeiterin beim Einlesen von auftragsbezogenen Daten über Barcodes an einer typischen, modern ausgestatteten Datenerfassungsstation.

Ergänzend zur Datenerfassung unterstützt das MES HYDRA eine "papierarme" Fertigung. Auf Knopfdruck können Einrichter und Werker wichtige Informationen wie
Stücklisten, Prüfpläne, Arbeitsanweisungen, Zeichnungen etc. direkt am Arbeitsplatz abrufen.

Bietet ein MES außerdem Funktionen an, die den Informationsgrad und damit indirekt
auch die Motivation der Mitarbeiter erhöhen, sind weitere Nutzeneffekte erzielbar. Mit
HYDRA kann die MES-Infrastruktur auch dazu genutzt werden, z.B. Kennzahlen oder
andere Informationen zur laufenden Produktion direkt am Arbeitsplatz anzuzeigen. Die
Mitarbeiter sind damit in der Lage, ihre aktuellen Arbeitsergebnisse besser beurteilen zu
können.

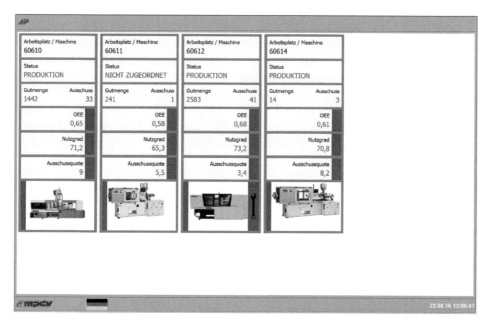

Abb. 4.4 An einem MES-Terminal werden neben den Produktionsmengen die aktuellen Werte zu Kennzahlen
wie OEE (Overall Equipment Effectiveness), Nutzgrad und Ausschussquote zur Information der Mitarbeiter
angezeigt.

4.3 Automatisierte Datenübernahme

Den höchsten Automatisierungsgrad verspricht die direkte Maschinenanbindung durch
das Abgreifen von Signalen oder durch Datenschnittstellen zu Produktions- und Periphe-
rie-Einrichtungen, die heute in der Regel so ausgestattet sind, dass sie Daten im Fertigungsprozess automatisch erfassen und oft sogar speichern.

Unter der Überschrift Shopfloor Connectivity Services zusammengefasst, bietet HYDRA zahlreiche Möglichkeiten zur automatischen Übernahme von Maschinen-, Prozess- und Messdaten aus Maschinen, Anlagen, Waagen oder anderen peripheren Einrichtungen:

- Maschinenschnittstellen zur Erfassung von Stückzahlen, Maschinentakten, Betriebs- und Statussignalen sowie analogen Prozesswerten
- Schnittstellen zur Erfassung von Energieverbräuchen und Leistungsaufnahmen
- Datenschnittstellen die direkt mit den Steuerungen in NC-Maschinen, Bearbeitungszentren, Packstraßen, Messmaschinen, Analysegeräten oder Spritzgießmaschinen kommunizieren und nicht nur Daten übernehmen, sondern auch NC-Programme oder Einstellparameter zur Steuerung transferieren können
- Funktionsbausteine zur Integration von industriellen Kommunikationssystemen wie Profibus, Euromap, OPC, XML oder Web-Services
- Universelle Maschinenanbindung mit UMCM (Universal Machine Connectivity for MES), um Maschinen ohne großen Aufwand an ein MES anzubinden
- Integrationsdienste zur Kommunikation mit Datensammelsystemen unterschiedlicher Hersteller oder bereits vorhandenen Insellösungen

Ein wesentliches Element ist die Shopfloor Connectivity Suite (SCS), die wiederum aus dem Process Communication Controller (PCC) und Funktionen zum PCC Configuration Management besteht. Zu letzteren gehört u.a. ein intuitiv zu bedienender Wizard, der in wenigen Schritten durch die Einrichtung einer Maschinenkopplung führt. Über Drag & Drop-Funktionen werden die Schnittstellen konfiguriert, damit die übernommenen Daten im HYDRA MES genau dorthin gelangen, wo sie benötigt und weiterverarbeitet werden.

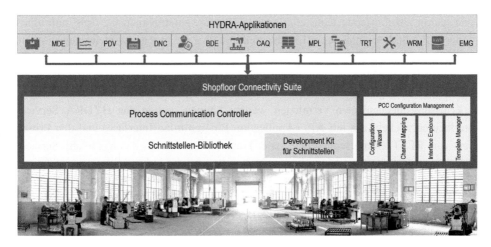

Abb. 4.5 Mit den Funktionsbausteinen der Shopfloor Connectivity Suite lassen sich auf vergleichsweise einfache Art und Weise die unterschiedlichsten Schnittstellen zu Maschinen und Anlagen einrichten.

Der Process Communication Controller ist ein "Allround-Talent", das eine umfangreiche Treiberbibliothek zur Unterstützung zahlreicher Protokolle und Schnittstellentechnologien besitzt. Die Treiber lassen sich konfigurieren und somit auf den jeweiligen Einsatzzweck oder Anwendungsfall individuell einstellen. Zum MES hin gewährleistet der PCC eine einheitliche, anwendungsorientierte Sicht und übernimmt die „Übersetzung" von der bzw. in die jeweilige Maschinen- oder Automatisierungssprache.

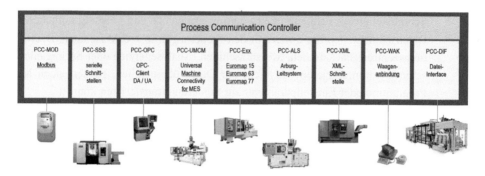

Abb. 4.6 Der HYDRA-Process Communication Controller bietet vielfältige Möglichkeiten der Maschinenanbindung über standardisierte Schnittstellen

Der Process Communication Controller unterstützt eine ganze Reihe an Industriestandards. Dazu gehört beispielsweise Euromap 63 bzw. 77 zur Integration von Spritzgießmaschinen in der Kunststofffertigung. Auch die leistungsfähigen und heute weit verbreiteten OPC-DA und OPC-UA-Schnittstellen (OLE for Process Control) können mit dem PCC realisiert werden. Außerdem existiert ein Development Kit zur Entwicklung neuer Treiberbausteine.

Eine häufig anzutreffende Konstellation in Fertigungsunternehmen ist, dass zum einen moderne Produktionsanlagen im Einsatz sind, die über hochmoderne Steuerungssysteme inkl. Datenspeicher verfügen und zum anderen über etablierte Speziallösungen oder z.B. bereits vorhandene MES-Systeme Daten aus dem Shopfloor erfasst und gespeichert werden. Damit derartige Systeme weiter verwendet und Ersatzbeschaffungen oder redundante Erfassungsmechanismen vermieden werden können, wurde das HYDRA Service-Interface entwickelt, das auf API (Application Programming Interface) und den Prinzipien von REST (Representational State Transfer) basiert. Es kann sowohl Service-Aufrufe von fremden Systemen über ein Netzwerk oder das Industrial Internet of Things (IIoT) empfangen als auch Ergebnisse und Informationen aus HYDRA an diese übergeben. Damit ist eine Übernahme der „fremden" Daten in die HYDRA-Datenbank und Weiterverarbeitung innerhalb der installierten HYDRA-Anwendungen möglich. Die damit erzielbare Interoperabilität ist ganz im Sinne von Industrie 4.0.

Selbstverständlich greifen auch beim Aufruf von Services über die Schnittstelle die be-
währten Sicherheitsmechanismen in HYDRA wie z. B. das Überwachen von Berechtigungen und Verantwortungsbereichen sowie das Prüfen von Plausibilitäten und Daten-
konsistenz.

4.4 Big Data und MES

Ähnlich wie „Industrie 4.0 und „Smart Factory" ist der Begriff „Big Data" ein häufig
genanntes Schlagwort, wenn es um die Digitalisierung in der Fertigungsindustrie und
damit auch um neue Anforderungen an MES-Systeme geht. Wendet man die Definition
von Big Data aus dem zugehörigen **BITKOM-Leitfaden** auf MES-Systeme an, so fällt
auf, dass ein MES wie HYDRA prinzipiell alle vier Kriterien für Big Data bedienen
kann.

Datenmenge (Volume)

Auch wenn sich mit MES erfasste Daten in den meisten Produktionsbetrieben noch in
beherrschbarer Größenordnung bewegen, so ist in den letzten Jahren eine deutliche Zu-
nahme des Datenvolumens festzustellen. Einerseits wollen Fertigungsunternehmen mehr
über Ihre Prozesse erfahren und andererseits müssen insbesondere in Branchen wie der
Medizintechnik oder im Automotive-Bereich immer mehr Prozesswerte erfasst werden,
um die Forderungen nach einer vollständigen Produktdokumentation zu erfüllen.

Datenvielfalt (Variety)

MES-Systeme erfassen neben reinen Zahlenwerten (z.B. Prozesswerte oder Stückzahlen)
auch Statusmeldungen, Prüfmerkmale, Freitexteingaben von Mitarbeitern, Chargenin-
formationen, Materialbewegungen und vieles mehr. Dabei sind diese Daten in der Regel
strukturiert oder in wenigen Fällen semistrukturiert.

Geschwindigkeit (Velocity)

Um mit dem Takt der Fertigung mitzuhalten, müssen MES-Systeme echtzeitfähig sein.
Daher ist eine Erfassung von Prozesswerten in Sekundenintervallen keine Seltenheit. Im
Gegensatz zu ERP-Systemen, die meist auf der Ebene von Schichten agieren, sind für
ein modernes MES deutlich kleinere Zeiteinheiten relevant.

Analytics (Value)

Moderne MES-Systeme sind heute bereits in der Lage, große Datenmengen zu analysieren. Beispielsweise erkennt HYDRA Regelmäßigkeiten im Verlauf der erfassten Prozesswerte (z.B. Trend, Run, Middle Third). Der Bedarf an komplexen Analyseverfahren

als ein wesentlicher Baustein der Smart Factory Elements wird jedoch steigen, mit großer Wahrscheinlichkeit auch unter Einbeziehung moderner Methoden aus dem Bereich
der Künstlichen Intelligenz (KI).

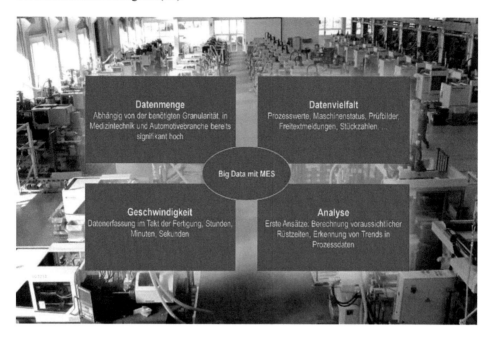

Abb. 4.7 Ein MES wie HYDRA kann bereits heute alle vier der von BITKOM vorgeschlagenen Kriterien bedienen

Im Kontext zu Big Data ist abzusehen, dass die heute eingesetzten IT-Technologien
(z.B. SQL-Datenbanken) mit Blick auf die stark wachsenden Datenmengen bald durch
neue ersetzt bzw. zumindest erweitert werden müssen.

Mit der Edge Computing Suite bietet das MES HYDRA bereits heute ein Tool, mit dem
das Erfassen und Verarbeiten von Massendaten beherrschbar wird. In der Regel werden
hier die Daten über OPC-UA eingelesen und direkt in einer noSQL-Datenbank abgelegt.
Parallel dazu werden die erfassten Daten über ein modernes Nachrichtenprotokoll
(MQTT) weiter zur Prozess-Visualisierung übermittelt. Auf diese Weise lassen sich auch
Anwendungen zur Analyse der Daten entweder an die noSQL-Datenbank oder den
MQTT-Broker anbinden. Das Weiterverarbeiten der Daten in der eigentlichen HYDRA-
Datenbank erfolgt über intelligente Datenintegration.

Der Vorteil des beschriebenen Ansatzes ist, dass die Datenerfassung unabhängig vom
Speichern und Weiterverarbeiten funktioniert. Auf diese Weise können riesige Datenmengen innerhalb kürzester Zeit erfasst und abgelegt werden.

Literatur

BITKOM-Arbeitskreis Big Data (2012) Big Data im Praxiseinsatz – Szenarien, Beispiele, Effekte. BITCOM

5 HYDRA für das Fertigungsmanagement

Gute und objektive Entscheidungen können die Mitarbeiter in den fertigungsnahen Abteilungen und im Management nur dann treffen, wenn zuverlässige Informationen zeitnah zur Verfügung stehen. Ein modernes MES garantiert jederzeit aktuellste Informationen zum Geschehen in der Fertigung und bietet einen 360°-Blick auf alle an der Produktion beteiligten Ressourcen.

Das MES versorgt jede Zielgruppe mit objektiven Informationen, die sich auf den Zeithorizont und den Bereich beziehen, der von Interesse ist. So stellt das MES beispielsweise zu einem Auftrag oder den zu produzierenden Artikeln unterschiedliche Daten mit dem adäquaten zeitlichen Bezug bereit: Planungslisten für die nächste Schicht, die aktuell laufenden Arbeitsgänge an den Arbeitsplätzen und Maschinen, die erledigten Aufträge vom Vortag oder die Darstellung benötigter Istzeiten im Vergleich zu den Vorgabezeiten aller Aufträge zu einem produzierten Artikel im letzten Vierteljahr.

Ein weiterer wichtiger MES-Part bezieht sich auf die Datenerfassung in der Fertigung und auf die Unterstützung der Werker, Einrichter und Maschinenbediener, die einen speziellen Informationsbedarf haben. MES-Funktionen richtig eingesetzt, lässt sich auf relativ einfachem Weg eine papierlose Fertigung organisieren.

5.1 Betriebsdatenerfassung (BDE)

In der HYDRA-Betriebsdatenerfassung werden im Wesentlichen auftrags- und personenbezogene Zeiten und Mengen erfasst. Bei den Mengen wird zwischen Gutstück und Ausschuss sowie Ausschussarten unterschieden. Zusätzlich ist es möglich, mit den BDE-Buchungen Materialverbräuche sowie Daten zu Betriebsmitteln oder Hilfsstoffen zu erheben und den Aufträgen zuzuordnen. Die BDE sammelt Informationen zu vier zentralen Fragestellungen: Wo wird gefertigt? Was wird gefertigt? Wer arbeitet an welchem Auftrag? Mit welchem Aufwand wurde produziert? Die Daten hierzu, die in der Regel an MES-Terminals oder ähnlichen Geräten erfasst werden, bilden die Basis für alle weiterführenden Auswertungen.

Die über Schichten, Tage oder Wochen erfassten Daten werden kumuliert und entsprechend aufbereitet, um z.B. einen detaillierten Soll-/ Ist-Vergleich vorzunehmen. In ver-

© Springer-Verlag GmbH Deutschland, ein Teil von Springer Nature 2019
J. Kletti, R. Deisenroth, *Kompendium*
https://doi.org/10.1007/978-3-662-59508-4_5

dichteter Form können die Daten an das ERP für weiterführende Betrachtungen und für die Nachkalkulation übergeben werden.

5.1.1 Datenerfassung und Information

Die Daten, die an Shopfloor-Terminals zu Aufträgen erfasst werden, bilden die Basis für die späteren Auswertungen im MES Operation Center (MOC). Der Schwerpunkt der BDE liegt dabei auf dem An- bzw. Abmelden sowie Unterbrechen von Aufträgen, dem An- und Abmelden von Personen sowie dem Buchen von Teilmengen, Gutmengen oder Ausschuss. Die hierfür genutzte Bedienoberfläche wird als Akquisition and Information Panel (AIP) bezeichnet.

Bei Buchungen zu Arbeitsgängen wird der Werker in der Form unterstützt, dass die Arbeitsgangnummern über Barcodelesegeräte und einen Barcode, der auf den Auftragsbelegen aufgedruckt ist, automatisiert eingelesen wird. Alternativ kann dem Werker eine Vorgabeliste mit den für ihn geplanten Arbeitsgängen in elektronischer Form angezeigt werden, aus dem er den entsprechenden Arbeitsgang papierlos auswählt und bestätigt.

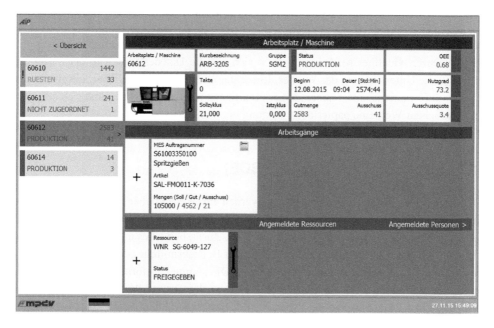

Abb. 5.1 Das Beispiel zeigt mit der Unterteilung in die Fenster Maschinen/Arbeitsplätze, Arbeitsgänge und angemeldete Ressourcen eine typische Standarddarstellung am MES-Terminal, die durch Konfiguration auf individuelle Bedürfnisse zugeschnitten werden kann.

Treten während der Produktion Ereignisse auf, die dokumentiert werden sollen, können diese über die Kommentarfunktion im AIP direkt eingegeben werden. Die Hinweise werden mit Bezug zum Arbeitsgang gespeichert. Sie können wichtige Informationen enthalten, die bei der Produktion des gleichen Artikels zu einem späteren Zeitpunkt im Sinne eines kontinuierlichen Verbesserungsprozesses Berücksichtigung finden.

Dem Anwender stehen über das AIP zahlreiche Informationen wie Stücklisten, Arbeitsanweisungen, Prüfvorschriften, Montageskizzen oder ähnliche Dokumente zum Auftrag in elektronischer Form zur Verfügung. Diese Fähigkeit von HYDRA stellt die Basis für eine papierarme oder gar papierlose Fertigung dar und garantiert, dass den Werkern immer nur die relevanten Informationen mit dem gültigen Änderungsstand angezeigt werden. Gibt es weiterführende Hinweise und Anweisungen, können diese z.B. als Videoclip, als Foto oder als Dokument in diversen Dateiformaten hinterlegt werden.

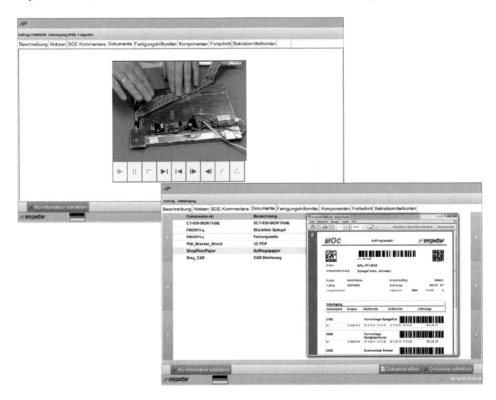

Abb. 5.2 Im oberen Beispiel wird dem Werker in einem Video die Montage einer Baugruppe gezeigt, im unteren wird ein typischer Auftragsbeleg in elektronischer Form visualisiert.

5.1.2 Monitoringfunktionen zu Aufträgen und Arbeitsgängen

Für den Anwender ist es wichtig, auf Knopfdruck einen Überblick zum aktuellen Zustand der Fertigung zu bekommen. Die HYDRA-Anwendung „Auftragsübersicht" ist eine zentrale Funktion, die alle notwendigen Informationen bereit stellt, die Disponenten,
Meister oder Fertigungssteuerer benötigen.

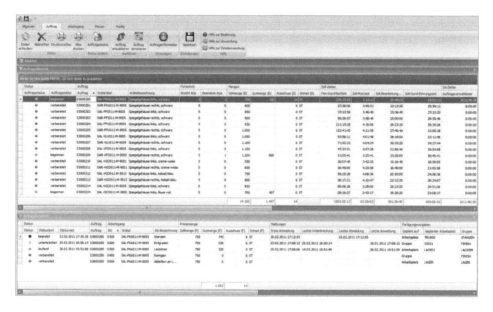

Abb. 5.3 Der aktuelle Status und weitere wichtige Informationen zu den Aufträgen und Arbeitsgängen im
Überblick

Die Auftragsübersicht zeigt neben dem Status der zu einem Auftrag gehörenden Arbeitsgänge (vorbereitet, laufend, unterbrochen oder beendet), den Auftragsfortschritt,
Mengenangaben (Ausschuss und Gutmenge) und Zeiten (Soll und Ist zu Rüst- und Produktionszeiten) zahlreiche weitere Informationen, die zur Einschätzung der aktuellen Situation hilfreich sind.

An diesem Beispiel sollen zwei prinzipielle Methoden zur Informationsgenerierung und
-darstellung in HYDRA erläutert werden. Zum einen stehen in jeder Anwendung zahlreiche Selektionsmöglichkeiten zur Verfügung, mit denen sich der Anwender ausgewählte Daten, die seine Selektionskriterien erfüllen, anzeigen lassen kann. Zum anderen
kann er sich mit einer übergeordneten Auswertung zunächst einen groben Überblick zum
Fertigungsgeschehen verschaffen und bei Bedarf auf weitere Funktionen in Details verzweigen (Drill-down).

Auftragsübersicht

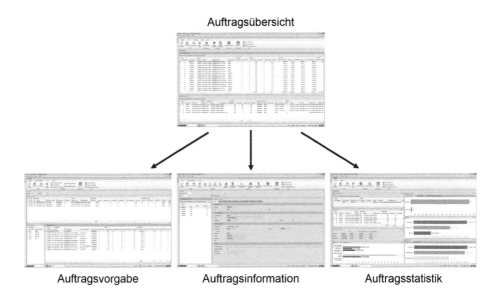

Auftragsvorgabe   Auftragsinformation   Auftragsstatistik

Abb. 5.4 Aus der Auftragsübersicht kann der Anwender in Detailfunktionen verzweigen.

Sollen die Ergebnisse in Papierform dokumentiert werden, können vorhandene Druck-funktionen genutzt werden. Alternativ dazu ist ein Export in MS-Office- oder PDF-Format mit anschließender Verteilung in elektronischer Form per Mail möglich. Diese Vorgänge sind automatisierbar, wenn der HYDRA eReport Manager eingesetzt wird.

Abb. 5.5 Die Auftragsübersicht in mobiler Form zur Nutzung auf Tablets und Smartphones

5.1.3   Analytics- und Controllingfunktionen

Auftragsschichtprotokoll

In dieser Anwendung werden die auftragsbezogenen Daten unter verschiedenen Gesichtspunkten ausgewertet. Meister und Schichtführer erhalten einen schnellen Überblick
und weiterführende Detailinformationen zu den Aufträgen, die in den vergangenen
Schichten in ihrem Verantwortungsbereich abgearbeitet wurden.

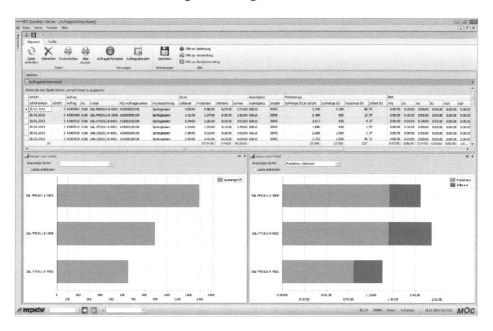

Abb. 5.6 Überblick über die Leistungen bzw. produzierten Mengen in ausgewählten Schichten

Auftragsbezogene Statistiken und Profile

Um einen Überblick und Detailinformationen zu den Ist-Daten zu bekommen, die zu einem Auftrag erfasst wurden, sammelt die auftragsbezogene Statistik alle hierfür notwendigen Werte und stellt diese in übersichtlicher Form dar. Die Funktion ist ein typisches
Beispiel dafür, dass derartige Analytics-Anwendungen mehr und mehr gefordert werden
und dazu dienen, den Verantwortlichen einen kompletten Rundumblick zu den Prozessen im Shopfloor zu ermöglichen. Aus den Soll-/Ist-Vergleichen können wertvolle Erkenntnisse abgeleitet werden, die im Idealfall Auslöser für Verbesserungsmaßnahmen
sind und in der Folge mit großer Wahrscheinlichkeit zu besseren Ergebnissen bei der
Produktion des gleichen Artikels zu einem späteren Zeitpunkt führen.

Stellvertretend für andere HYDRA-Anwendungen zeigt die auftragsbezogene Statistik außerdem, dass die systematische Erfassung und Auswertung von Ist-Daten zu einer vollkommen neuen Qualität der Stammdaten führt. Das setzt natürlich voraus, dass die Daten analysiert, mit den Stammdaten wie Rüst- oder Stückzeiten abgeglichen und die bisherigen Werte in den Arbeitsplänen im ERP korrigiert werden.

Wird dieser Regelkreis konsequent gelebt, führt das zu einer „neuen Wahrheit" im ERP und in der Folge zu wesentlich besseren Planungsergebnissen, die deutlich näher an der Realität liegen. Die Planung mit theoretischen Puffer- oder Reservezeiten sollte damit der Vergangenheit angehören.

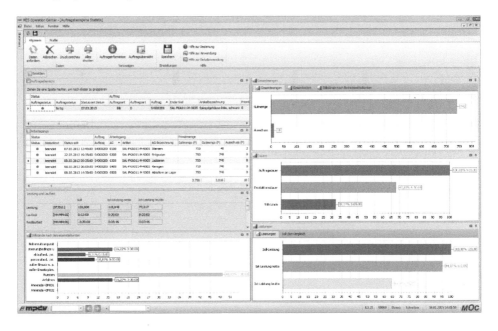

Abb. 5.7 Neben der tabellarischen Auflistung der Arbeitsgänge zum ausgewählten Auftrag werden Informationen zu Zeiten, Mengen, Leistungen und Stillständen in grafischer Form angezeigt.

Eine weitere Analytics-Funktion ist das Auftragsprofil. Es zeigt dem Anwender den genauen zeitlichen Produktionsverlauf mit Detailangaben zur Durchlaufzeit, zu Bearbeitungszeiten, Stillstandzeiten oder Liegezeiten der Arbeitsgänge an, die zum ausgewählten Auftrag gehören. In der grafischen Darstellung wird sofort sichtbar, welche Probleme während der Produktion aufgetreten sind und wo sich Ansatzpunkte für Verbesserungsmaßnahmen ergeben.

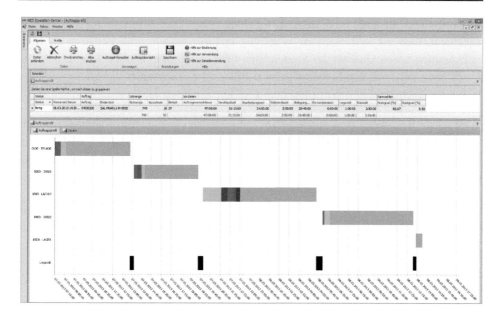

Abb. 5.8 Im Auftragsprofil ist schnell ersichtlich, warum die Produktion eines Auftrags länger dauerte als geplant und bei welchem Arbeitsgang Probleme auftraten.

Gemeinkostencontrolling

Abb. 5.9 In einer Pivot-Tabelle und in einem Säulendiagramm werden die Gemeinkosten kumuliert dargestellt.

Gemeinkosten sind zwar kein typisches MES-Thema, sie lassen sich jedoch zumindest bzgl. ihrer angefallenen Zeiten neben den Produktivzeiten sehr einfach mit erfassen. Dazu werden sog. Gemeinkostenaufträge wie Maschinenreinigung, Einweisung, Musterfertigung etc. in HYDRA angelegt, auf die dann die relevanten Zeiten durch die Mitarbeiter direkt gebucht werden. Um die Zeiten und Kosten zu ermitteln, stehen entsprechende Auswertungen wie z.B. die in Abb. 5.9 gezeigte zur Verfügung. Außerdem ist es möglich, die über die Gemeinkostenaufträge erfassten Daten z.B. an das überlagerte ERP-System für weitergehende Betrachtungen zu übertragen.

Termincontrolling

Das Termincontrolling liefert auf Knopfdruck Antworten auf die Fragen, die sich den Produktionsverantwortlichen und Disponenten tagtäglich stellen: „Welche Arbeitsgänge, deren Planstart überschritten ist, wurden (noch) nicht begonnen?" oder „Welche Arbeitsgänge werden aktuell bearbeitet bzw. noch nicht bearbeitet und werden voraussichtlich verspätet beendet?" oder auch „Welche Arbeitsgänge wurden verspätet beendet?" Ohne MES ist die Beantwortung dieser Fragen schwierig und häufig das Ergebnis zeitaufwendiger, manueller Recherchen.

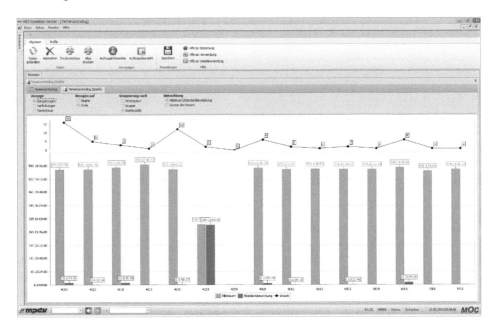

Abb. 5.10 Detaillierte Informationen zu den Plan- und Istterminen eines Auftrags werden in der Analytics-Funktion Termincontrolling dargestellt. Wie im Beispiel gezeigt, können auch die Daten von allen Aufträgen, die in einer Kostenstelle abgearbeitet wurden, kumulativ ermittelt werden.

Lean Performance Analysis

Mit dieser Funktion können nicht nur die Bearbeitungs- und Rüstzeiten sondern auch die „Totzeiten" zwischen der Bearbeitung der Arbeitsgänge eines mehrstufigen Auftrags ermittelt werden. Die Auswertung der nicht produktiven Zeitanteile eines Auftrags liefert wertvolle Hinweise darauf, wo durch Optimierungen in der Fertigungsorganisation oder in der innerbetrieblichen Logistik die Durchlaufzeiten der Aufträge verkürzt und automatisch damit die Umlaufbestände reduziert werden können.

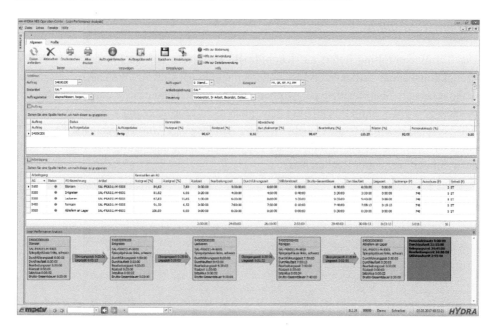

Abb. 5.11 Mit der Berechnung der Übergangs- und Liegezeiten lassen sich die Zeitanteile eines Auftrags ermitteln, in denen keine Wertschöpfung stattfindet und nur Kosten verursacht werden.

Artikelbezogene Auswertungen

Die Funktion Artikelprofil vergleicht Aufträge, in denen jeweils der gleiche Artikel gefertigt wurde. Es entsteht ein direkter Vergleich der Durchlauf-, Produktions- und Stillstandszeiten, der Ausgangspunkt für Optimierungen im organisatorischen und technischen Bereich sein kann. Als Ergebnis der Analysen können z.B. Entscheidungen getroffen werden, einen Artikel nur noch auf einer bestimmten Maschine zu produzieren, weil in dieser Kombination deutlich bessere Resultate im Vergleich zu anderen Kombinationen erzielt werden.

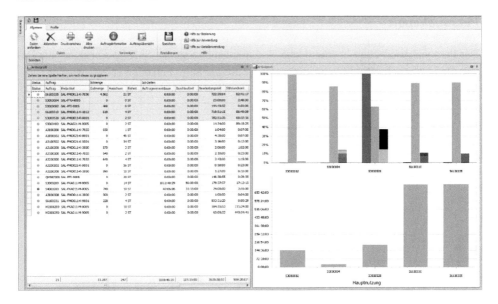

Abb. 5.12 Vergleich von Aufträgen, in denen gleiche oder ähnliche Artikel gefertigt wurden

Ausschussstatistik

Jeder der die Ausschussquoten im Unternehmen verbessern will, muss wissen, wie viel und warum Ausschuss entstanden ist. Die Ausschussstatistik zeigt alle in dem gewählten Zeitraum angefallenen, ausschussrelevanten Daten auf.

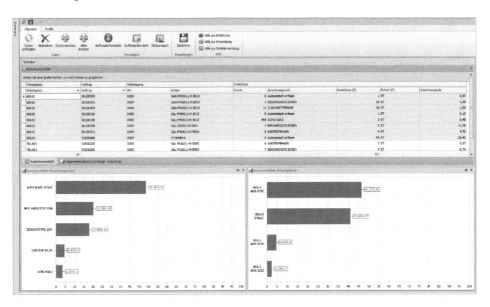

Abb. 5.13 Hitlisten zur detaillierten Analyse der Ausschussgründe und -verursacher

Personalreport

Der Personalreport zeigt in einem zeit- und mengenbezogenen Soll-Ist-Vergleich die Daten, die in einem bestimmten Zeitintervall für ausgewählte Personen erfasst wurden.

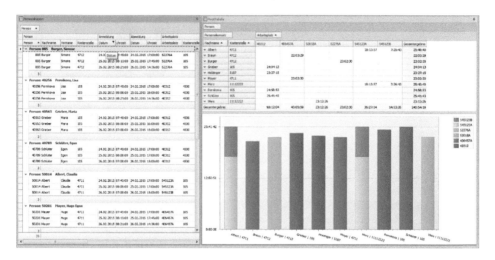

Abb. 5.14 Mit der Pivot-Tabelle sind unterschiedlichste Auswertungen von personalbezogenen Daten möglich

Personalschichtprotokoll

Im Personalschichtprotokoll werden alle Arbeitsgänge mit Details zu Mengen und Zeiten angezeigt, die von den betreffenden Mitarbeitern in einer Schicht bearbeitet wurden.

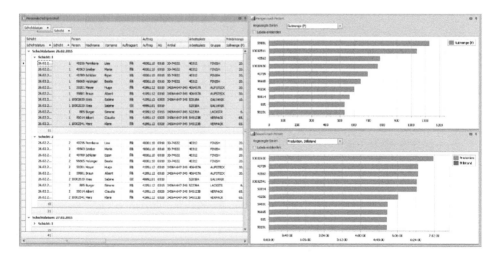

Abb. 5.15 Tabellarische und grafische Darstellung der pro Person verbuchten Mengen und Zeiten

5.1.4 Funktionen für die Fertigungssteuerung

In vielen Fällen macht es keinen Sinn, die Arbeitsplätze der direkt in der Fertigung agierenden Personen wie Meister, Arbeitsvorbereiter, Einrichter oder Schichtführer mit
komplexen Planungstools wie dem HYDRA-Leitstand auszustatten. Oft sind es schein-
bar banale Funktionen, die aber die dringend benötigte Unterstützung im Fertigungsalltag bieten. Daher sind in der HYDRA-BDE Funktionen angesiedelt, die wirkungsvolle
Hilfsmittel für die Fertigungssteuerung sind.

Rüstwechsel- und Materialbedarfsliste

Die beiden Listen bestehen aus jeweils einer Tabelle, in der die demnächst zu fertigenden Arbeitsgänge aufgelistet sind. Die Mitarbeiter sehen rechtzeitig vor dem geplanten
Produktionsstart, welche Maschinen zu welchem Zeitpunkt umzurüsten sind, welche
Werkzeuge und welches Material dazu benötigt wird. Durch integrierte Sortierfunktio-
nen lassen sich auf einfache Art und Weise Tätigkeitslisten für die Mitarbeiter erstellen,
die für die rechtzeitige Bereitstellung von Betriebsmitteln und Material an den Maschinen und Arbeitsplätzen verantwortlich sind.

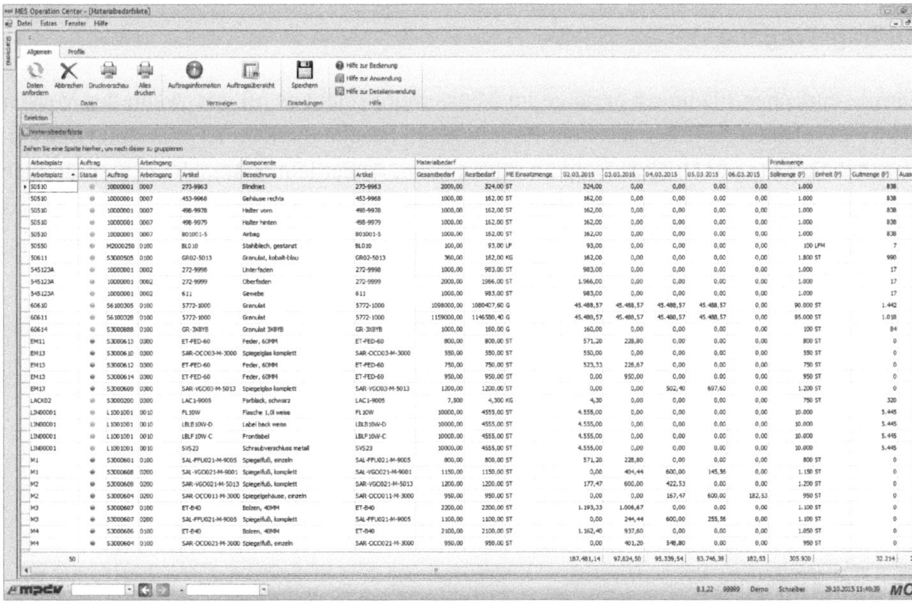

Abb. 5.16 Die Materialbedarfsliste hilft bei der Arbeitsvorbereitung und der rechtzeitigen Beistellung der benötigten Werkzeuge und Rohstoffe

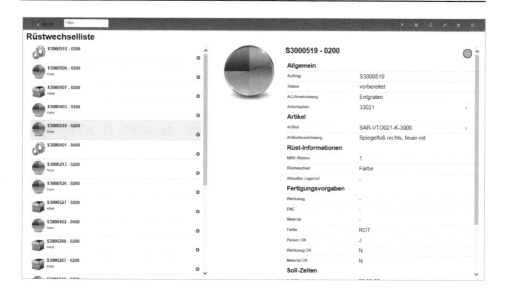

Abb. 5.17 Die Rüstwechselliste in der mobilen Version auf einem Tablet

Auftragsvorgabe

Für die einfachen Planungsvorgänge im Meisterbüro reicht es oft aus, wenn der Meister die freigegebenen Aufträge aus dem Pool in einer Tabelle direkt einer Maschine bzw. einem Arbeitsplatz per Drag & Drop zuordnen kann. Außerdem lässt sich die ursprünglich geplante Produktionsreihenfolge durch Verschiebung der Arbeitsgänge umstellen. Das Ergebnis einer solchen Auftragssteuerung im Meisterbüro wird den Werkern und Einrichtern direkt in Form der Vorgabeliste an den MES-Terminals angezeigt.

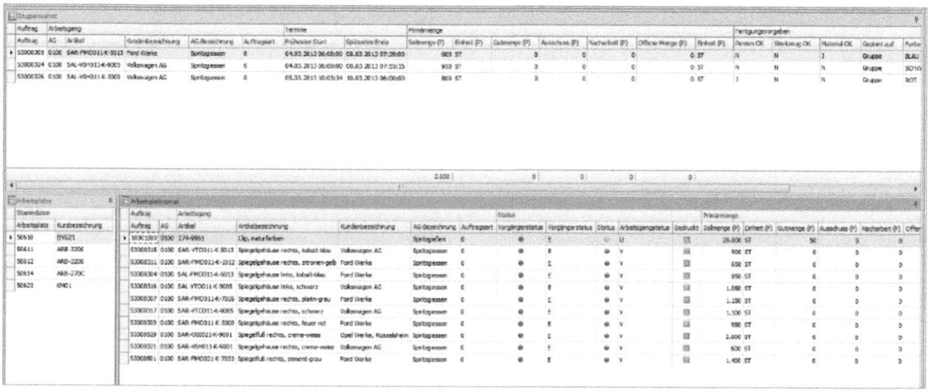

Abb. 5.18 Mit der Funktion Auftragsvorgabe entnimmt der Meister die zu verplanenden Arbeitsgänge der oberen Tabelle und ordnet diese den entsprechenden Maschinen in der Tabelle darunter zu.

eKanban

Mit der Einführung des Kanban-Prinzips bei der Produktion definierter Teile versprechen sich Fertigungsunternehmen verringerte Umlaufbestände und eine Vereinfachung der Produktionssteuerung. Kanban ist verbrauchsorientiert und funktioniert nach dem Pull-Prinzip. Sobald eine Mindestmenge des Lagerbestands erreicht ist, wird das Teil nachproduziert oder extern beschafft und das Lager wieder aufgefüllt. Die Ware ist folglich stets in definierter Stückzahl verfügbar und ein geregelter Materialkreislauf ist sichergestellt.

Die elektronische Kanban-Tafel in HYDRA zeigt den aktuellen Füllstand und den Status aller Pufferlager an. Ist ein Minimalbestand unterschritten, wird ein Kanban-Auftrag generiert, angemeldet und damit für Nachschub gesorgt. Jede Materialzu- und -abbuchung im Pufferlager aktualisiert die Kanban-Tafel. Dadurch bringt HYDRA Transparenz in das sich selbstregelnde Kanban-System.

Zusätzlich runden Auftragslisten, spezielle Auswertungen und Planungen der Aufträge im Leitstand die eKanban-Funktionalitäten in HYDRA ab.

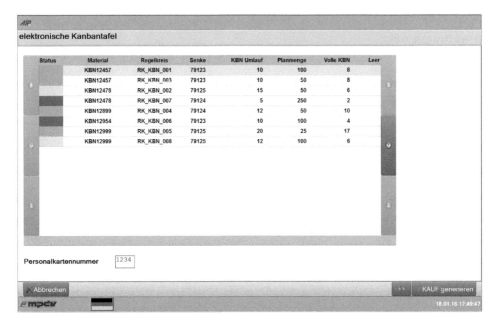

Abb. 5.19 Die elektronische Kanban-Tafel ist eine HYDRA-Standardfunktion, die an MES-Terminals im Shopfloor aufgerufen werden kann.

5.1.5   HYDRA-BDE im Überblick

Auftragsübersicht:
Alle wichtigen Auftragsinformationen sind auf einen Blick erkennbar

Auftragsvorrat:
Tabelle mit allen noch zu produzierenden Aufträgen

Angemeldete Arbeitsgänge:
Übersicht über alle aktuell laufenden Arbeitsgänge

Beendete Arbeitsgänge:
Tabelle mit allen abgeschlossenen Arbeitsgängen

Auftragsschichtprotokoll:
Stellt die Ergebnisse zu Aufträgen der vergangenen Schichten grafisch und tabella-risch dar

Auftragsbezogene Statistik:
Gibt einen detaillierten Überblick über ausgewählte Aufträge und den zugehörigen Arbeitsgängen

Auftragsprofil:
Zeigt den genauen zeitlichen Verlauf eines Auftrags mit seinen Arbeitsgängen

Gemeinkostencontrolling:
Zeigt auf, welche nichtproduktiven Zeiten in einem Bereich angefallen sind

Fertigungscontrolling:
Übersicht über die Produktionsdauern, die auf die einzelnen Arbeitsplätze verbucht wurden

Termincontrolling:
Vergleich der Plan- und Istdaten zu verfrühten bzw. verspäteten Aufträgen

Lean Performance Analyse:
Ermittlung der Übergangs- und Liegezeiten zur Berechnung der Zeitanteile eines Auftrags, in denen keine Wertschöpfung stattfindet

Artikelprofil:
Stellt Daten zu Aufträgen mit gleichen Artikeln gegenüber

Ausschussstatistik:
Stellt dar, wie viel Ausschuss aus welchen Gründen entstanden ist

Ausschussprofil:
Wertet die erfassten Ausschussmengen über einen Zeitraum aus

Artikelstatistik:
Zeigt im Vergleich auf, welche Zeiten und Mengen bei der Herstellung eines Artikels in unterschiedlichen Aufträgen erfasst wurden

Personalreport:
Auflistung aller personenbezogenen Meldungen zu Aufträgen

Personalschichtprotokoll:
Auswertung auftragsbezogener Daten zu Personen und Schichten

Personalübersicht:
Tabellarische Darstellung von personalrelevanten Informationen in der Fertigung

Splitt- und Sammelarbeitsgänge:
Arbeitsgänge lassen sich mit dieser Funktion zusammenfassen oder splitten

Archivierung der Betriebsdaten:
Speicherung der Daten über beliebig lange Zeiträume in Archivtabellen und Auswertungen zu archivierten Werten

Eskalationsmeldungen:
Automatisiertes Auslösen von Eskalationsmeldungen beim Erkennen von definierten Situationen (z.B. Sollmenge wurde erreicht)

Bearbeiten Aufträge/ Arbeitspläne:
Funktionen zum Anlegen, Pflegen und Verwalten von Arbeitsplänen und Aufträgen zur Ergänzung bestehender ERP-/PPS-Systeme

Materialbedarfsliste:
Vorschau, welche Rohstoffe oder Halbzeuge zu welchem Zeitpunkt an welchem Arbeitsplatz benötigt werden

Rüstwechselliste:
Übersicht über alle Aufträge inkl. der geplanten Maschinen und Arbeitsplätze und der Angabe, zu welchem Zeitpunkt diese umgerüstet werden müssen

Auftragsvorgabe:
Einlastung bzw. Reihenfolgeplanung des Arbeitsvorrats für Maschinen, Arbeitsplätze und Arbeitsgruppen

eKanban:
Leistungsfähige Funktionen zum Aufbau und zur Steuerung von selbstregelnden Materialkreisläufen

Drucken Auftragspapiere:
Drucken von Auftragsbelegen, Laufkarten bzw. Lohnscheinen mit Barcode

5.2 Maschinendatenerfassung (MDE)

Für produzierende Industrieunternehmen sind Fertigungsmaschinen und -anlagen das wichtigste Kapital zur Leistungserbringung. Das Ziel, dieses Kapital gewinnbringend zu nutzen, ist eng verknüpft mit den Forderungen, die Maschinen möglichst effektiv und mit einer hohen Auslastung einzusetzen sowie deren Zuverlässigkeit und Einsatzbereitschaft zu erhalten. Diese Forderungen lassen sich nur erfüllen, wenn umfassende und reproduzierbare Informationen über die Vorgänge an den Maschinen verfügbar sind.

Die HYDRA-Maschinendatenerfassung (MDE) bietet ein umfangreiches Funktionsspektrum, um Maschinendaten lückenlos zu erfassen, sie zeitaktuell zu visualisieren und je nach Sichtweise auszuwerten. HYDRA-MDE liefert die ideale Informationsbasis, die Potentiale für Produktivitätssteigerungen und Kostensenkungen transparent macht.

Werden Fehlentwicklungen und Störungen an Maschinen erkannt, können diese umgehend beseitigt werden. Auswertungen über Störgründe zeigen Schwachstellen und damit den notwendigen Handlungsbedarf auf. Durch Auswertungen zur Effektivität können versteckte Kapazitäten identifiziert und diese besser genutzt werden.

Mit der HYDRA-MDE werden die Maschinendaten manuell oder automatisiert erfasst. Die manuelle Dateneingabe ist dann sinnvoll, wenn z.B. nur eine einfache Erfassung von Störgründen erfolgen soll oder die Maschinenzustände von der Maschine nicht direkt abrufbar sind. Der Vorteil der automatischen Datenerfassung ist, dass der Aufwand für manuelle Eingaben entfällt und eine Vielzahl technischer Möglichkeiten zur Verfügung steht, die Maschinen an das MES anzubinden. Alleine durch den kostengünstigen Anschluss von Sensoren in den Maschinen lassen sich Stückzahlen, Laufmeter, Maschinenzustände oder Störsignale über digitale Eingänge auf direktem Weg erfassen.

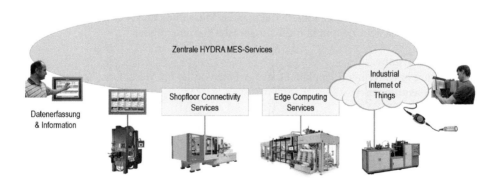

Abb. 5.20 HYDRA bietet zahlreiche Möglichkeiten, Maschinendaten zu erfassen

Die technisch anspruchsvollere Alternative oder Ergänzung dazu sind Datenschnittstellen, über die HYDRA direkt mit den Maschinen- und Anlagensteuerungen (SPS) kommuniziert, um dort gespeicherte Daten zu übernehmen. Hierzu wird der HYDRA-Process Communication Controller (PCC) genutzt, der die heterogene Maschinenlandschaft in einem Fertigungsunternehmen mit dem MES verbindet. Die Kommunikationsbausteine des HYDRA-PCC unterstützen gängige Schnittstellen wie z.B. Euromap E63, Euromap E77, OPC-DA und OPC-UA oder Profibus genauso wie proprietäre Schnittstellen zu Maschinen und Anlagen.

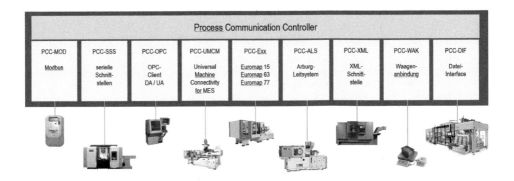

Abb. 5.21 Datenschnittstellen zur Kommunikation mit Maschinen und Anlagen

5.2.1 Konfiguration von Maschinen und Arbeitsplätzen

Umfangreiche Konfigurations- und Plausibilisierungsfunktionen ermöglichen eine präzise Anpassung des Erfassungsprozesses an die jeweilige Maschine und Steuerung. Die in den Stammdaten hinterlegten Datensätze bilden die Basis zur Maschinendatenerfassung. Über die Ressourcenkonfiguration erfolgt die Verwaltung aller Maschinen und Arbeitsplätze, die einem MES-Terminal zugeordnet werden. So ist es neben der ggf. eingerichteten automatischen Datenübernahme möglich, direkt an der Maschine alle relevanten Daten manuell zu erfassen. Darüber hinaus besteht die Möglichkeit, Gruppenterminals zu definieren, sodass mehrere Maschinen einem Terminal zugeordnet werden können.

Mit Hilfe der Zählerkonfiguration wird das Handling der eingehenden Maschinentakte definiert. Die empfangenen Impulse können in verschiedenartigste Mengeneinheiten wie z.B. in Stück, Laufmeter oder Gewicht umgerechnet werden. Außerdem wird festgelegt, welchen logischen Einheiten (Gutstück, Ausschuss, Rüstmenge etc.) die errechneten Werte zuzuordnen sind.

Schichtmodelle sind die Grundlage dafür, dass die ermittelten Produktions-, Rüst- und Störzeiten mit der theoretisch verfügbaren Schichtzeit der Maschinen abgeglichen und dadurch die berechneten Werte nicht verfälscht werden. Über Tagestypen werden jeder Maschine die relevanten Schicht- und Pausenzeiten zugeordnet. Anschließend erfolgt deren Einordnung in ein Jahresmodell, das auch parallel als Kapazitätsangebot für die Feinplanung im HYDRA-Leitstand genutzt wird.

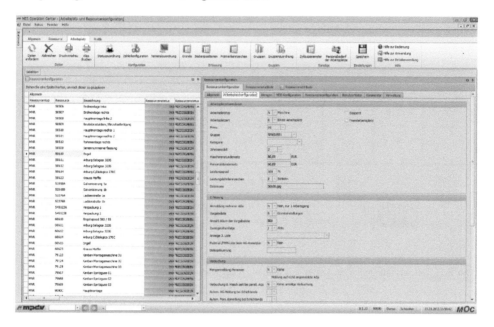

Abb. 5.22 Individuelle Einstellungen der Stammdaten für Maschinen und Arbeitsplätze sind die Basis dafür, dass alle Einrichtungen im Shopfloor ohne Customizings abbildbar sind.

Statusdefinition, Statuszuordnung und Statusklassen

Mit Hilfe der Statusdefinition und Statuszuordnung kann in der HYDRA-MDE jedem erfassten Maschinenzustand ein frei definierbarer Status zugeordnet werden.

Statusklassen, wie technische oder organisatorische Störung, verdichten die zuvor erfassten Maschinenzustände aus technischer Sicht. Sie geben z.B. dem Instandhaltungspersonal wichtige Hinweise auf das Maschinenverhalten in komprimierter Form.

Betriebsmittelkonten

Betriebsmittelkonten dienen der Verdichtung von erfassten Maschinenzuständen aus betriebswirtschaftlicher Sicht. So werden Maschinenzustände wie Produktion, Anfahren, technische oder ablaufbedingte Störungen jeweils den vorher definierten Betriebsmittelkonten wie Nebennutzungszeit, Hauptnutzungszeit, Rüsten etc. zugebucht. Die Definition der Betriebsmittelkonten und die Zuordnung der Zustände ist an die häufig angewendeten REFA-Vorgaben angelehnt.

5.2.2 Monitoring Maschinendaten

In der **Maschinenübersicht** werden die zuvor in der Ressourcenkonfiguration festgelegten Stammdaten sowie ausgewählte Ist-Daten angezeigt. So visualisiert die Anwendung den aktuellen Maschinenstatus in tabellarischer Form, die aktuell auf einer ausgewählten Maschine angemeldeten Arbeitsgänge (sofern diese in der HYDRA-BDE gemeldet wurden) oder auch Informationen zur Wartung.

Neben den Informationen, die Maschinen, Aggregate und Produktionslinien direkt betreffen, kann man sich auch Details zu den Aufträgen, zu den angemeldeten Personen, den Schichtmengen und dem Zyklusverlauf einer Maschine in grafischer Form anzeigen lassen. Alle Fenster verhalten sich kontextsensitiv, d.h. sie zeigen genau die Informationen, die zu der in der Tabelle angeklickten Ressource vorliegen.

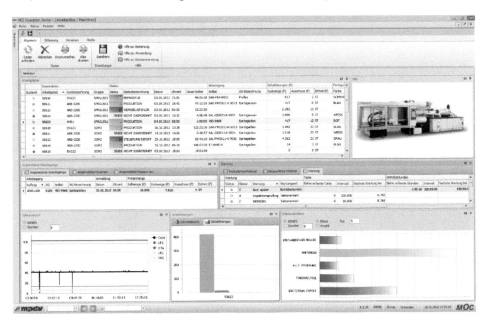

Abb. 5.23 Die Maschinenübersicht bietet einen kompletten Überblick über alle wesentlichen maschinenbezogenen Daten.

Shopfloor Monitor

Um Werkern, Instandhaltern und Meistern vor Ort einen schnellen Überblick über den gesamten Maschinenpark und eine schnelle Reaktion auf Probleme im Produktionsprozess zu ermöglichen, eignet sich der Shopfloor Monitor, der z.B. auch über großformatige Bildschirme oder Beamer direkt in der Fertigung visualisiert werden kann.

Der Shopfloor Monitor zeigt in einer symbolhaften Darstellung die Arbeitsplätze, Maschinen und Anlagen, deren Anordnung in den einzelnen Produktionsbereichen und aktuelle Informationen zu Maschinenzuständen, Produktionsstückzahlen oder anderen Prozesswerten. Die Funktion ermöglicht damit einen „virtuellen Rundgang" durch die Produktion.

Abb. 5.24 Zwei anwenderspezifische Beispiele die zeigen, wie ein virtueller Fertigungsrundgang mit dem Shopfloor Monitor gestaltet werden kann.

Aufzeichnung von Maschinendaten

Das **Maschinenzeitprofil** stellt das zeitgerechte Produktions- und Stillstandsverhalten über einen Zeitraum von 24 Stunden dar. Änderungen der Maschinenzustände werden sekundengenau protokolliert und in grafischer Form visualisiert.

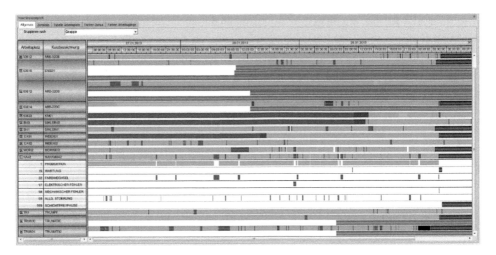

Abb. 5.25 Nutzungsschreiber in elektronischer Form

Im **Zyklusverlauf** wird die Produktionsgeschwindigkeit der Maschinen über einen wählbaren Zeitraum visualisiert. Durch die grafische und tabellarische Darstellung kann man Schwankungen oder Trends im Zyklusverlauf einer Maschine schnell erkennen und bei Verletzung von definierten Eingriffsgrenzen korrigierend in den Prozess eingreifen.

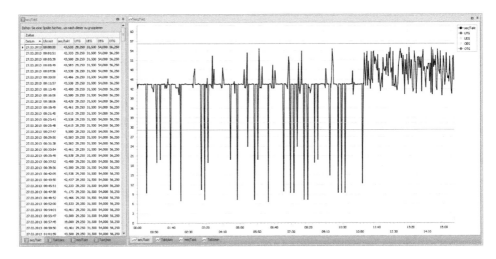

Abb. 5.26 Tabellarische und grafische Darstellung der Produktionsgeschwindigkeit

Wartungskalender

Die Funktionsbereitschaft von Maschinen kann prinzipiell durch gezielte vorbeugende Instandhaltungsmaßnahmen erhöht werden. Der Wartungskalender in der HYDRA-MDE ermöglicht es, die notwendigen Wartungsaktivitäten im System zu hinterlegen.

Die Intervalle für die jeweiligen Wartungsmaßnahmen werden takt- bzw. zyklusorientiert, nutzungsbezogen nach Betriebsstunden oder in festen Zeitintervallen hinterlegt. Mit Hilfe eines Ampelsystems kann der Anwender schnell erkennen, an welchen Maschinen welche Wartungsaktivitäten demnächst anstehen oder bereits überfällig sind.

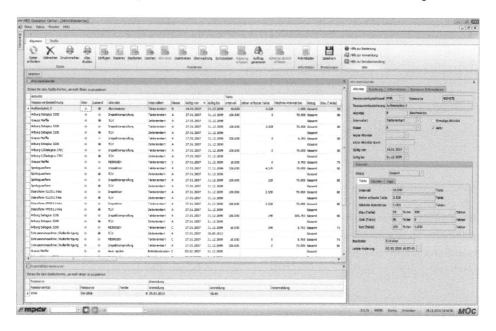

Abb. 5.27 Im Wartungskalender werden alle Wartungs- und Instandhaltungsaktivitäten inkl. ihrer Fälligkeit überwacht

Wird der Wartungskalender in Verbindung mit dem HYDRA-Eskalationsmanagement genutzt, besteht die Möglichkeit, sich proaktiv per SMS oder E-Mail über eine fällige Wartung an einer Maschine informieren zu lassen.

5.2.3   Analytics- und Controllingfunktionen zu Maschinendaten

In der HYDRA-MDE werden die erfassten bzw. übernommenen Maschinendaten nach unterschiedlichsten Gesichtspunkten verarbeitet und visualisiert. Umfangreiche Selektionsmöglichkeiten sind die Gewähr dafür, dass jeder Anwender die Daten so angezeigt bekommt, dass er diese auf einfache Art und Weise analysieren und daraus die für sich erforderlichen Rückschlüsse ziehen kann. Für Langzeitbetrachtungen, die in Bezug auf Maschinen hilfreich sind, um z.B. Verschleißerscheinungen zu erkennen und zu dokumentieren, werden die Daten in separaten Datenbanktabellen archiviert.

Maschinenhistorie

Die Funktion Maschinenhistorie ermöglicht dem Anwender einen detaillierten Überblick über alle Zustände und Ereignisse einer Maschine in der Vergangenheit. Dies betrifft Statusänderungen sowie Auftrags- und Personenmeldungen. Alle erfassten Ereignisse und Zustände werden lückenlos protokolliert. Die Maschinenhistorie bildet damit die Basis für alle weiteren mehr oder weniger komprimierten Auswertungen zum Verhalten einer Maschine.

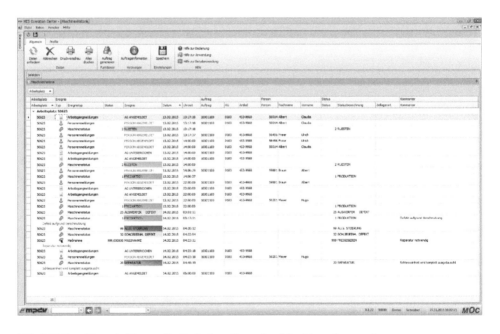

Abb. 5.28 Detaillierte Auflistung aller Ereignisse, die an einer Maschine erfasst wurden

Statusreport

Im Statusreport werden mit Hilfe von Balkendiagrammen Stillstands- und Produktionszeiten ausgewählter Maschinen gegenübergestellt. Die Maschinenhitliste zeigt die Maschinen auf, die das größte Störungsaufkommen haben. Sie bietet damit Anhaltspunkte, wo Verbesserungsmaßnahmen die größten Nutzeffekte versprechen.

Abb. 5.29 Maschinenbezogene Statusauswertung über einen bestimmten Zeitraum

Stillstandshitliste

Die Stillstandshitliste bildet eine ideale Basis, um Störungen im Produktionsablauf gezielt zu minimieren und die Mitarbeiter in der Instandhaltung bei der vorbeugenden Stö-
rungsvermeidung zu unterstützen. In einem Balkendiagramm werden die häufigsten
Stillstandsgründe des gesamten Maschinenparks im ausgewählten Zeitraum angezeigt.

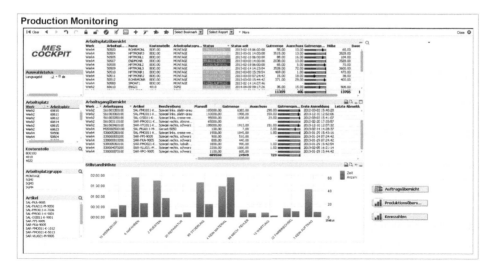

Abb. 5.30 Das Dashboard Production Monitoring im HYDRA MES Cockpit zeigt individuell konfigurierte
Auswertungen zu Maschinen, wozu u.a. das Ranking der am häufigsten auftretenden Störgründe zählt.

Statusanalyse

Die Statusanalyse ermöglicht es, Ausfallzeiten, Störgründe und Produktionszeiten maschinenbezogen zu analysieren. Die Basis dazu bilden alle an der Maschine erfassten Zeiten. Zu jedem erfassten Status liegen Detailinformationen vor, wie zum Beispiel die Dauer sowie der Beginn und dessen Ende.

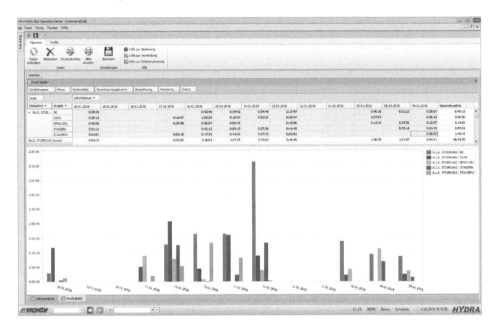

Abb. 5.31 In der Säulengrafik ist auf einen Blick erkennbar, welche Störungen die Hauptverursacher von Maschinenstillständen waren. Die Pivot-Funktionen in der Tabelle ermöglichen dem Anwender, die Daten nach individueller Sichtweise darzustellen.

Auswertungen zu Betriebsmittelkonten

Stehen bei der Statusanalyse eher technische Aspekte im Vordergrund, werden beim **Betriebsmittelkontenreport** die Maschinenzustände auf betriebswirtschaftlich ausgerichtete Betriebsmittelkonten (BMK) aufsummiert. Diese bilden in ihrer verdichteten Form die ideale Basis für den Aufbau von Kennzahlensystemen und die Kalkulation von Maschinenstundensätzen.

Das **Betriebsmittelkontenprofil** listet detaillierte Informationen zu den jeweiligen Betriebsmittelkonten im zeitlichen Verlauf tabellarisch auf. Über die grafische Darstellung kann der Anwender die Dauer der Maschinenzustände unter dem jeweiligen verbuchten Betriebsmittelkonto schnell erkennen.

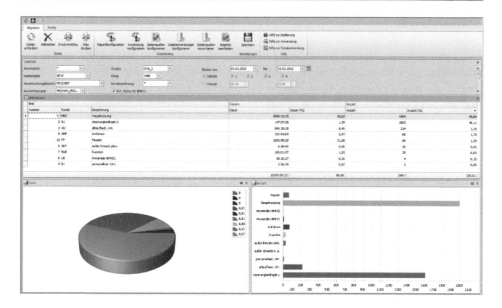

Abb. 5.32 Betriebsmittelkonten wie Hauptnutzungszeit, Rüsten etc. werden summarisch dargestellt

ABC-Analyse

Die ABC-Analyse listet die Zustände in kumulierter Form auf, die während der Betriebszeit einer Maschine aufgetreten sind. Die Klassen A, B oder C und die korrespondierenden Schwellenwerte kann der Anwender individuell festlegen.

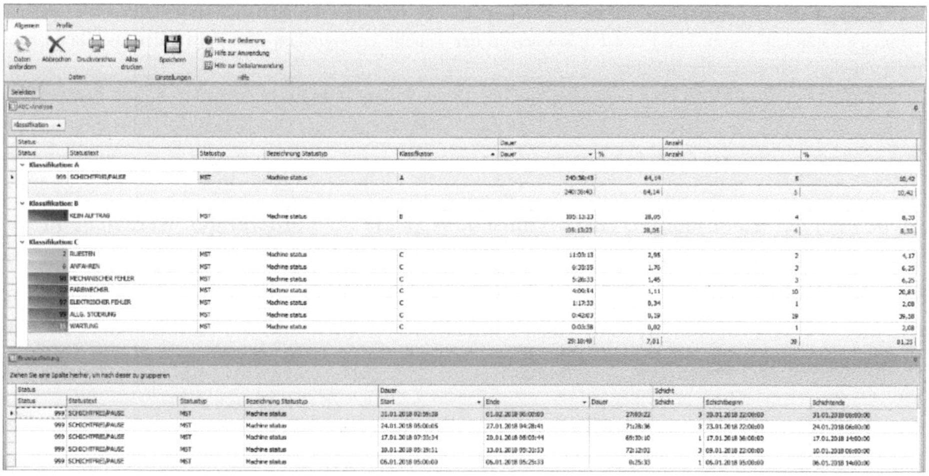

Abb. 5.33 Mit der ABC-Analyse erkennt man schnell, auf welche Maschinenzustände die meiste Zeit verbucht wurde.

Analyse der Minor-Major-Stops

Bei der Minor-Major-Stops-Analyse wird bzgl. der aufgetretenen Status zwischen kurzen (minor) und langen, produktionsbehindernden (major) Unterbrechungen unterschieden. Ab welchem Zeitpunkt es sich um einen Minor- oder Major-Stop handelt, ist mit Hilfe von Schwellenwerten frei definierbar.

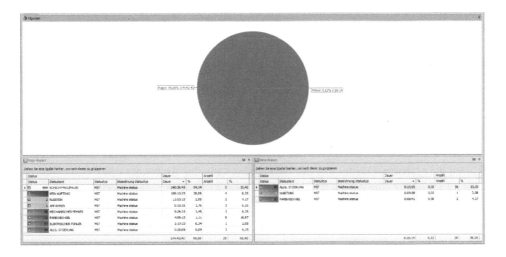

Abb. 5.34 Unterscheidung der Störungen in kurze (minor) und lange (major) Unterbrechungen

OEE-Index

Der OEE-Report bietet Auswertungen zum OEE-Index (Overall Equipment Efficiency), der die Effizienz der gesamten Produktion in stark verdichteter Form beziffert. Er ist ein aussagekräftiges Werkzeug, die Problempunkte im Fertigungsprozess relativ einfach zu identifizieren und die daraus gewonnenen Erkenntnisse in Detailanalysen zu vertiefen.

Der OEE-Index berechnet sich aus den drei Faktoren Verfügbarkeit, Effektivität und Qualitätsrate über folgender Formel:

OEE = Verfügbarkeit * Effektivität * Qualitätsrate

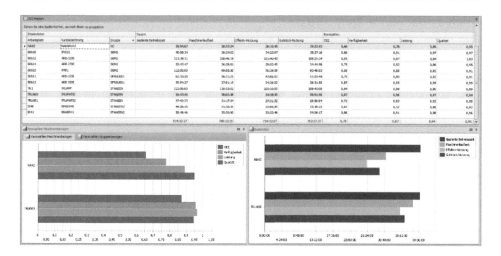

Abb.5.35 Darstellung der Einzelfaktoren, die den OEE beeinflussen und Berechnung des OEE

Durch die grafische Darstellung des OEE-Index kann der Anwender den Gesamtwert für den OEE und die einzelnen Faktoren sowie deren Ausprägung schnell erfassen.

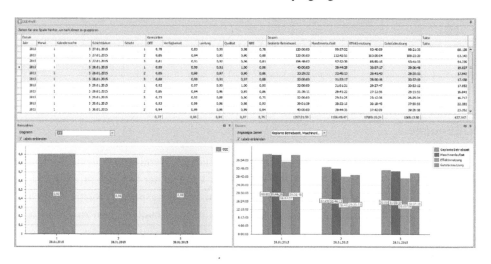

Abb. 5.36 Im OEE-Profil ist der zeitliche Verlauf der Kennzahlen erkennbar

Neben dem OEE-Index gibt es noch zahlreiche weitere maschinen- und anlagenbezoge-ne Kennzahlen, die unternehmensspezifisch definiert oder in standardisierter Form z.B. im VDMA Einheitsblatt 66412-1 aufgeführt sind und deren Berechnung durch die HYDRA-MDE unterstützt wird. Bei der Betrachtung der einzelnen Kennzahlen ist es wichtig, die für die jeweilige Kennzahl geltenden unternehmensspezifischen Definitio-nen sowie den Geltungsbereich zu beachten. Nachfolgend werden einige Kennzahlen aufgeführt, die unter anderem im VDMA Einheitsblatt festgeschrieben sind:

$$\textbf{Belegnutzgrad} = \frac{\text{Belegungszeit}}{\text{Planbelegungszeit}}$$

$$\textbf{Nutzgrad} = \frac{\text{Hauptnutzungszeit}}{\text{Belegungszeit}}$$

$$\textbf{Verfügbarkeit} = \frac{\text{Hauptnutzungszeit}}{\text{Planbelegungszeit}}$$

$$\textbf{Effektivität} = \frac{\text{Produktionszeit je Einheit} * \text{Produzierte Menge}}{\text{Hauptnutzungszeit}}$$

$$\textbf{Qualitätsrate} = \frac{\text{Gutmenge}}{\text{Produzierte Menge}}$$

$$\textbf{Rüstgrad} = \frac{\text{Tatsächliche Rüstzeit}}{\text{Bearbeitungszeit}}$$

$$\textbf{Technischer Nutzgrad} = \frac{\text{Hauptnutzungszeit}}{\text{Hauptnutzungszeit} + \text{Störungsbedingte Unterbrechungen}}$$

$$\textbf{Prozessgrad} = \frac{\text{Hauptnutzungszeit}}{\text{Durchlaufzeit}}$$

$$\textbf{Ausschussgrad} = \frac{\text{Ausschussmenge}}{\text{Geplante Ausschussmenge}}$$

Performance-Analysen

Die Analytics-Funktionen in HYDRA bieten eine Vielzahl von Auswertungen mit denen das Leistungsverhalten der Maschinen und Anlagen im Detail analysiert werden kann.

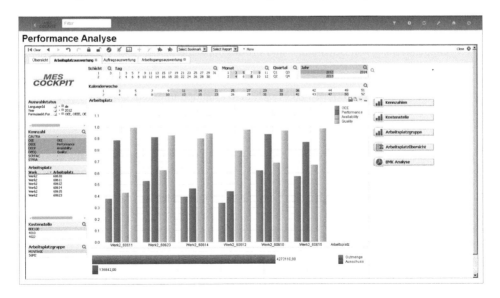

Abb. 5.37 Das Dashboard Performance Analyse ist ein Beispiel für eine individuell konfigurierte Auswertung im MES Cockpit von HYDRA.

5.2.4   HYDRA-MDE im Überblick

Konfiguration von Maschinen und Arbeitsplätzen:
Umfangreiche Verwaltungs- und Pflegefunktionen zu Maschinen und Arbeitsplätzen, Schichtmodellen, Maschinenzuständen, Betriebsmittelkonten und Statusklassen

Maschinenübersicht:
Aktuelle Anzeige der Ist-Daten und der in den Stammdaten hinterlegten Parameter

Maschinenhistorie:
Detaillierter Überblick über alle Zustände und Ereignisse einer Maschine

Shopfloor Monitor:
„Virtueller Rundgang" durch die Produktion mit individueller Konfiguration von Hallenlayouts

Maschinenzeitprofil:
Darstellung des Produktions- und Stillstandsverhaltens von Maschinen und Arbeitsplätzen

Zyklusverlauf:
Visualisierung der Produktionsgeschwindigkeit einer Maschine über einen frei wählbaren Zeitraum

Wartungskalender:
Hinterlegen und Überwachen von Wartungsaktivitäten zur vorbeugenden Instandhaltung

Statusreport:
Gegenüberstellung von Stillstands- und Produktionszeiten

Statusprofil:
Zeigt detaillierte Informationen zu Maschinenzuständen in einem definierten Zeitraum

Statusklassenprofil:
Gibt einen Überblick über die Dauer, die Art der Störung und weitere Daten

Statusklassenreport:
Darstellung der Maschinenzustände kumuliert auf Statusklassen

Stillstandshitliste:
Grafische Abbildung der erfassten Stillstände

Statusanalyse:
Maschinenbezogene Analyse der erfassten Stillstände

Betriebsmittelkonten-Report:
Summarische Darstellung der Betriebsmittelkonten wie Hauptnutzungszeit, Rüsten, Unterbrechungen etc.

Betriebsmittelkonten-Profil:
Detaillierte Informationen zu den jeweiligen Betriebsmittelkonten im Zeitverlauf

ABC-Analyse:
Einstufung der Maschinenzustände nach der Dauer der Störungen

Minor-Major-Stops Analyse:
Differenzierte Auflistung von kurzen und langen produktionsbehindernden Unterbrechungen

OEE-Report:
Eine stark verdichtete Auswertung zur Gesamtanlageneffizienz

Leistungsprofil:
Darstellung der Daten, die für die Bewertung von Maschinen notwendig sind

Leistungsreport:
Kumulierte Darstellung der Maschinenleistung

Performance Analyse:
Individuelle Analytics-Funktionen zur Leistungsbeurteilung von Maschinen

Eskalationsmeldungen:
Automatisiertes Auslösen von Eskalationsmeldungen beim Erkennen von definierten Situationen (z.B. Maschinenstörung wurde erkannt, Maschinenzyklus bzw. –takt über- oder unterschreitet die hinterlegten Toleranzgrenzen)

Archivierung von Maschinendaten:
Speicherung der Daten über beliebig lange Zeiträume in Archivtabellen und Auswertungen zu archivierten Werten

5.3 HYDRA-Leitstand (HLS)

Steigende Anforderungen an die Produktion und die immer schwieriger werdende Verfügbarkeit der benötigten Ressourcen erschweren heute oft die vorausschauende Planung der Produktionsprozesse. Neben einer hohen Termintreue soll mit möglichst geringen Rüstkosten bei gleichmäßiger Kapazitätsauslastung und minimalen Umlaufbeständen gearbeitet werden. Durch diese untereinander konkurrierenden Ziele entsteht ein Dilemma für die Fertigungssteuerung.

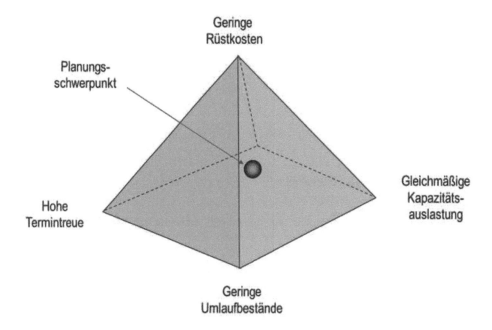

Abb. 5.38 Typische Zielkonflikte, die bei der Belegung der Maschinen und Arbeitsplätze mit Fertigungsaufträgen entstehen

Im Gegensatz zu den planerischen Betrachtungen auf ERP-Ebene ist die Fertigung mit der aktuellen Realität konfrontiert. Diese zeigt sich beispielsweise in Form von

- technischen Störungen der Produktionsmittel (Maschinenstillstand etc.),
- ungeplanten Instandhaltungsaktivitäten und Reparaturen,
- Verarbeitungsproblemen mit dem eingesetzten Material,
- neuen Prioritäten im Produktionsprogramm,
- Auftragsänderungen durch den Kunden,
- Ausfällen von Mitarbeitern durch Krankheit oder
- indirekten Faktoren wie z.B. Umwelteinflüssen.

Bekannte Planungswerkzeuge wie ERP-Systeme, spezielle Excel-Tabellen oder manuell bediente Stecktafeln können mit den ihnen zur Verfügung stehenden Funktionen und der fehlenden Kenntnis zur Ist-Situation in der Fertigung den steigenden Anforderungen nicht gerecht werden.

Der HYDRA-Leitstand (HLS) ist dagegen ein Planungswerkzeug, das den Anwender bei der realitätsnahen Planung eines optimalen Produktionsablaufes unterstützt. Für eine optimale Planung bezieht der Leitstand neben den grob terminierten Aufträgen aus dem ERP-System (frühestmöglicher Auftragsbeginn, spätmöglichstes Auftragsende etc.) auch die Ist-Daten aus der Produktion (Verfügbarkeiten der Maschinen sowie den aktuellen Produktionsfortschritt) über BDE und MDE als auch Primär und Sekundärressourcen in die Verplanung der Aufträge mit ein.

Unter den Primärressourcen werden die prinzipiell benötigten Kapazitäten z.B. Maschinenarbeitsplätze in der Produktion verstanden. Die Kapazität der Maschinen wird in den Stammdaten in Form von variierbaren Schichtkalendern hinterlegt. Alle neben den Maschinen benötigten Produktionsmittel wie Werkzeuge, Hilfsmittel, Betriebsmittel etc. werden unter den Sekundärressourcen zusammengefasst. Auf Basis von Primär- und Sekundärressourcen, den Daten aus dem ERP-System und den Ist-Daten aus der Produktion werden die Aufträge zeitgenau Maschinengruppen, Einzelmaschinen oder Arbeitsplätzen zugeordnet.

Der HYDRA-Leitstand steht in einem permanenten Datenaustausch mit der Produktionsebene. Dies ermöglicht die Abbildung des aktuellen Zustands der Fertigung im Gantt-Chart. Dieses ist angelehnt an die klassische Plantafel und bietet dem Planer einen Rundum-Blick auf die Fertigung. Entstehende Konflikte wie Ressourcen-Engpässe können durch die grafische Darstellung der Produktionsprozesse frühzeitig erkannt und Eskalationen bei drohenden Terminverspätungen o.ä. in der Produktion vermieden werden.

Der HYDRA-Leitstand unterstützt den Fertigungssteuerer mit einer schnellen und effektiven Verplanung von Aufträgen. Durchlaufzeiten können durch Optimierung der Prozesse verkürzt werden, Produktionskapazitäten werden besser ausgelastet, Umlauf- und Lagerbestände werden reduziert, exakte Liefererminzusagen sowie eine hohe Termintreue sind möglich und die Rüstkosten können im Zuge der Rüstwechseloptimierung verringert werden.

5.3.1 Die Plantafel als zentrales Element

Die Plantafel in Form eines Gantt-Charts ist das zentrale Informations- und Planungswerkzeug für die Fertigungssteuerung. Die Arbeitsgänge werden in Form von Balken dargestellt. Sollen weitere Details erkennbar sein, können Vorgänge wie Rüsten, Anfah-

ren, Produktion und Abrüsten oder Zusatzinformationen z.B. zur Material-, Werkzeug-
oder Personalverfügbarkeit durch unterschiedliche Farben bzw. Symbole gekennzeichnet
werden. Die Elemente der Plantafel sind individuell konfigurierbar und es können beliebige zusätzliche Fenster angeordnet werden. Diese werden in der Praxis meist auf zwei
oder drei Monitore verteilt, sodass alle oft benötigten Funktionen immer im direkten Zugriff sind.

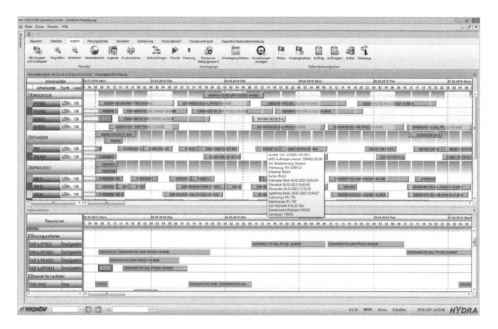

Abb. 5.39 Die Plantafel zeigt die komplette Belegungssituation für das ausgewählte Planungsprofil. Im oberen
Fenster sind alle verfügbaren Maschinen bzw. Maschinengruppen und die bereits verplanten sowie die noch zu
verplanenden Arbeitsgänge zu sehen. Im zugeschalteten unteren Fenster werden die zugehörigen Sekundärressourcen (Werkzeuge, Betriebsmittel, Hilfsmittel, etc.) angezeigt.

5.3.2   Individuelle Konfiguration des Leitstands

Um dem Anwender einen größtmöglichen Bedienkomfort zu bieten, besteht die Möglichkeit, zahlreiche Funktionen in der Oberfläche der grafischen Feinplanung individuell
zu konfigurieren, beginnend mit der Zeitskala bis hin zu der farblichen Kennzeichnung
der Auftragsbalken. Einige der wichtigsten Konfigurationsmöglichkeiten sollen nachfolgend kurz erläutert werden.

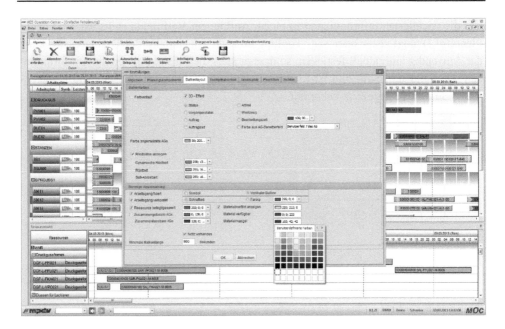

Abb. 5.40 Individuelle Gestaltungsmöglichkeiten der konfigurierbaren Plantafel

Ausgerichtet an den Produktionsintervallen und Laufzeiten eines Arbeitsgangs kann die Zeitskala in einer Spanne von wenigen Minuten bis hin zu mehreren Wochen eingerichtet werden. Insbesondere bei hohem Auftragsbestand ist es hilfreich, wenn bestimmte Aufträge über farbliche Markierungen schnell erkennbar sind. Aufträge, die z.B. verspätet sind, eine besondere Priorität haben oder zum gleichen Kundenauftrag bzw. Projekt gehören, sind durch eine spezielle farbliche Kennzeichnung für den Feinplaner schnell zu erkennen.

Besteht eine Fertigung aus mehreren Meisterbereichen, Abteilungen oder anderen organisatorischen Einheiten, können die Planungsprofile dazu genutzt werden, Gruppierungen mit individuell zugeordneten Maschinen für die Benutzer zu definieren. So kann es sinnvoll sein, dem verantwortlichen Planer für den Spritzguss nur die Spritzgießaufträge und -maschinen anzuzeigen während die Arbeitsvorbereitung ggf. alle Maschinen im Zugriff hat.

Jeder Maschine und jedem Arbeitsplatz kann ein individueller Schichtkalender für eine exakte Darstellung des Kapazitätsangebots inkl. Pausenzeiten, nicht belegten Schichten und nicht verfügbaren Zeiten, die z.B. durch vorbeugende Instandhaltung entstehen, zugeordnet werden. Kommt es kurzfristig zu einem veränderten Kapazitätsangebot durch Sonderschichten, Überstunden oder Personalmangel, so besteht die Möglichkeit, den Standardkalender durch individuelle Belegungs- und Schichtzeiten temporär zu ersetzen oder zu ergänzen.

Um die wichtigsten Informationen zu einem Auftrag zur Verfügung zu haben, sind in der Plantafel Dialogfenster oder sog. Tooltips nutzbar. Die Inhalte der Dialogfenster kann der Anwender individuell festlegen, so dass er stets die für ihn notwendigen Informationen wie Solldauer, Soll- und Ist-Rüstzeit, Sollmenge, Istmenge, Planstart und -ende sowie viele weitere angezeigt bekommt.

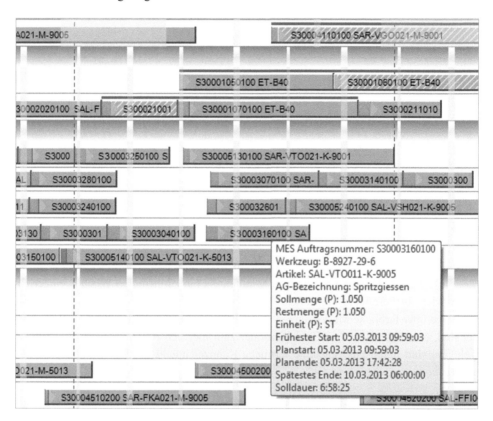

Abb. 5.41 Mit Hilfe von individuell konfigurierbaren Tooltips können alle wichtigen Informationen überlagert zum Gantt-Chart angezeigt werden. Die hellblauen, durchscheinenden Bereiche, die man z.B. im Screenshot ganz oben links erkennt, symbolisieren nicht vorhandene Maschinenkapazität, die in diesem Fall aus der nicht verfügbaren Nachtschicht resultiert.

5.3.3   Feinplanungs- und Belegungsfunktionen

Grundsätzlich hat der HYDRA-Anwender die Möglichkeit, die Aufträge automatisch oder manuell zu verplanen. Bei der automatischen Belegung wird unter Berücksichtigung der definierten Horizonte sowie ggf. vorhandener Restriktionen und Vorgaben der bestehende Auftragsvorrat gegen das verfügbare Kapazitätsangebot verplant. Dabei können vordefinierte Belegungsregeln angewendet werden:

- variable Maschinenbelegung mit einstellbaren Sortierkriterien,
- zielgetriebene Belegung auf Basis gewichteter Ziele,
- regelbasierte Belegung nach Kennzahlen (z.B. kürzeste Operationszeit, geringster Rüstaufwand) oder
- Belegung nach externen Prioritäten.

Bei der manuellen Planung, die oftmals als Verfeinerung nach erfolgter automatischer Belegung stattfindet, können Aufträge durch Drag & Drop ein- bzw. umgeplant werden. Durch die grafische Darstellung im Gantt-Chart ist für den Anwender schnell ersichtlich, welche Maschine in welchem Zeitraum Kapazitätsreserven hat und wo ein Auftrag noch einplanbar wäre. Der Anwender erhält sofort Hinweise, wenn bei der manuellen Belegung Planungskonflikte entstehen.

Abb. 5.42 Treten bei der manuellen Ein- oder Umplanung Konflikte auf, wird der Anwender sofort darauf hingewiesen. Über die unteren Buttons kann der Planer steuern, ob der Arbeitsgang trotz Konflikt eingelastet werden soll, ob der Leitstand die nachfolgenden Arbeitsgänge verschieben oder ob er automatisch die nächste freie Lücke suchen soll.

Da die Produktion oftmals unvorhersehbaren Einflüssen ausgesetzt ist, entstehen Lücken in der Belegung durch stornierte und verschobene Aufträge oder Auftragsüberlappungen als Folge von Verschiebungen durch Störungen oder zu langsam laufende Maschinen. Für derartige Situationen bietet der HYDRA-Leitstand Automatismen, die solche Situationen bereinigen helfen. Die Belegungstermine der betroffenen Arbeitsgänge werden neu berechnet und die Aufträge unter optimierten Gesichtspunkten anschließend wieder eingelastet.

Auch beim Einschieben von sog. „Chefaufträgen" hilft der Leitstand, in dem er die bestehende Belegungssituation überprüft und Hinweise dazu gibt, ob für den bisher ungeplanten Auftrag einen Lücke besteht oder Aufträge verschoben werden müssen und welche Konsequenzen bei einer Verschiebung zu erwarten sind.

Fertigungsvarianten

In der Produktion können Situationen entstehen, in denen z.B. ein Werkzeug nicht vorhanden ist und damit der Produktionsprozess in Verzug kommt. Treten Probleme bei der Einlastung von Aufträgen auf, kann der HYDRA-Leitstand neben der bevorzugten auch alternative Fertigungsvarianten berücksichtigen und dem Planer zum Beispiel die Nutzung einer alternativen Maschine oder eines anderen Werkzeugs vorschlagen.

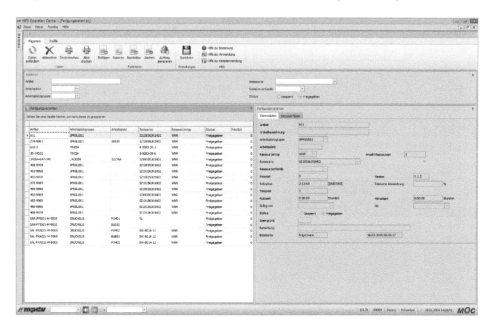

Abb. 5.43 Der Planer bekommt automatisch angezeigt, welche alternativen Fertigungsvarianten zur Produktion des Artikels zur Verfügung stehen.

5.3.4   Optimierung

Nachdem eine Belegung nach den eingestellten Regeln automatisch durchgeführt und evtl. mit manuellen Eingriffen verändert wurde, liegt ggf. ein Feinplanungsergebnis vor, das nicht unbedingt den Wünschen der Planer entspricht. In solchen Fällen kann der Anwender versuchen, das gesamte Planungsszenario oder Teile davon über Optimierungsfunktionen zu verbessern. Dazu besitzt der HYDRA-Leitstand Optimierungsalgorithmen auf Basis evolutionärer Strategien, bei denen durch Variation (unterschiedliche Gewichtung) von Einflussparametern mehrere Planungen durchgeführt und die jeweils besten Einflussparameter für eine abschließende Planung verwendet werden. Der Planer muss hierzu die passenden, vordefinierten Basiskennzahlen für die Optimierungsvorgabe auswählen oder eigene Kennzahlen durch Kombination und Gewichtung der in HYDRA vorhandenen Basiskennzahlen definieren. Außerdem muss er festlegen, welche Gewichtungsparameter (z.B. Bearbeitungszeit, Priorität) die Planung beeinflussen sollen und wie oft die Gewichtungsparameter variieren, d.h. wie viele Planungsiterationen durchgeführt werden sollen.

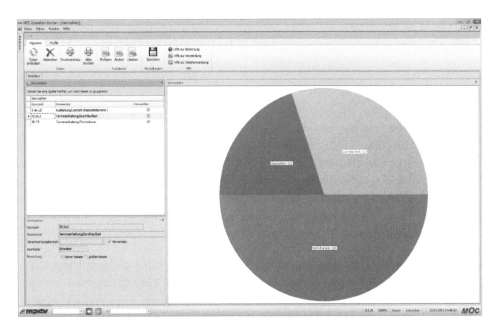

Abb. 5.44 Die generellen Planungsstrategien und die darin enthaltenen Planungsziele werden in Form gewichteter Kennzahlen definiert.

Rüstwechseloptimierung

Bei der Einlastung der Arbeitsgänge werden sowohl im Arbeitsplan hinterlegte statische als auch dynamische Rüstzeiten berücksichtigt. Die dynamischen Rüstzeiten werden auf Basis der sog. Rüstwechselmatrix ermittelt und als zusätzliches Balkenelement am Arbeitsgang angezeigt. Wird ein Arbeitsgang eingelastet oder umgeplant, errechnet der Leitstand sofort die neuen Rüstzeiten und der Planer erkennt adhoc, ob und wie sich die

Rüstsituation verändert hat. Bei der automatischen Belegung kann der Leitstand die anfallenden Rüstzeiten ebenfalls berücksichtigen und auf Basis der Daten in der hinterlegten Rüstwechselmatrix ein optimales Planungsergebnis mit den geringstmöglichen Rüstzeiten ermitteln.

Typ	Gruppe	Von	Nach	Rüstzeit - Zuschlag	Statische Rüstzeit ignorieren
Werkzeug		BC-36270	BJ-39828	2:00:00	☐
Farbe		BLAU	ROT	1:00:00	☐
Farbe		GRÜN	BLAU	0:30:00	☐
Farbe		ROT	BLAU	1:00:00	☐
> Farbe	SPRGUSS1	BLAU	GELB	1:30:00	☑
Farbe	SPRGUSS1	SCHWARZ	GELB	2:15:00	☐

Abb. 5.45 In der Rüstwechselmatrix werden die zusätzlich zu den lt. Arbeitsplan benötigten Zeiten für den
Umbau oder Austausch von Werkzeugen, Farbwechsel oder anderen Aktivitäten hinterlegt.

5.3.5   Simulation

Im HYDRA-Leitstand können beliebig viele Belegungsvarianten, die durch die Anwendung unterschiedlicher Belegungsstrategien, durch Optimierungen oder einfach nur
durch manuelles Variieren der Schichtmodelle und Leistungsgrade von Maschinen entstanden sind, abgespeichert und miteinander verglichen werden. Als Ergebnis entsteht
ein aussagefähiger Vergleich auf Basis von Kennzahlen wie Auslastungsgrad, Leerzeiten, Rüstaufwand, Termineinhaltung o.ä., die anhand der Planungsziele und deren Gewichtung automatisch berechnet werden.

Liegen mehrere Simulationsergebnisse vor, vergleicht der Planer die ermittelten Kennzahlen miteinander. Er wählt die Simulation mit dem besten Planungsergebnis aus, variiert diese bei Bedarf durch manuelle Korrekturen, fixiert den auf diese Weise erzeugten,
optimalen Planungsstand und gibt ihn für die Fertigung frei.

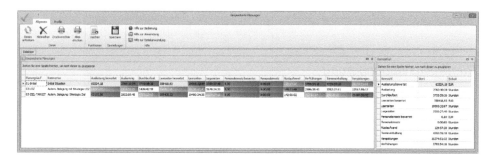

Abb. 5.46 Kennzahlen als Entscheidungsgrundlage zur Auswahl der optimalen Belegungsvariante

5.3.6 Planungsinformationen

Im Vergleich zum ERP oder zu manuellen Planungstools bringt der HYDRA-Leitstand alleine dadurch entscheidende Nutzenvorteile, dass er sowohl die Planungssituation als auch die aktuellen Ist-Daten so visualisiert, dass für den Anwender quasi ein 360°-Blick auf das Fertigungs- und Planungsgeschehen entsteht. Je nach Bedarf können Zusatzinformationen oder Details zum jeweiligen Auftrag oder zur Maschine bzw. zur Maschinengruppe in separaten Fenstern eingeblendet werden.

Auftragsvorrat / nicht zugeordnete Arbeitsgänge

Insbesondere dann, wenn sehr viele ungeplante Arbeitsgänge in der Warteschlange sind, kann die Tabelle mit dem sog. Gruppen- bzw. Arbeitsplatzvorrat ein ideales Hilfsmittel sein. Es werden detaillierte Informationen zu den Arbeitsgängen wie z.B. frühestes Startdatum, spätestes Enddatum oder die Priorisierung angezeigt. Der Anwender kann die Tabelle individuell gestalten und beliebige Sortierungen vornehmen. Mit Drag & Drop kann der Planer die Aufträge direkt aus der Tabelle in die grafische Plantafel ziehen und sie zum gewünschten Zeitpunkt auf dem passenden Arbeitsplatz einlasten oder auf eine andere Maschine verschieben.

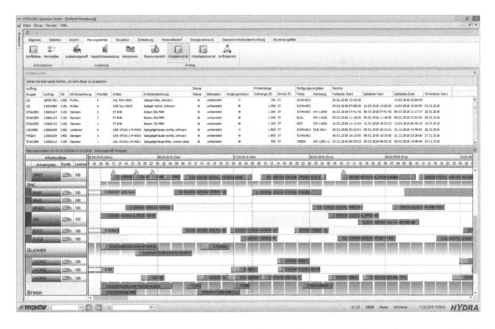

Abb. 5.47 Alle noch zu verplanenden Arbeitsgänge für eine Maschinengruppe werden in der Tabelle oberhalb des Gantt-Charts angezeigt.

Konfliktliste

Entstehen bei der Belegung Konflikte in Form von überplanten Maschinen, Verletzungen der Ecktermine, mehrfach belegten Ressourcen oder anderen Problemen, werden diese in der Konfliktliste dokumentiert. Auf diese Weise erhält der Planer gezielte Informationen, die er für eine Beurteilung der Konfliktsituationen und die Beseitigung der Produktionsengpässe benötigt.

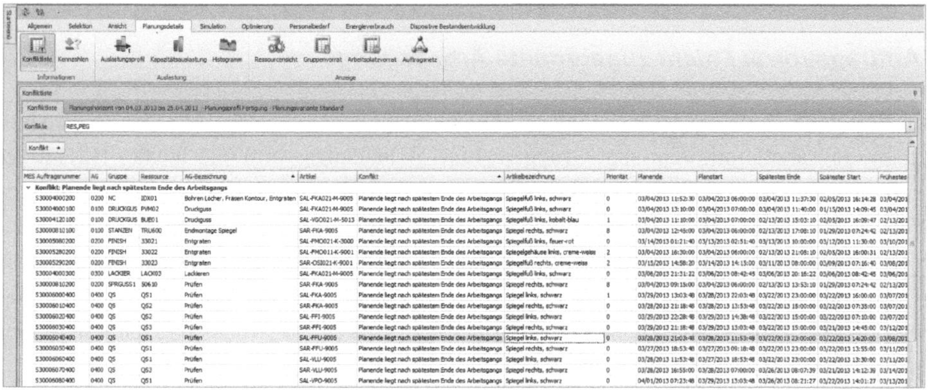

Abb. 5.48 Die Konfliktliste wird nach der Belegung erzeugt. Sie enthält die Arbeitsgänge, die aufgrund von Planungskonflikten nicht eingeplant werden konnten.

Auftragsnetz

Im Auftragsnetz wird der Zusammenhang innerhalb eines mehrstufigen Auftrags mit den Vorgänger- und Nachfolgerbeziehungen der Arbeitsgänge grafisch dargestellt. Bei der Planung der einzelnen Arbeitsgänge auf Maschinen und Arbeitsplätze in unterschiedlichen Bereichen wird die Netzstruktur berücksichtigt. Wird z.B. ein Arbeitsgang verschoben und liegt dadurch der Endtermin hinter dem spätest möglichsten Starttermin des Nachfolgers, wird eine Warnung ausgegeben und ein Eintrag in der Konfliktliste erzeugt. Der Planer kann auch erkennen, wieviel Puffer noch zwischen den einzelnen Arbeitsgängen verfügbar ist.

Mit dem Auftragsnetz im HYDRA-Leitstand können auch komplexe Strukturen in mehreren Ebenen abgebildet werden. Solche Konstellationen sind typisch, wenn aus verschiedenen Produkten, die in unterschiedlichen Fertigungsaufträgen hergestellt werden und zusätzliche Komponenten aus dem Lager eine Baugruppe entsteht oder diese zu einem übergeordneten Kundenauftrag gehören.

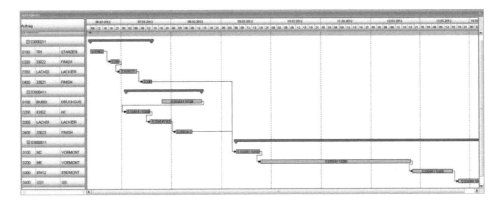

Abb. 5.49 Grafische Darstellung der Verknüpfung der Arbeitsgänge innerhalb eines Auftrags

5.3.7   Bewertung der Planungssituation und Predictive Scheduling

Mit weiter steigenden Anforderungen an die Fertigungssteuerung wächst auch die Komplexität der Planungsvorgänge. Gerade unter Smart Factory-Gesichtspunkten genügt es nicht mehr, die Primär- und Sekundärressourcen bei der Feinplanung zu berücksichtigen. Neben präventiven Aussagen zur Kapazitätsauslastung werden zuverlässige Informationen benötigt, mit denen sich auch andere Engpässe oder Probleme vermeiden lassen. Dazu zählen Themen wie Materialverfügbarkeit, Energieverbrauch und Personalbedarf.

Auslastungsprofil

Antwort auf oft gestellte Fragen wie „Wie stark ist die Fertigung ausgelastet?" oder „Wo haben wir noch freie Kapazitäten?" geben die Funktionen Auslastungsprofil und Kapazitätsgebirge. Während ersteres die vorhandene Maschinenkapazität der Maschinengruppen über wählbare Zeiträume der bereits belegten gegenüber stellt, zeigt die Kapazitätsauslastung das Verhältnis von vorhandener zu belegter Kapazität für eine Maschine.

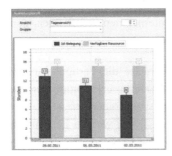
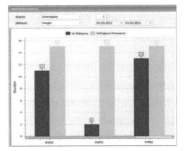

Abb. 5.50 Vergleiche zwischen verfügbarer und bereits belegter Kapazität

Kapazitätsgebirge

Das Kapazitätsgebirge wird in Form eines Histogramms dargestellt. Für den Fertigungssteuerer ist auf einen Blick erkennbar, wieviel Maschinenkapazität zur Verfügung steht
(rote Linie in der Abbildung unten), wieviel davon bereits durch verplante Aufträge belegt ist (grüne Flächen) und wieviel noch für Aufträge im Vorrat benötigt wird (blaue
Flächen). Die rot markierten Flächen zeigen die Zeitbereiche an, in denen die Maschinen
mit Aufträgen belegt sind, die verfügbare Kapazität aber bereits ausgelastet ist.

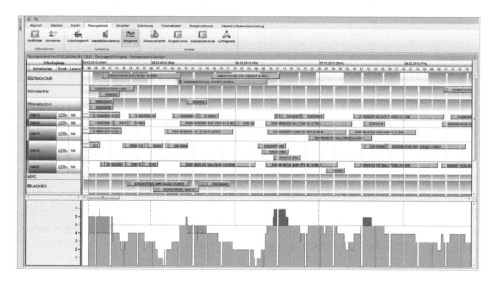

Abb. 5.51 Grafische Darstellung zur Auslastung der Maschinenkapazitäten

Energieverbrauch

Seit Jahren steigende Preise für Erdgas und Elektrizität sorgen bei vielen Industrieunternehmen für einen enormen Kostendruck. Außerdem erfordern die aktuellen Entwicklungen in der Umweltpolitik Veränderungen der Industrie im Umgang mit Energie. In vielen Ländern gibt es bereits gesetzliche Regelungen, die Unternehmen verpflichten, den
Energieverbrauch durch geeignete Maßnahmen zu reduzieren.

Der HYDRA-Leitstand unterstützt bereits in der Planungsphase die Fertigungsunternehmen, indem bei der Maschinenbelegung Energiekontingente berücksichtigt werden.
Die energieoptimierte Fertigungsplanung erfolgt auf Basis von früher erfassten Ver-
brauchsdaten im Abgleich mit vorhandenen Energiebudgets. Dabei werden Lastspitzen
berechnet und angezeigt, sodass direkt erkennbar ist, wenn eine Maschinenbelegung höhere Energiekosten oder ggf. sogar sog. Lastabwürfe zur Folge hat.

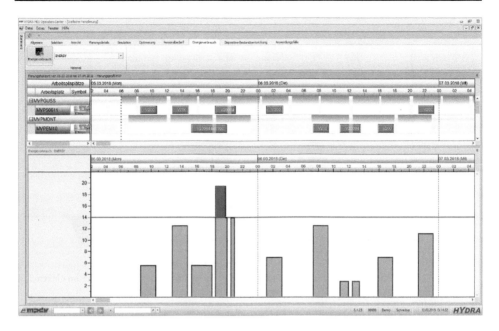

Abb. 5.52 Darstellung des voraussichtlichen Energieverbrauchs in der grafischen Feinplanung

Dispositive Bestandsentwicklung

Die dispositive Bestandsentwicklung illustriert dem Planer grafisch, wie sich der Materialbestand in Abhängigkeit der Feinplanung verändert. Mit dieser Funktion kann für jeden durchzuführenden Arbeitsgang und jedes Material, das sich im Umlauf befindet, die Bestandsentwicklung innerhalb des Planungshorizonts gezielt verfolgt und überwacht werden.

Arbeitsgänge, für die ein Einsatzmaterial zur geplanten Zeit nicht in der benötigten Menge verfügbar ist, werden farblich in der Plantafel gekennzeichnet und in der Konfliktliste angezeigt. Der Planer erkennt damit sofort die Ursache für den Planungskonflikt und kann bereits auf fehlendes Material reagieren, bevor der Engpass im Shopfloor zu Problemen im laufenden Produktionsprozess führt.

Andererseits kann mit dieser Funktion auch verhindert werden, dass zu viel Zwischenprodukte produziert werden und damit zu hohe Umlaufbestände entstehen oder ggf. die verfügbaren Lagerkapazitäten nicht ausreichen werden.

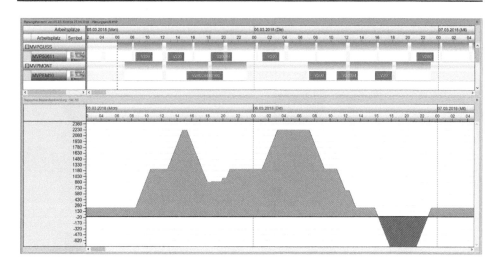

Abb. 5.53 Die Kurve zeigt die Bestandsentwicklung für Material, das für die Abarbeitung der im oberen Teil gezeigten Arbeitsgänge benötigt wird. Der rote Bereich signalisiert Materialunterdeckung.

Personalbedarf

Aus den Stammdaten der eingelasteten Aufträge ermittelt HYDRA den auftragsbezogenen Personalbedarf und zeigt diesen als Histogramm an. Auf Basis dieser Informationen, die parallel auch an das HYDRA-Modul Personaleinsatzplanung übermittelt werden, können zielgerichtete Entscheidungen zur Aufstockung des Personals oder zur Verschiebung von Arbeitsgängen getroffen werden.

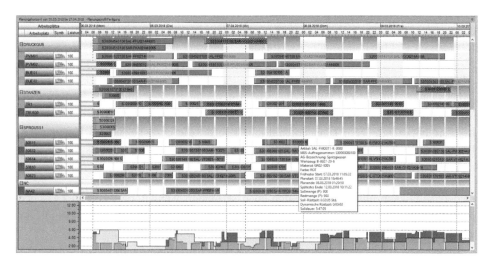

Abb. 5.54 Im unteren Teil des Gantt-Charts wird der Personalbedarf angezeigt. Gelbe Säulen stehen für ausreichende Personalstärke, bei grünen gibt es Reserven und Zeitabschnitte mit Unterdeckung sind rot markiert.

5.3.8 Mobiler Leitstand

Der mobile Fertigungsleitstand „Touch2Plan" gehört zur Gruppe der Smart MES Applications (SMA) und unterstützt mit seinen Planungsfunktionen Produktionsbetriebe bei einer flexiblen, dezentralen Feinplanung. Diese Variante der Plantafel zeichnet sich durch seine Mobilität sowie eine einfache und intuitive Bedienung aus. Fertigungs- und Schichtleiter können sich damit schnell und unkompliziert z.B. direkt bei ihrem Gang durch die Werkhallen über die Planungssituation informieren, situativ Veränderungen an der Maschinenbelegung und an der ursprünglich vorgesehenen Abarbeitungsreihenfolge von Aufträgen vornehmen.

Abb. 5.55 Mit dem mobilen Leitstand „Touch2Plan", der typischerweise auf Tablets installiert ist, lassen sich einfache Feinplanungsaktionen durchführen.

5.3.9   HYDRA-Leitstand im Überblick

Gantt-Chart (Plantafel):
Zentrales Planungs- und Informationswerkzeug

Schichtkalender und Leistungsgrade:
Stellen die real verfügbare Kapazität und die Leistungsfähigkeit der Maschinen dar

Planungsprofile:
Definition, welche Maschinen und Arbeitsplätze vom Planer bearbeitet werden

Terminierung:
Ermittlung der Plantermine für Arbeitsgänge, wenn vom ERP nur Ecktermine für den gesamten Auftrag geliefert werden

Gruppenvorrat:
Beinhaltet alle noch nicht auf Maschinen verplanten Aufträge

Belegungsregeln:
Geben vor, nach welchen Algorithmen die automatische Einlastung der Arbeitsgänge erfolgen soll

Belegung von Sekundärressourcen:
Verfügbarkeitsprüfung zu den Ressourcen, die in der Stückliste zum Arbeitsgang geführt werden

Berücksichtigung der Personalkapazitäten:
Überprüfung bei der Einlastung von Arbeitsgängen, ob die notwendige Personalkapazität mit der geforderten Qualifikation verfügbar ist

Kampagnenfertigung:
Zusammenfassen von Arbeitsgängen zu Kampagnen auf Basis individuell definierbarer Gruppierungskriterien

Fertigungsvarianten:
Entstehen aus alternativen Arbeitsplänen und werden genutzt, wenn der ursprüngliche Auftrag wegen fehlender Ressourcen nicht verplant werden kann

Optimierung:
Optimierungsalgorithmen auf Basis von Kennzahlen und deren Gewichtung

Rüstzeitoptimierung:
Minimierung der Rüstzeiten auf Basis der Rüstwechselmatrix

Simulation:
Abspeichern von verschiedenen Planungsszenarien und Vergleich der Ergebnisse auf Basis vordefinierter Kennzahlen

Konfliktliste:
Wird gefüllt, wenn bei der Maschinenbelegung Planungskonflikte entstehen

Kapazitätsgebirge (Histogramm):
Verlaufskurve mit Darstellung der vorhandenen und belegten Kapazitäten

Auslastungsprofil:
Säulengrafik, die das Verhältnis von vorhandener und belegter Kapazität über Maschinengruppen zeigt

Kapazitätsauslastung:
Stellt die vorhandene Kapazität einzelner Maschinen der bereits belegten gegenüber

Energieverbrauch
Maschinenbelegung unter Berücksichtigung von Energiekontingenten und zur Vermeidung von Lastspitzen

Dispositive Bestandsentwicklung
Berechnen und Visualisieren von Beständen für Rohmaterial und Zwischenprodukte

Personalbedarf
Ermittlung des Personalbedarfs und Aufzeigen von Phasen mit Unter- oder Überdeckung

Auftragsnetz:
Grafische Darstellung der einzelnen Arbeitsgänge innerhalb eines Auftrages

Arbeitsgangsplitting:
Splitten von Arbeitsgängen mit großen Losgrößen zur parallelen Abarbeitung auf mehreren Maschinen oder zur sequenziellen Produktion mit zeitlichem Versatz auf einer Maschine

Eskalationsmeldungen:
Automatisiertes Auslösen von Eskalationsmeldungen beim Erkennen von definierten Situationen

Touch2Plan:
Mobile Plantafel für einfache Belegungsvorgänge und Änderungen in der Reihenfolge der abzuarbeitenden Aufträge

5.4 Dynamic Manufacturing Control (DMC)

Immer individuellere Kundenanforderungen haben zur Folge, dass die Herstellungspro-zesse im Zeitalter von Industrie 4.0 zunehmend komplexer werden. Variable, mehrstufi-ge Arbeitsabläufe sind für die effiziente Herstellung von unterschiedlichen Varianten ei-nes Produkts auf einer Fertigungslinie unabdingbar. Oftmals gilt es auch, aufwendige Produktionsstrategien wie Just-in-Time (JIT) und Just-in-Sequence (JIS) zu realisieren, um die Lieferverpflichtungen sowohl bedarfs- als auch produktionssynchron einzuhal-ten.

Im Gegensatz zu meist starren Programmierungen von Maschinen- und Liniensteuerun-gen modelliert der Anwender mit HYDRA-DMC die Fertigungslinien und Produktions-prozesse auf sehr flexible Art und Weise. HYDRA-DMC eignet sich sowohl für kleinere Montagezellen als auch für komplexe Montagelinien variantenreicher Produkte, bei de-nen einerseits ein schneller Arbeitstakt und andererseits ein hoher Informationsbedarf typisch sind. Zu diesem Informationsbedarf gehören neben Arbeits- und Prüfanweisun-gen (Werkerführung) auch Steuerkommandos für intelligente Werkzeuge und Periphe-riegeräte wie z.B. Schrauber oder Pick-by-Light-Systeme. Gleichzeitig gilt es den Mate-rialfluss zu steuern, die Rückverfolgbarkeit (Traceability) sicherzustellen und dabei die vorgegebene Produktionsreihenfolge (Sequenzierung) einzuhalten.

Abb. 5.56 Eine typische Montagelinie, an der Produkte in unterschiedlichsten Varianten gefertigt werden und wo HYDRA-DMC zum Einsatz kommt.

Durch die Nutzung eines leistungsfähigen Subsystems auf Basis des sogenannten Dynamic MES Weaver (DMW) schafft es HYDRA-DMC, alle benötigten Informationen in der geforderten Taktzeit an der jeweiligen Arbeitsstation verfügbar zu machen und bei Bedarf sofort in den Prozess einzugreifen. Die dafür individuell gestalteten Dynamic Line Panels (DLP) führen den Werker bedarfsgerecht durch den vorgegeben Ablauf.

Die dezentral vorgehaltene Prozesslogik garantiert, dass die Fertigungslinie auch dann weiter produzieren kann, wenn es im Netzwerk einmal Probleme geben sollte. Durch die vollständige Integration in das MES HYDRA können die erfassten Daten an den Fertigungslinien schnittstellenfrei mit weiteren Informationen aus anderen Fertigungsbereichen kombiniert und übergreifend ausgewertet werden.

5.4.1 Abbildung der Produktionslinien und Montagearbeitsplätze

Mussten Fertigungslinien bislang aufwendig durch sogenannte Kopfsteuerungen auf SPS-Basis programmiert werden, bieten softwarebasierte Lösungen wie HYDRA-DMC deutlich mehr Ergonomie und Flexibilität. Mit dem grafischen DMC Modeler können Prozessingenieure ohne Programmierkenntnisse sowohl den Aufbau von Fertigungslinien als auch komplexe Produktionsprozesse per Drag & Drop modellieren. Das Ergebnis wird „Factory Model" genannt. Als Basis dafür stehen sowohl Bibliotheken als auch Templates zur Verfügung. Die Bedienung des Modelers ähnelt der von typischen Programmen zur Darstellung von Abläufen und Organigrammen.

Auf dem „Factory Model" aufsetzend werden in den „Manufacturing Instructions" alle Arbeitsschritte modelliert, die nötig sind, um die unterschiedlichen Varianten eines Produkts herzustellen. Der DMC Modeler unterstützt den Process Engineer bei dieser Aufgabe durch die Vorauswahl verfügbarer Ressourcen an den einzelnen Arbeitsstationen sowie eine übersichtliche Darstellung der definierten Arbeitsschritte.

In Kombination legen „Factory Model" und „Manufacturing Instructions" fest, wie die einzelnen zu produzierenden Varianten durch die Linie laufen und welche Arbeitsschritte durchgeführt werden müssen. Man spricht in diesem Zusammenhang auch vom digitalen Abbild der Fertigungslinie und deren Prozesse. Da dieses Abbild auf einer Software-Lösung basiert, lassen sich Änderungen ohne großen Aufwand und insbesondere ohne Programmierkenntnisse realisieren. Damit sind die Voraussetzungen für eine wandlungsfähige Produktion im Sinne von Industrie 4.0 gegeben.

Abb. 5.57 Grafische Modellierung einer Fertigungslinie (Factory Model) inkl. Nacharbeitsschleifen

Abb. 5.58 Nachdem die Fertigungslinie modelliert ist, erfolgt im zweiten Schritt die Modellierung von Arbeitsschritten in Abhängigkeit von den herzustellenden Produktvarianten.

5.4.2 Prozessüberwachung und -verriegelung

In Summe sorgt HYDRA-DMC dafür, dass stets die richtigen Arbeitsschritte ausgeführt werden und nur Produkte weiterverarbeitet werden, die den jeweiligen Qualitätsanforderungen entsprechen. Um die Qualität der Produkte sicherzustellen, werden immer wieder Prüfungen in Echtzeit durchgeführt, die sofort Auswirkungen auf die Weiterverarbeitung des jeweiligen Teils haben. Werden zum Beispiel Mängel entdeckt, sorgt eine automatische Prozessverriegelung dafür, dass ein schadhaftes Teil nicht weiter verarbeitet und zur Nacharbeit ausgeschleust wird. Durch vorher definierte Maßnahmen (z. B. Reparatur) kann ein ausgeschleustes Teil auch wieder zum Gutteil werden.

Über die Nutzung der beschriebenen Funktionen kann der Anwender eine Null-Fehler-Produktion sicherstellen und den Forderungen seiner Kunden nach Kosteneinhaltung und kurzfristigen Liefertermin nachkommen.

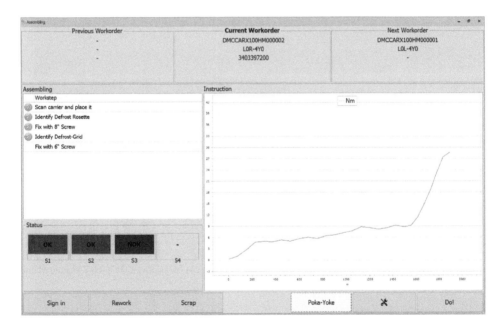

Abb. 5.59 Ein Beispiel für die laufende Qualitätskontrolle: an Schraubern wird für jeden Schraubvorgang das Drehmoment gemessen. Liegt der Messwert außerhalb des erlaubten Bereich, wird die Messung mit „NOK" (nicht ok) abgewiesen, weitere Arbeitsschritte werden blockiert (Prozessverriegelung) und das Teil wird zur Nacharbeit ausgeschleust.

5.4.3   Werkerführung

An jeder Station wird das herzustellende Produkt bzw. dessen Ladungsträger identifiziert, zu dem das MES die passenden Arbeitsschritte über das Instruction Model kennt. Der Werker bekommt in der Folge die relevanten Arbeits- oder Prüfanweisungen angezeigt, die er durch entsprechende Aktionen ausführt bzw. quittiert.

Begleitend dazu erhält er Informationen, die zum Beispiel verhindern sollen, dass Fehler passieren und Nacharbeit erforderlich wird. Schritt für Schritt entstehen so die geforderten Produktvarianten. Dabei ist auch die Integration halb- und vollautomatischer Arbeitsschritte möglich.

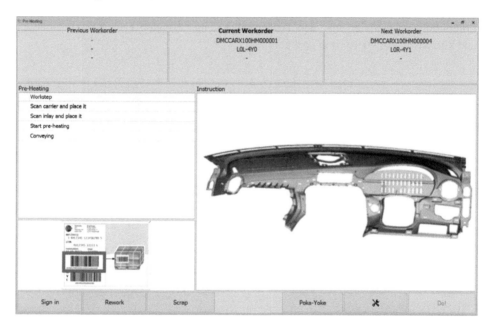

Abb. 5.60 Werkerführung an einem Dynamic Line Panel als wichtiges Element von HYDRA Dynamic Manufacturing Control

5.4.4   Produktdokumentation

Alle Daten, die während der Produktion anfallen, müssen im Sinne der Traceability übergreifend zusammengeführt und ausgewertet werden können. Dazu gehören auch die Werte, die innerhalb von Fertigungslinien erfasst wurden. Hierbei bringt die nahtlose Integration der Montagelinien zu den anderen HYDRA-Applikationen enorme Vorteile, denn das MES kennt dann alle Daten, die in den vor- bzw. nachgelagerten Produktionsschritten und bei der Montage entstanden sind.

Diese Informationen können dann in nahezu beliebigen Sichten dargestellt werden, so-dass korrelative Auswertungen zum Material, zu Prozess- und Qualitätsparametern, zu Bearbeitungszeiten oder zum Maschinenverhalten möglich sind. Außerdem kann das MES aus den erfassten Daten aussagekräftige Kennzahlen berechnen, die dann im Sinne einer kontinuierlichen Prozessoptimierung überwacht werden.

Aber auch zum Zwecke der Rückverfolgbarkeit und Nachvollziehbarkeit muss die Her-stellung der Produkte in vielen Branchen dokumentiert werden. Die Integration von Fer-tigungslinien in das MES ermöglicht dabei eine End-to-End-Betrachtung vom ersten bis zum letzten Arbeitsschritt, auch wenn sie nicht alle an einer Montagelinie stattfinden.

5.4.5 HYDRA-DMC im Überblick

Dynamic MES Weaver:
Basisfunktionen für allgemeine Datenhaltung und -archivierung sowie zentrale Datenverabeitungs- und Steuerungsfunktionen

Process Modeler:
Design-Tools zur digitalen Abbildung der Anlagen und Arbeitsschritte

Dynamic Process Interpreter:
Prozesssteuerung auf Basis der modellierten Arbeitsschritte und Überwachung der Ausführung gemäß des Sequenz-/Prozessmodells

Process Interlocking:
Prüfung der Produkte auf Prozesskonformität und Einhaltung der Prozesskette inkl. Prozessverriegelung

Pick-by-light Integration:
Integration von Pick-by-Light Modulen zur Werkerführung / Prozesssicherung

Real-Time Data Acquisition:
Prozessinteraktion mit dem Anlagen-Equipment in Echtzeit

Status Monitor:
Produktbezogene Anzeige zum Qualitätsstatus, zu Laufzeiten / Stationen, zu Prozesswerten und zum Poka Yoke-Status

Sequencing Monitor:
Visualisierung von Störungen an der Linie und Fortschrittsanzeige / Andon Board

Dynamic Line Panel:
Benutzerführung durch Anzeige der relevanten Informationen sowie Darstellung der erforderlichen Arbeitsschritte und Komponenten

Eskalationsmanagement für Dynamic Manufacturing Control:
Auslösen von definierten Eskalationen bei Verletzung von Grenzwerten und sonstigen Abweichungen vom Sollprozess

HYDRA Messaging Service für Dynamic Manufacturing Control:
Erstellung, Empfang, Beantworten und Weiterleiten von Nachrichten

Archivierung für Dynamic Manufacturing Control:
Exportfunktionen zur längerfristigen Aufbewahrung der erfassten Daten

5.5 Material- und Produktionslogistik (MPL)

Das richtige Material in der richtigen Menge und Qualität zum richtigen Zeitpunkt am richtigen Ort verfügbar zu haben, ist eine zentrale Herausforderung für jedes produzierende Unternehmen. Genauso wichtig ist es, stets den aktuellen Überblick zu haben, welche produzierten Waren oder Halbfabrikate in welcher Menge wo gelagert sind. Die HYDRA-Material- und Produktionslogistik (MPL) wurde speziell für die Steuerung des Materialflusses und die Überwachung der Materialbestände in der Fertigungsebene entwickelt.

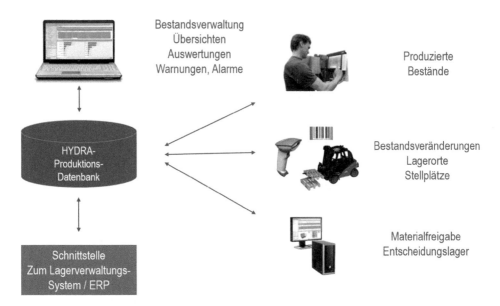

Abb. 5.61 Die HYDRA-applikation Material- und Produktionslogistik (MPL) im Überblick

Anders als die retrograden Materialbuchungen im ERP, mit denen erst nach dem Abschluss des gesamten Fertigungsauftrags die Rohstoff- und Fertigwarenbestände gebucht werden, arbeitet die HYDRA-MPL mit einem wesentlich höheren Detaillierungsgrad und deutlich geringeren Verzögerungszeiten. In jedem Produktionsschritt können die hergestellten Artikel oder Halbfabrikate mit Hilfe von sog. Materialpuffern oder WIP-Lägern (WIP = Work In Process) gezählt werden, woraus sich wesentlich genauere Aussagen über Materialverbräuche und produzierte Bestände ableiten lassen.

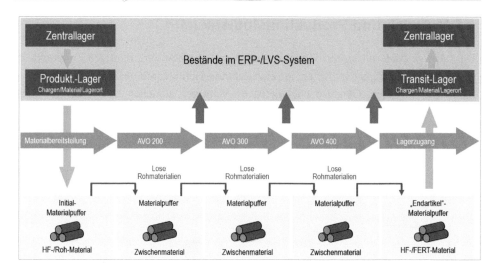

Abb. 5.62 Die Grafik verdeutlicht den qualitativen Unterschied zwischen Materialbestandsbeobachtungen im ERP bzw. LVS (grauer Bereich) und denen im MES.

5.5.1   Material- und Bestandsverwaltung

Mit Materialpuffern werden im MES WIP-Lagerplätze abgebildet, in denen Rohstoffe und Halbfabrikate zwischengelagert werden. In Summe liefern sie eine Aussage zur Höhe der Umlaufbestände. Aus logistischer Sicht geben sie Auskunft darüber, wann Bestände leerlaufen und die Beschaffung bzw. ein neuer Lagerauftrag gestartet werden muss. Zusammen mit dem Handling von entsprechenden Belegen dienen Materialpuffer auch zur Unterstützung von Kanban-gestützten Prozessen. Materialpuffer und die damit verbundenen Eigenschaften wie z.B. minimale oder maximale Bestandsgrenzen können in der Stammdatenverwaltung konfiguriert werden.

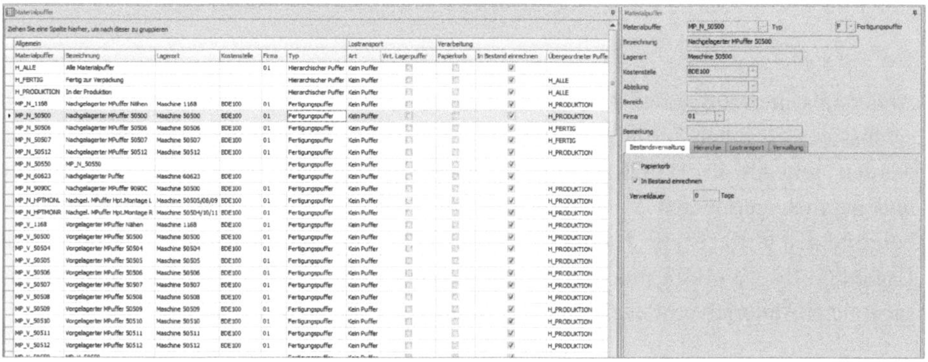

Abb. 5.63 Abbildung der Materialpuffer und ihrer Eigenschaften

Um Material von einem Arbeitsplatz zum nächsten zu bringen, werden oftmals Ladungs-
träger benötigt, die als Transporteinheiten verwaltet werden. Diese können in der
Stammdatenverwaltung z.B. zusammen mit weiteren Stammdaten wie Abmessung und
Ladevolumen konfiguriert werden.

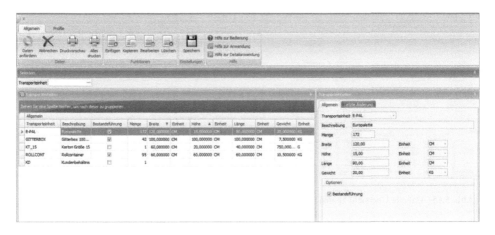

Abb. 5.64 Definition der Ladungsträger und ihrer Eigenschaften

5.5.2 Bestandsübersichten und Verfallsstatistiken

Die Bestandübersicht dient dazu, den verantwortlichen Mitarbeitern stets einen Überblick darüber zu liefern, welche Arten von „Material" in welcher Menge in welchen Materialpuffern oder WIP-Lägern vorhanden sind. Zusammen mit der Materialnummer lassen sich auch Materiallose, d.h. definierte Einheiten verwalten, denen ein sog. Losstatus
wie gesperrt, freigegeben, verfallen etc. zugeordnet werden kann. Damit ist bereits die
Basis für eine einfache Materialflusssteuerung gelegt, da der Losstatus eine eindeutige
Aussage darüber liefert, wie die jeweiligen Bestände zu behandeln sind.

Werden die produzierten Mengen über die eingesetzte HYDRA-Maschinendatenerfassung oder mit Eingaben direkt an der Maschine erfasst und die Materialpuffer so
angelegt, dass diese den Output der Maschine repräsentieren, ist sogar eine Bestandsübersicht in Echtzeit verfügbar.

Eine ähnliche Funktion steht für die Bestandsbeobachtung in Bezug auf Material, das in
Transporteinheiten „gelagert" ist, zur Verfügung.

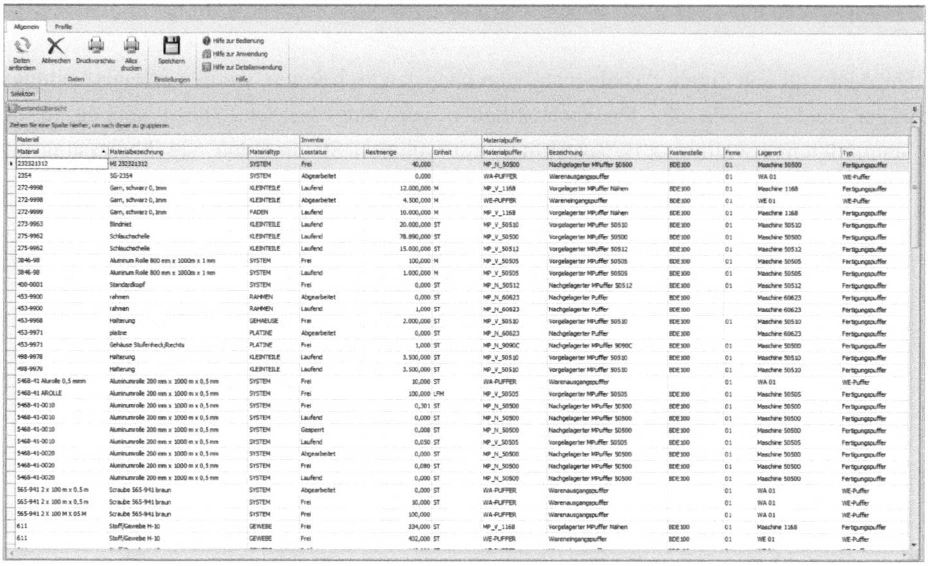

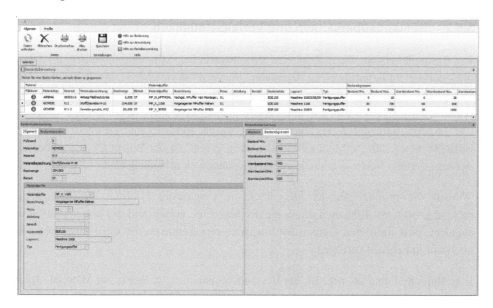

Abb. 5.65 Aktuelle Übersicht zu den angelegten Materialpuffern und den jeweils gebuchten Beständen

Die HYDRA-Funktion Bestandsüberwachung ist ein leistungsfähiges Werkzeug, um die Bestände in den angelegten Materialpuffern effektiv überwachen und Fehlentwicklungen frühzeitig vermeiden zu können.

Abb. 5.66 Überwachung der Materialpuffer auf Mindest- bzw. Maximalbestände und die Definition von Warn- bzw. Alarmgrenzen

Für jedes Material sind individuelle minimale und maximale Bestandsgrenzen definierbar. Werden zusätzlich die relevanten Daten für Warn- und Alarmgrenzen hinterlegt,
gibt HYDRA-MPL automatisch Alarme oder Warnungen aus, die über das Eskalationsmanagement an die betreffenden Mitarbeiter weitergeleitet werden.

Verfallsstatistik

Die Verfallsstatistik zeigt in tabellarischer und grafischer Form die Materialien, bei denen der Verfallszeitpunkt überschritten wurde. Durch den frei wählbaren Zeitraum werden die Materialmengen berechnet, die bereits verfallen sind bzw. die bis zum selektierten Enddatum verfallen werden.

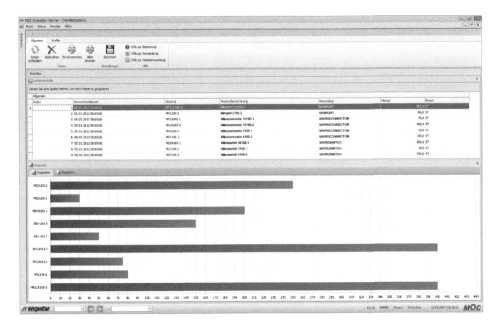

Abb. 5.67 Ermittlung der verfallenen Materialmengen im ausgewählten Zeitraum

5.5.3 Intralogistik und Transportmanagement

Eine Produktion funktioniert nur, wenn alle benötigten Ressourcen und das Material zur
richtigen Zeit am richtigen Ort sind. Für Fertigungsaufträge werden oft sowohl Material
aus dem Lager als auch Halbzeuge aus einem vorhergehenden Arbeitsgang benötigt.
Durch die Korrelation der Daten kennt HYDRA sowohl die Fertigungsaufträge und das
benötigte Material als auch die relevanten Arbeitsplätze und Lagerorte. Aus diesen Informationen können Transportaufträge generiert und den für die innerbetrieblichen
Transporte verantwortlichen Mitarbeitern im Sinne einer ToDo-Liste angezeigt werden.

Wurde der Transport durchgeführt, werden die Aufträge z.B. per Barcode als beendet gemeldet und der nächste Transport ausgewählt.

HYDRA unterstützt damit die logistischen Vorgänge innerhalb des Unternehmens, um Wartezeiten in der Fertigung zu minimieren und damit die Produktionskosten signifikant zu senken.

Abb. 5.68 Diese Funktion, die auch auf mobilen Geräten wie Staplerterminals genutzt werden kann, zeigt in übersichtlicher Form, welche innerbetrieblichen Transporte in welcher Reihenfolge noch durchzuführen sind.

5.5.4   HYDRA-MPL im Überblick

Stammdatenverwaltung:
Anlegen und Pflegen von Materialpuffern, WIP-Lägern und deren Eigenschaften

Bestandsübersicht:
Abbildung der Materialpuffer und der jeweils gebuchten Bestandsmengen

Bestandsübersicht Transporteinheiten:
Abbildung der Transporteinheiten und der jeweils darauf gebuchten Bestandsmengen

Bestandsüberwachung:
Überwachung der Materialpuffer auf Mindest- bzw. Maximalbestände und die Definition von Warn- bzw. Alarmgrenzen

Warnreport:
Anzeige aller Materiallose und -chargen, deren Warn- bzw. Verfallsdatum schon überschritten ist oder am Auswertetag erreicht wird

Verfallsstatistik:
Berechnung, wieviel Material in einem bestimmten Zeitraum verfallen ist bzw. im Betrachtungszeitraum noch verfällt

Verfallsvorschau:
Prognose auf Basis des aktuellen Bestands, zu welchem Zeitpunkt wieviel Material verfällt

Materialbewegungen:
Zeigt alle Materialbewegungen, d.h. Ein- bzw. Auslagerungen in bzw. aus Materialpuffern

Transportaufträge:
Automatisches und manuelles Generieren von innerbetrieblichen Transportaufträgen inkl. Meldefunktionen

Reichweitenbetrachtung:
Hochrechnungsfunktion für einen Materialbestand, der in einer Fertigungsstufe aufgebaut und dem nachfolgenden Fertigungsschritt abgebaut wird

Eskalationsmeldungen:
Automatisiertes Auslösen von Eskalationsmeldungen beim Erkennen von definierten Situationen

5.6 Tracking & Tracing (TRT)

Für viele Unternehmen ist es eine tägliche Notwendigkeit, einen lückenlosen Nachweis zu den produzierten Artikeln über alle Stufen der Prozesskette hinweg zu führen. Damit soll die Rückverfolgbarkeit der Endprodukte bzw. ein Verwendungsnachweis für die eingesetzten Rohstoffe im Falle von Reklamationen im Sinne der Verbrauchersicherheit gewährleistet werden. Internationale Normen wie die Vorschrift 21CFR11 der FDA oder die EU-Norm 178 lassen insbesondere den Herstellern von Lebens- und Arzneimitteln wenig Spielraum. Aber auch die Produzenten von Verpackungsmaterialien oder Zulieferer von sicherheitsrelevanten Teilen, die z.B. in der Automobilindustrie Verwendung finden, sind ähnlich harten Auflagen unterworfen.

Mit seinen umfangreichen Funktionalitäten bildet das Modul HYDRA-Tracking & Tracing die Basis für die Chargenverfolgung und die lückenlose Produktdokumentation, unabhängig davon, ob es sich um einstufige oder komplexe, mehrstufige und verzweigte Prozesse handelt.

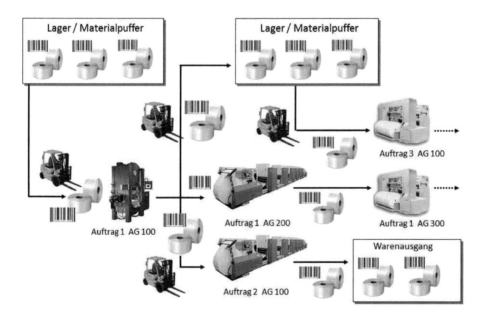

Abb. 5.69 Durch das Erfassen der Eingangschargen, dem Generieren von Ausgangschargen und dem Erstellen von Etiketten erfüllt HYDRA die wesentlichen Anforderungen an die Chargenverfolgung.

Für den lückenlosen Produktnachweis werden alle Details bei der Produktentstehung in einem elektronischen Herstellbericht dokumentiert. Dazu werden bei Bedarf auch Informationen aus anderen HYDRA-Applikationen herangezogen. Zu den einfließenden und entstehenden Losen bzw. Chargen werden zum Beispiel

- materialbeschreibende Los- und Chargenattribute (z.B. Produktmerkmale oder Herstellungsdatum)
- verwendete Betriebsstoffe
- genutzte Maschinen
- ermittelte Prozessdaten
- am Fertigungsprozess beteiligte Personen
- verwendete Werkzeuge
- Instandhaltungsdaten zu Maschinen und Werkzeugen
- qualitätsrelevante Daten wie Messwerte, Prüfmittel etc.

gespeichert. In welcher Form die geforderten Dokumente gedruckt werden und welche Daten das Produktzertifikat enthält, kann individuell festgelegt werden.

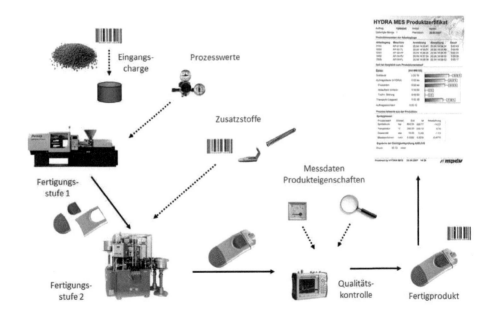

Abb. 5.70 In den elektronischen Herstellbericht fließen dieerforderlichen Daten aus der Fertigung ein.

HYDRA dokumentiert jedoch nicht nur die Entstehung eines Artikels, sondern das Modul Tracking & Tracing kann auch dabei helfen, den Produktionsprozess sicherer zu ma-

chen. Dazu greifen die Funktionen aktiv in die Prozesskette ein, indem Produktionsvor-
gänge überwacht werden und im Fehlerfall eine Prozessverriegelung stattfindet.

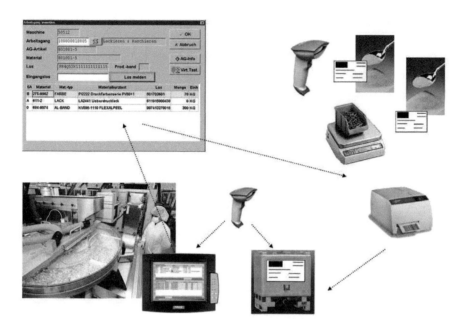

Abb. 5.71 Das Beispiel zeigt, wie die Produktionsmitarbeiter im Herstellprozess unterstützt werden. Dazu
kontrolliert HYDRA die Wiegewerte der Einsatzstoffe im Vergleich zu den Vorgabewerten in der Komponen-
tenliste. Nach erfolgter Mischung wird eine eindeutige Chargennummer inkl. Chargenetikett für das Zwischen-
produkt erzeugt. Wird dieses in weitere Produktionsschritte eingespeist, wird eine Plausibilitätskontrolle gegen
die Stammdaten des Auftrags vorgenommen. Nur wenn das Ergebnis der Kontrolle positiv ist, kann der nächste Produktionsschritt gestartet werden.

Weitere Hilfestellungen bietet HYDRA beim innerbetrieblichen Materialfluss wenn es
darum geht, Produkte, Chargen oder Lose in einem mehrstufigen Produktionsprozess
zweifelsfrei identifizieren zu können. Die Anwender nutzen hier die Tracking- und Tra-
cing-Funktionalitäten z.B. in Verbindung mit RFID-Tags oder Behälteretiketten mit
Barcode. Über eine eindeutige Chargen- oder Los-ID lassen sich Produkte, die beispielsweise in WIP-Lägern abgestellt wurden, jederzeit auffinden und ohne Verwechs-
lungsgefahr dem Kunden- oder Lagerauftrag zuordnen.

5.6.1   Chargen- und Losdatenerfassung

In HYDRA sind eine Reihe vorkonfigurierter Standarddialoge zur Erfassung von Char-
gen- und Losdaten verfügbar. Diese können in der Dialogkonfiguration auf die spezifi-
schen Belange ausgerichtet und umgestaltet werden.

Wichtig bei der Erfassung ist, dass zur Buchung von Chargen- und Losdaten automatische Leseverfahren über Barcode-Scanner oder RFID-Lesegeräte genutzt werden. Damit wird sicher verhindert, dass fehlerhafte Daten bei einer manuellen Eingabe entstehen. Natürlich werden auch hier Plausibilitätskontrollen aktiviert, sodass Eingabefehler im normalen Betrieb auszuschließen sind.

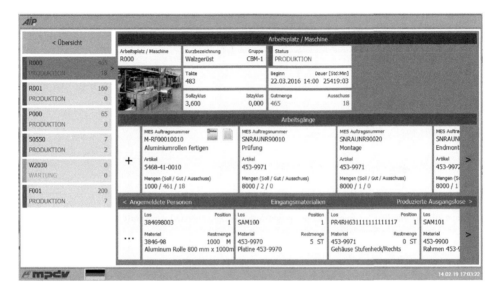

Abb. 5.72 Im unteren Bereich des AIP-Bildschirms werden die chargen- und losbezogenen Daten dargestellt, in diesem Beispiel die verwendeten Eingangsmaterialien und die produzierten Ausgangslose.

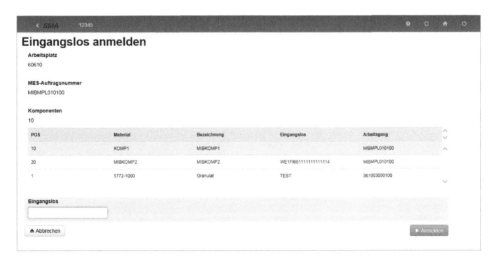

Abb. 3.79 Das SMA-Beispiel zeigt auf einem Tablet einen Dialog, mit dem der Werker einen Wechsel einer Eingangscharge bzw. eines Eingangsloses buchen kann, wenn beispielsweise ein Behälter mit einer Rohstoffcharge leer ist und eine neue Charge in einem neuem Behälter eingesetzt wird.

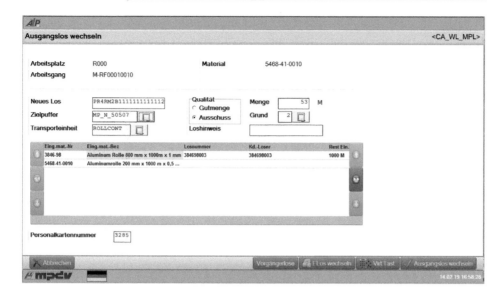

Abb. 5.73 Dieser Dialog am AIP dient dazu, einen Wechsel der Ausgangs-Chargen und -Lose zu verbuchen. Dies ist z.B. erforderlich, wenn ein Teil der produzierten Menge als n.i.O. eingestuft wurde und daher das produzierte Material in ein Sperrlager gebucht werden muss.

5.6.2   Chargen- und Losverfolgung

In der Chargen- und Losübersicht werden alle im System vorhandenen Chargen und Lose angezeigt, unabhängig davon, ob sie in HYDRA erzeugt oder aus dem ERP übernommen wurden. Typische Informationen, die zu einem Los bzw. zu einer Charge geführt und angezeigt werden, sind u.a. solche zum Status, Herstell- und Verfallsdatum, Lagerort, zu Mengen und Eigenschaften sowie spezifische Los- und Chargendaten.

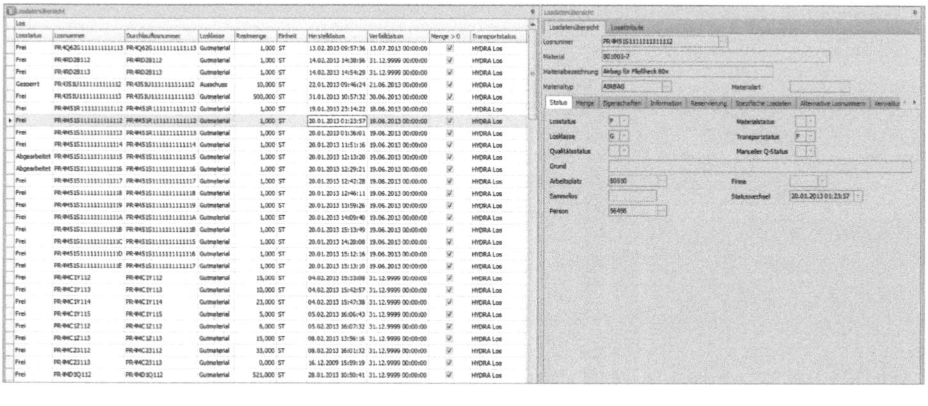

Abb. 5.74 Tabellarische Darstellung aller aktiven Lose und Chargen inkl. der relevanten Zusatzinformationen

Chargen- und Losverfolgung / Chargenbaum

Auf Basis der erfassten Chargen- und Losdaten werden Reports erzeugt, in denen die Entstehung eines Produktes in tabellarischer oder grafischer Form dokumentiert wird. Die Analytics-Funktionen können sowohl für Betrachtungen vom Rohmaterial zum Endprodukt als auch in der umgekehrten Richtung genutzt werden. Wird zum Beispiel ein schadhaftes Produkt beim Verbraucher entdeckt, kann rückwärts ermittelt werden, aus welchen Eingangschargen (Rohmaterial oder Halbzeuge) das Endprodukt hergestellt wurde. Danach wird vorwärts gesucht, ob und in welche weiteren Prozesse diese Chargen eingeflossen sind. Damit kann ermittelt werden, welche weiteren Endprodukte präventiv ggf. über eine Rückrufaktion ausgetauscht oder repariert werden müssen.

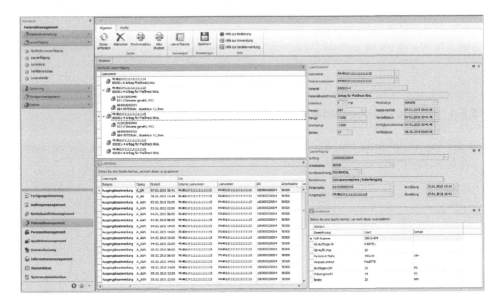

Abb. 5.75 Für die Rückverfolgung ist der Chargenbaum das meist genutzte Werkzeug. Unten werden die Daten in tabellarischer Form gezeigt. Details zu den erfassten Chargen sind im rechten Bereich abgebildet.

5.6.3 Seriennummernverwaltung

Eine Besonderheit in Bezug auf die Traceability stellt die Verwaltung von seriennummern-geführtem Material dar. Unter Nutzung der in HYDRA-TRT verfügbaren Funktionen ist es möglich, einer produzierten Baugruppe oder einem Endprodukt eine selbst erzeugte oder vorgegebene Seriennummer zuzuordnen und alle zugehörigen Daten nachvollziehbar unter diesem eindeutigen Ident zu speichern. Wird die Baugruppe oder das Produkt im späteren Lebenszyklus verändert, weil z.B. ein defektes Teil durch ein neues ersetzt werden muss, wird der Umbau entsprechend dokumentiert.

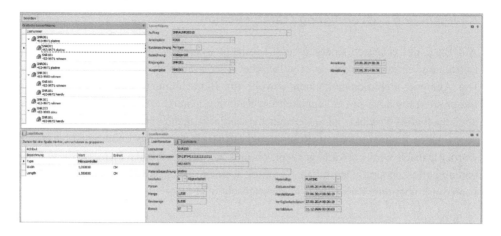

Abb. 5.76 Ähnlich wie die grafische Darstellung für Chargen und Lose dokumentiert diese Funktion die Entstehung und Veränderung von Teilen, Baugruppen oder Produkten mit Seriennummer.

5.6.4 Produktdokumentation

In der sog. Loshistorie sind alle Daten chronologisch geordnet dargestellt, die zu einem Los bzw. einer Charge erfasst wurden.

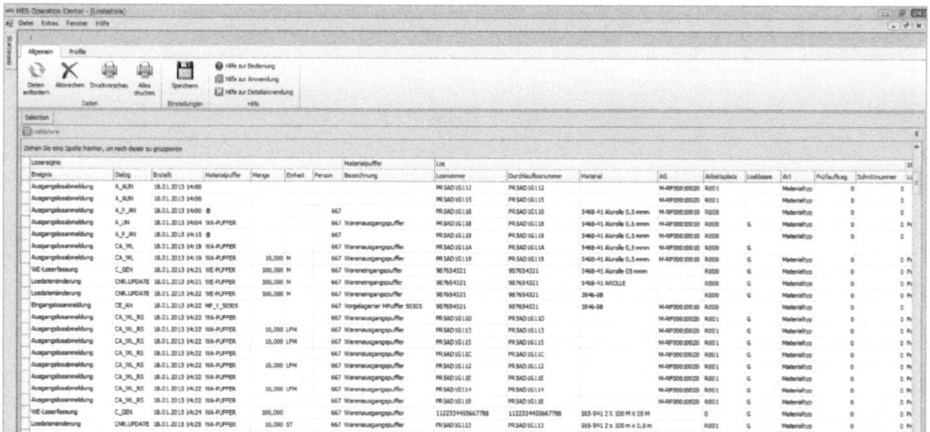

Abb. 5.77 Lückenlose Dokumentation des „Lebenslaufs" eines Loses oder einer Charge

5.6.5   HYDRA-TRT im Überblick

Stammdaten:
Zentrale Verwaltung von Chargen- und Losdaten

Chargen- und Losdatenerfassung:
Konfigurierbare Dialoge zur Erfassung von Chargen- und Losdaten an MES-Terminals oder PC's in der Fertigung

Seriennummernverwaltung:
Handling von seriennummerngeführtem Material als Basis für die Rückverfolgung (Traceability) inkl. Zusammenführen (Verheiraten) und Trennen / Umbauen im Zusammenhang mit Baugruppen

Palettieren / Packen / Konfektionieren:
Spezielle Funktionen zur Nutzung am Konfektionierungs- und Verpackungsarbeitsplatz inkl. Etikettendruck.

Chargen- und Losübersicht:
Tabelle mit allen aktiven Chargen und Losen sowie deren Detaildaten

Grafische Chargen- und Losverfolgung:
Grafischer Chargenbaum zur Rückverfolgung (upstream und downstream) über alle Fertigungsstufen hinweg

Tabellarische Chargen- und Losverfolgung:
Tabelle zur Darstellung der Produktentstehung mit allen Chargen- und Losinformationen

Loshistorie:
Lückenlose Dokumentation des „Lebenslaufs" eines Loses oder einer Charge

Produktdokumentation / Elektronischer Herstellbericht:
Lückenlose Dokumentation der Produktentstehung

Eskalationsmeldungen:
Automatisiertes Auslösen von Eskalationsmeldungen beim Erkennen von definierten Situationen

Archivierung von Chargen- und Losdaten:
Speicherung der Daten über beliebig lange Zeiträume in Archivtabellen und Auswertungen zu den archivierten Werten.

5.7 Prozessdatenverarbeitung (PDV)

Technisch und technologisch anspruchsvolle Produkte entstehen meist in komplexen Fertigungsprozessen, die ein Höchstmaß an Präzision erfordern. Wird das Einhalten der vorgegebenen Produktionsparameter nicht permanent überwacht und führen statistische Auswertungen nicht zu einer kontinuierlichen Verbesserung der Rezepturen oder Einstelldaten, sind unzureichende Produktqualität und hohe Ausschusszahlen die zwangsläufige Folge.

Während die kontinuierliche Regelung der Produktionsparameter und Prozesswerte sowie deren Aufzeichnung heute von modernen Maschinen- und Anlagensteuerungen übernommen werden kann, bietet das Modul HYDRA-Prozessdatenverarbeitung (PDV) Funktionen, die weit darüber hinausgehen. Durch die vollständige Integration aller HYDRA-Applikationen auf Basis der HYDRA-Produktionsdatenbank können korrelative Betrachtungen zu anderen Daten vorgenommen werden, die während der Produktion erfasst werden. Damit ist es zum Beispiel möglich, Abhängigkeiten zwischen dem Prozessverlauf, der bei der Produktion eines bestimmten Artikels aufgezeichnet wurde und den eingesetzten Materialchargen, den erfassten Maschinendaten oder den verwendeten Werkzeugen zu erkennen und daraus Ansätze für die Optimierung der Prozesse abzuleiten.

Die Echtzeitfähigkeit der HYDRA-PDV ermöglicht es, die erfassten oder von Maschinen und Anlagen übernommenen Prozessdaten direkt an den MES-Terminals oder an den PC's der verantwortlichen Mitarbeiter online zu visualisieren. Dies ist eine wichtige Voraussetzung dafür, dass Prozesse bereits während der laufenden Produktion beobachtet werden können und sofort beim Erkennen von kritischen Situationen oder Negativtrends mit geeigneten Maßnahmen gegengesteuert werden kann.

Weitere Nutzeneffekte ergeben sich hinsichtlich der Vermeidung von Fehlerquellen oder nicht-produktiven Zeiten. So können bereits mit der Auswahl des Fertigungsauftrags an einem MES-Terminal die auftrags- oder artikelbezogenen Einstellparameter, die Messvorschriften inkl. der relevanten Eingriffs- und Toleranzgrenzen ohne Medienbrüche und im Sinne einer papierlosen Produktion automatisch an die Maschinen und Anlagen übertragen werden.

Die HYDRA-PDV ist außerdem als Datenquelle für die fertigungsbegleitende Prüfung im Bereich Qualitätsmanagement nutzbar. Die erfassten Prozessdaten werden genauso wie manuell eingegebene oder über Messeinrichtungen übernommene Prüfmerkmale aufgezeichnet und zum Beispiel in Form von Urwert-, X-quer- oder anderen Regelkarten ausgewertet und archiviert. In den HYDRA-Langzeitarchiven gespeichert, sind sie ein Bestandteil der lückenlosen Produktdokumentation, die vom Gesetzgeber oder den Kunden als Nachweis für die Entstehung der Produkte gefordert werden.

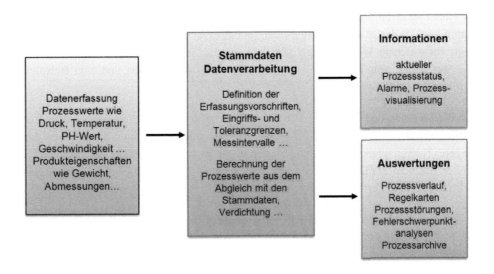

Abb. 5.78 Funktionsschema der HYDRA-Prozessdatenverarbeitung

5.7.1 Verwaltung der Stammdaten

Die Definition der zu erfassenden Prozessparameter wird im sog. Merkmalskatalog vorgenommen. Zu jeder Messgröße sind detaillierte Angaben wie physikalische Einheit, Formeln zur Berechnung, Stichprobenintervalle, Filtereinstellungen für die Messung bzw. Visualisierung, untere und obere Toleranz- sowie Prozessgrenzen u.v.a.m. hinterlegbar.

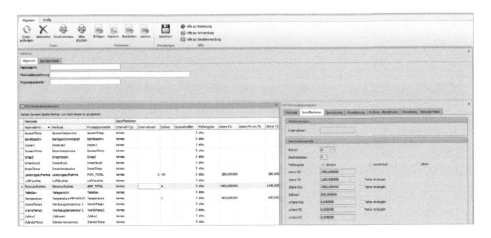

Abb. 5.79 Anlegen und Verwalten der Prozessgrößen und Prozessmerkmale

In einem weiteren Schritt werden die Prozesswerte sogenannten logischen Kanälen und damit konkret den relevanten Maschinen und Anlagen zugeordnet. Hier wird u.a. festgelegt, auf welchem Weg die Daten erfasst bzw. per Schnittstelle übernommen oder wie die Verletzung von Toleranz- und Eingriffsgrenzen protokolliert und zum Beispiel in Form von Alarmen signalisiert wird.

Da die Messung und Berechnung der Prozesswerte in Abhängigkeit von anderen Randbedingungen variieren kann (z.B. verschärfte Anforderungen eines Kunden und damit engere Toleranzgrenzen), sind die Datensätze mit einer Gültigkeitszeit versehen. Auf dieser Basis ist HYDRA in der Lage, abweichende Erfassungs- und Berechnungsvorschriften für definierte Zeiträume auszuwählen und zu nutzen (Versionierbarkeit).

Über die Fähigkeiten herkömmlicher Prozesssteuerungen hinaus ist die HYDRA-PDV im Sinne des integrativen MES-Gedankens in der Lage, die Vorschriften, wie die Prozessparameter bei der Produktion eines Artikels innerhalb eines Arbeitsgangs erfasst und verarbeitet werden sollen, ähnlich wie ein Prüfplan in der Qualitätssicherung zusammenzufassen. Dabei können weitere Randbedingungen und Abhängigkeiten wie verwendetes Material oder Gültigkeitszeitraum berücksichtigt werden.

Wird ein Arbeitsgang an einem MES-Terminal angemeldet, scannt HYDRA die hinterlegten Vorschriften und wählt automatisch den passenden Datensatz, der für den zu produzierenden Artikel freigegeben ist.

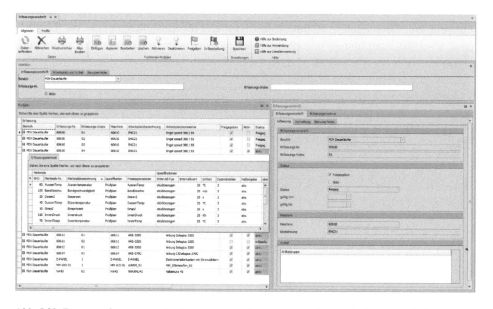

Abb. 5.80 Zusammenfassung von einzelnen Prozessgrößen zu auftrags- bzw. artikelbezogenen Erfassungsvorschriften

5.7.2 Online-Visualisierung der Prozessdaten

Abhängig von den konkreten Anforderungen visualisiert die HYDRA-PDV die erfassten und verarbeiteten Prozessdaten in unterschiedlicher Form, wahlweise direkt an den MES-Terminals, auf Großbildschirmen in der Fertigung oder auf den Büro-PC's der Mitarbeiter, die für die Prozesssteuerung verantwortlich sind.

Prozessmonitor

Der Prozessmonitor zeigt dazu alle ausgewählten Prozessparameter für eine Maschine oder Anlage an. Neben dem aktuellen Messwert sind in dieser Darstellung auch die hinterlegten Grenzwerte sichtbar, sodass man auf einen Blick erkennen kann, ob sich der Prozess innerhalb des gewünschten Bereichs bewegt oder ob eine Aktion erforderlich ist, weil sich die aktuellen Werte außerhalb der Eingriffs- oder Toleranzgrenzen befinden. Alternative Darstellungen sind in Form von Balken- bzw. Digitalanzeigen oder Messkurven mit Aufzeichnungen im zeitlichen Verlauf verfügbar. Derartige Anzeigen sind auch direkt an den Maschinen und Anlagen über das Akquisition- und Information Panel (AIP) visualisierbar.

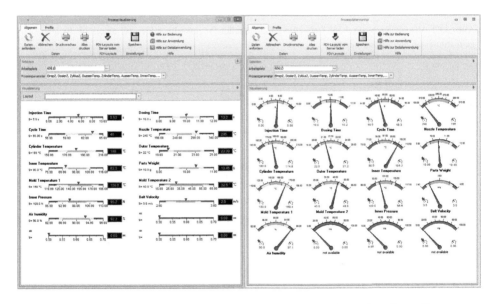

Abb. 5.81 Prozessmonitor zur Anzeige aktueller Messwerte in Form von Balken- oder Zeigergrafiken

Die HYDRA-PDV kann außerdem ein komfortables Visualisierungstool nutzen, das bereits im Kapitel Maschinendaten in Form des Shopfloor Monitors beschrieben wurde. Mit Hilfe eines Editors können Maschinen oder Anlagen grafisch dargestellt und die aktuellen Prozesswerte in unterschiedlicher Form visualisiert werden. Derartige Prozess-

schaubilder eignen sich zum Beispiel für eine Anzeige auf Monitoren im Shopfloor, um
ein aktuelles Abbild der Prozesssituation anzuzeigen.

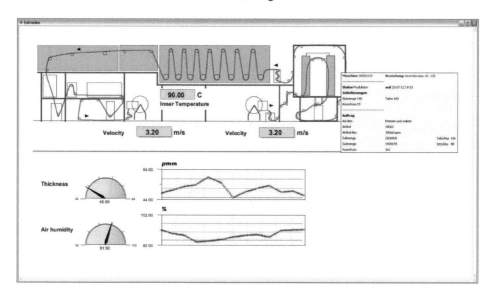

Abb. 3.82 Visualisierungstool zur Darstellung individueller Prozessschaubilder mit unterschiedlichen Anzei-
geinstrumenten und Prozesskurven

5.7.3   Analytics-Funktionen

Die HYDRA-PDV ist in der Lage, die erfassten oder übernommenen Prozessdaten über
beliebig lange Zeiträume in der Datenbank zu speichern, um diese bei Bedarf zu analysieren, Rückschlüsse auf das Prozessverhalten zu ziehen und die Analyseergebnisse im
Sinne der Prozessoptimierung zu nutzen. Auch hier spielt der integrative Charakter der
HYDRA-Applikationen eine große Rolle, denn erst in der korrelativen Betrachtung beispielsweise zu maschinen- oder chargenbezogenen Daten werden die wirklichen Prob-
lemverursacher sichtbar.

Grafische Prozessanalyse

Ein typisches Beispiel für derartige Auswertungen ist die sog. Grafische Prozessanalyse.
Im nachfolgenden Screenshot werden im oberen Bereich ausgewählte Prozessdaten als
Analogspur inkl. der hinterlegten Eingriffs- und Toleranzgrenzen angezeigt. Im unteren
Teil ist das Maschinenzeitprofil als verdichtete Auswertung aus dem Bereich HYDRA-
Maschinendaten dargestellt. Erst im Vergleich der beiden Analysen können die verant-
wortlichen Mitarbeiter erkennen, welche Abhängigkeiten zwischen Prozessproblemen
und dem Maschinenverhalten bestehen und welche Auswirkungen diese haben.

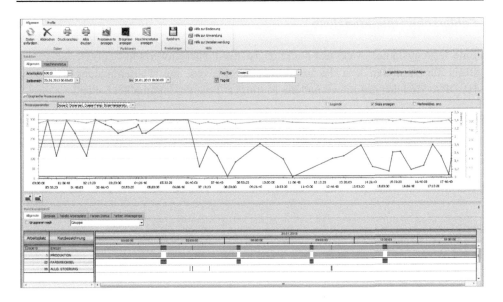

Abb. 5.83 Die grafische Prozessanalyse mit zugeschalteter Darstellung der Maschinenstörungen für korrelative Betrachtungen. Werden zusätzliche Prozesswerte benötigt, sind weitere Kurvenverläufe zuschaltbar.

Das Prinzip und die Vorteile von selektiven und korrelativen Betrachtungen werden auch am nachfolgenden Beispiel deutlich. In der grafischen Prozessanalyse mit Stichprobenbezug kann man ganz gezielt nach Prozesswerten selektieren, die innerhalb eines Fertigungsauftrags stichprobenartig aufgezeichnet wurden. Auch hier sieht man erst im Vergleich von unterschiedlichen Parametern, die wahlweise innerhalb eines oder mehrerer Kurvenverläufe angezeigt werden, welche Abhängigkeiten zwischen den einzelnen Werten bestehen.

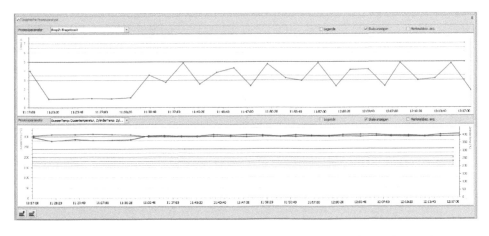

Abb. 5.84 Aufzeichnung der Prozesswerte, die zu Stichproben innerhalb eines Auftrags erfasst wurden

Fehlerschwerpunktanalyse

Eine leistungsfähige Analytics-Funktion ist die Fehlerschwerpunktanalyse. Sie ist die Basis für Analysen von Prozessstörungen, die evt. aus Fehlermeldungen anderer HYDRA-Modulen resultieren und die Einfluss auf die Produktqualität haben.

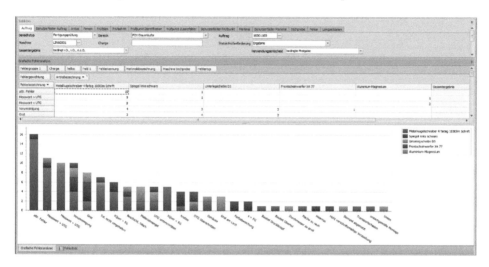

Abb. 5.85 Fehlerschwerpunktanalyse zur Auswertung von Prozessstörungen

PDV-Histogramm

Die in der HYDRA-PDV erfassten und gespeicherten Daten lassen sich auf vielfältige Art analysieren. Dazu zählt auch die Möglichkeite, die Prozesswerte in Form von Histogrammen darzustellen.

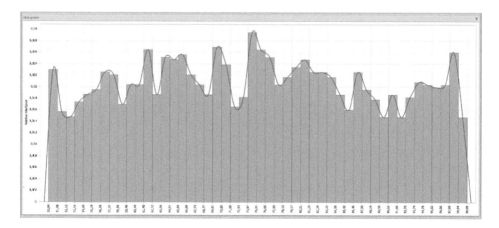

Abb. 5.86 Analyse der erfassten Prozesswerte in Form eines Histogramms

5.7.4 HYDRA-PDV im Überblick

Stammdatenpflege:
Definition von Erfassungs- und Verarbeitungsregeln für Prozessdaten

Real-time Prozessdatenmonitor:
Zeiger- und Balkendarstellung zur Online-Anzeige der aktuellen Prozesswerte

Grafische Prozessvisualisierung:
Hallen-, Maschinen- und Anlagenlayouts zur Visualisierung von Prozesswerten

Dokumentation:
Logbuch mit allen Änderungen an Sollvorgabewerten

Prozessprotokoll:
Darstellung aller Prozessstörungen und -ereignisse

Grafische Prozessanalyse:
Aufzeichnung von Prozessspuren mit korrelativen Datenauswertungen

Statistische Prozessanalyse:
Stichprobenbezogene Regelkarten zur Analyse der Prozesswerte

Fehlerschwerpunktanalyse:
Statistische Auswertungen zu Prozessstörungen

First Pass Yield:
Auswertungen mit Selektion auf Artikel oder Aufträge für individuell auswählbare Zeiträume

Prozess-Tracking:
Analyse von Prozessen auf Basis von Identifikations-Tags

Langzeitarchive:
Archivierung der Prozessdaten über lange Zeiträume inkl. Auswertungen

Eskalationsmeldungen:
Automatisiertes Auslösen von Eskalationsmeldungen beim Erkennen von definierten Situationen wie z.B. der Verletzung von Prozessgrenzen

5.8 Werkzeug- und Ressourcenmanagement (WRM)

In vielen Fertigungsunternehmen spielen Werkzeuge, Betriebsmittel und andere Ressourcen eine immer wichtigere Rolle, sind sie neben gut gewarteten Maschinen und qualifiziertem Personal ein Garant dafür, dass Produkte mit einer hohen Qualität sowie zeit- und kostengerecht entstehen. Dagegen stellen Werkzeuge und Betriebsmittel, die in einem schlechten Zustand oder oft nicht verfügbar sind, ein großes Risiko für eine effiziente Produktion ohne vermeidbare Stillstands- und Wartezeiten dar.

Das Modul HYDRA-WRM bietet umfassende Funktionen für die effektive Verwaltung und Organisation von Werkzeugen und anderen Ressourcen und liefert Informationen über deren aktuellen technischen Zustand sowie deren Verfügbarkeiten. Für den gesamten Lebenszyklus einer Ressource werden die individuellen Parameter wie z.B. Zustandsinformationen, Lagerort, Nutzungsdauer, Verschleißgrad, Wartungsaktivitäten, Einsatzhistorie usw. verfolgt, protokolliert und transparent dargestellt. Spezielle Planungsfunktionen in Verbindung mit dem HYDRA-Leitstand sorgen dafür, dass Kapazitätsengpässe bei Werkzeugen und Ressourcen frühzeitig erkannt und Maßnahmen zu deren Beseitigung eingeleitet werden können. Funktionen zur vorbeugenden Instandhaltung runden das Leistungsspektrum von HYDRA-WRM ab und tragen dazu bei, dass aufwendige, manuell geführte und fehlerbehaftete Werkzeugbücher der Vergangenheit angehören.

Wie bei den anderen HYDRA-Applikationen bietet die integrierte Arbeitsweise des Werkzeug- und Ressourcenmanagements enorme Nutzeffekte für die Werker und Einrichter sowie die Mitarbeiter im Werkzeugbau, in der Fertigungssteuerung und Arbeitsvorbereitung. Wird zum Beispiel bei der Auftragsanmeldung am MES-Terminal die Werkzeugnummer gleich mit verbucht, werden alle Daten wie Stückzahlen, Hübe oder Takte sowie Produktions- und Stillstandszeiten, die auf den Auftrag ohnehin erfasst werden, gleichzeitig den genutzten Werkzeugen zugeordnet.

Bei der Feinplanung im HYDRA-Leitstand kann parallel zur Prüfung der Maschinenverfügbarkeit auch ein Check stattfinden, ob die benötigten Betriebsmittel und Werkzeuge vorhanden und einsatzbereit sind. Oder HYDRA-Funktionen können beispielsweise erkennen, dass während der Auftragsbearbeitungszeit das Wartungsintervall eines Werkzeugs erreicht wird und statt der ursprünglichen Planung alternative Planungsszenarien sinnvoll oder gar notwendig sind. Im Sinne eines lückenlosen Produktnachweises können neben den anderen qualitätsrelevanten Parametern auch Werkzeugdaten in Dokumente wie elektronische Herstellberichte oder Chargenprotokolle mit aufgenommen werden, um den 360°-Blick auf alle an der Fertigung beteiligten Vorgänge zu gewährleisten.

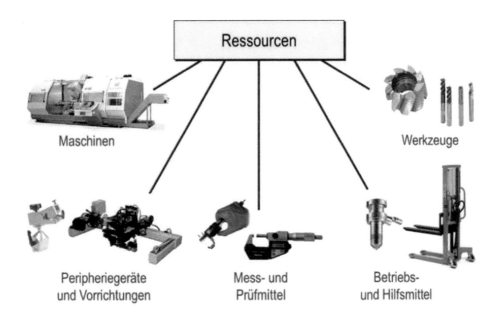

Abb. 5.87 HYDRA-WRM behandelt nicht nur Werkzeuge, sondern alle Ressourcen, die direkt oder indirekt an der Fertigung beteiligt sind

5.8.1 Verwaltung der Stammdaten

Um das Verständnis und die Bedienung zu erleichtern, verwendet HYDRA-WRM die gleichen Tabellen und Funktionen zur Anlage, Änderung und Löschung von Stammdaten wie beispielsweise HYDRA-Maschinendaten oder das Energiemanagement. In den Stammdaten können Werte hinterlegt werden, die einerseits Werkzeuge, Betriebsmittel, oder Mess- und Prüfmittel als eigene Ressourcenfamilie charakterisieren und andererseits dazu dienen, die speziellen Erfassungs- und Verarbeitungsservices in HYDRA zu steuern. Dazu gehören zum Beispiel Felder wie die Teiligkeit bei Mehrfachwerkzeugen, der Lagerort, spezifische Attribute, zugehörige Dokumente oder auch Maßnahmen-Vorlagen für die vorbeugende Instandhaltung.

Eine Besonderheit bei Werkzeugen besteht darin, dass diese aus mehreren Teilen bestehen können, deren Zusammengehörigkeit innerhalb einer Stückliste definiert ist. Über die Funktion Werkzeug-/ Ressourcenpakete lassen sich die logischen Zusammenhänge aus der Stückliste abbilden.

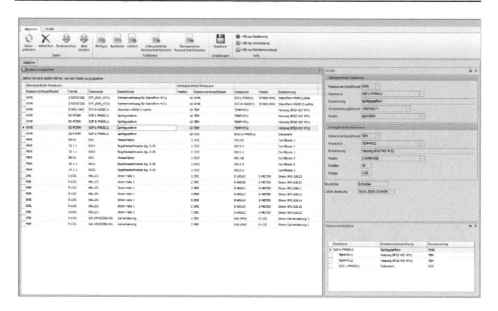

Abb. 5.88 Zusammenfassen von Teilwerkzeugen in der Ressourcenstückliste

HYDRA-WRM bietet umfangreiche Konfigurationsmöglichkeiten um Situationen komfortabel abzubilden oder auch zu verändern, wenn zum Beispiel ein Teil eines zusammengesetzten Werkzeugs ausgetauscht werden muss. Sollen derartige Ressourcen bei der Feinplanung eines Arbeitsgang im HYDRA-Leitstand berücksichtigt werden, erfolgt die Verfügbarkeitsprüfung gegen alle Elemente der Stückliste. Ebenso werden die in der BDE oder MDE erfassten Daten auf alle Einzelteile des Gesamtwerkzeugs verbucht.

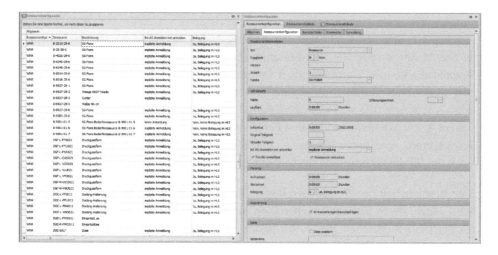

Abb. 5.89 Auf Basis umfangreicher Stammdaten lassen sich Ressourcen detailliert konfigurieren

Wie die erfassten Daten weiterverarbeitet und auf Werkzeuge bzw. Ressourcen verbucht werden, definiert der Anwender innerhalb der WRM-Funktion Ressourcenbetrieb. Außerdem kann hier der Ressourcenstatus (freigegeben, gesperrt, ausgemustert, inaktiv, optimiert etc.) hinterlegt werden, der u.a. bei der Verfügbarkeitsprüfung eine wichtige Rolle spielt. Auch das Umlagern von Werkzeugen an einen anderen Lagerort oder die Erfassung von Maßnahmen inkl. Kommentaren kann mit Hilfe dieser Funktion erfolgen.

Ganz spezielle Features existieren für Anwender, die HYDRA-WRM in den Bereichen Kunststoffspritzguss oder Metallumformung nutzen. In der Nestverwaltung werden Tabellen mit allen Nestern eines Werkzeugs und den nestspezifischen Daten angelegt und über die einzelne Nester freigegeben oder gesperrt werden können. Bei der Berechnung der produzierten Stückzahlen über Maschinentakte oder Hübe werden dann die jeweils aktuellen Einstellungen aus der Nestverwaltung automatisch berücksichtigt.

5.8.2 Aktuelle Informationen zu Werkzeugen und Ressourcen

Die Ressourcenübersicht ist die zentrale Stelle, an der alle aktuellen Informationen zu Werkzeugen und Ressourcen auf Knopfdruck angezeigt werden. Neben dem aktuellen Status werden auch ausgewählte Stammdaten dargestellt. Ist das Werkzeug aktiv (angemeldet), dann wird angezeigt, an welcher Maschine sowie an welchem Arbeitsgang die Ressource angemeldet ist. Ist die Ressource gesperrt, so wird der Sperrgrund, der Zeitpunkt, seitdem die Ressource gesperrt ist, und - sofern erfasst - der Zeitpunkt, bis zu dem die Ressource gesperrt ist, visualisiert. Die Tabellen enthalten außerdem Informationen, wo Werkzeuge gelagert sind oder welche Mengen und Zeiten bereits verbucht wurden.

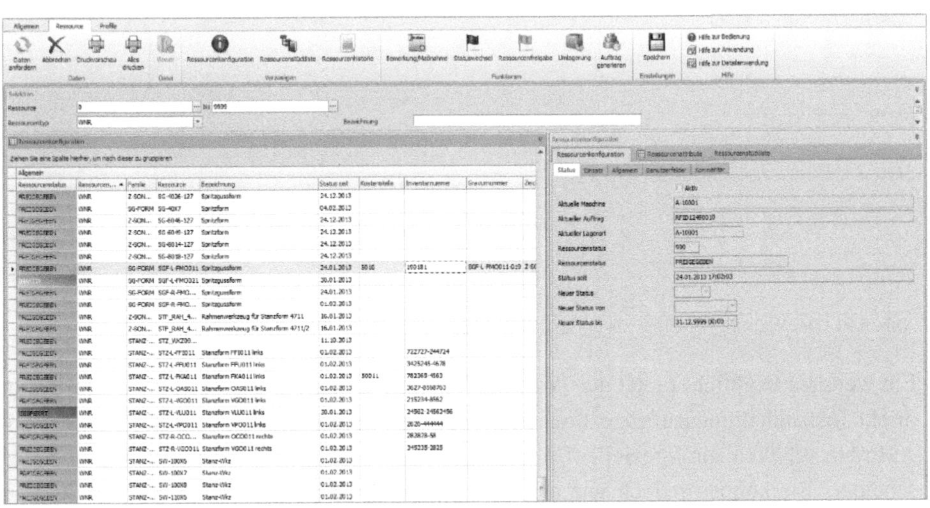

Abb. 5.90 Aktuelle Übersicht zum Werkzeug- und Ressourcenstatus

Wartungskalender für Werkzeuge

Eine häufig genutzte Funktion steht mit dem Aktivitätenkalender für Werkzeuge und Ressourcen zur Verfügung. Hier lassen sich beliebig viele Aktivitäten hinterlegen, die im Rahmen der vorbeugenden Instandhaltung und Wartung durchgeführt werden müssen. Die Definition der Wartungsintervalle erfolgt takt-, hub- bzw. zyklusorientiert, über die Anzahl der Betriebsstunden oder über fest vorgegebene Zeitpunkte.

Der aktuelle Status für Wartungsaktivitäten wird durch farbliche Markierungen signalisiert. So kann der Anwender auf einen Blick erkennen, bei welchen Ressourcen Wartungsaktivitäten anstehen und welche Tätigkeiten durchgeführt werden müssen.

Die Wartungsaktivitäten werden automatisch überwacht und protokolliert. Bei Überschreitung des Wartungsintervalls erfolgt eine spezielle Meldung, die bei Nutzung des HYDRA-Eskalationsmanagements zum Beispiel als SMS oder E-Mail weitergeleitet werden kann.

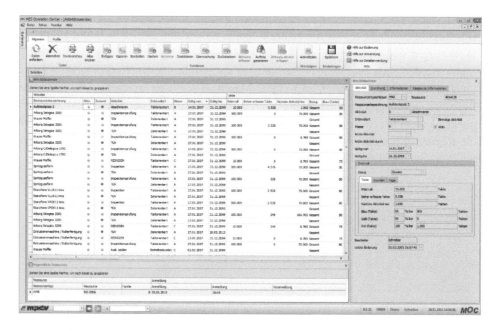

Abb. 5.91 Der Wartungskalender als optimales Werkzeug für die Instandhaltung

Ein weiteres Highlight bietet der Wartungskalender in der Form, dass über einen Button direkt Instandhaltungsaufträge für anstehende Aktivitäten erzeugt werden können. Die Aufträge erhalten ein spezielles Merkmal, um sie von Fertigungsaufträgen zu unterscheiden. Sie können jedoch wie andere Aufträge auch im HYDRA-Leitstand verplant und in der BDE mit Zeiten und anderen Informationen gebucht werden.

Um auch Werker und Einrichter direkt in den Informationsfluss mit einzubinden, werden Daten zu den Wartungsaktivitäten auch am MES-Terminal angezeigt. Hier besteht darüber hinaus die Möglichkeit, die Zähler für Takte, Hübe oder Betriebsstunden nach erfolgter Instandhaltung auf null zurückzusetzen.

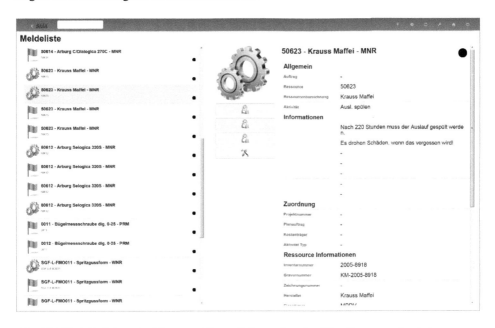

Abb. 5.92 SMA-Funktionen für Wartung und Instandhaltung, die auf mobilen Geräten nutzbar sind

5.8.3 Analytics-Funktionen, Reports und Archivierung

Nachdem die erfassten Daten zu Werkzeugen und Ressourcen über die hinterlegten Verarbeitungsvorschriften aufbereitet wurden, stehen sie in verschiedenen Formen als Analysen, Reports und in verdichteten Archiven zur Verfügung.

In der Funktion Ressourceneinsatz sind beispielsweise alle Daten wie Mengen (Takte, Hübe, Schuss) und Zeiten, die zu Werkzeugen und Ressourcen innerhalb des selektierten Zeitraums verbucht wurden, zusammen mit allen wichtigen Stammdaten im Detail aufgelistet.

Werkzeuglebenslauf

In der Ressourcenhistorie wird dagegen der gesamte Lebenslauf von Werkzeugen oder anderen Ressourcen in verdichteter Form aufgezeigt.

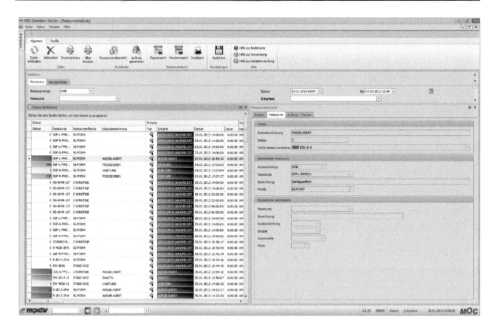

Abb. 5.93 Der komplette Lebenslauf eines Werkzeugs in der Ressourcenhistorie

Außerdem wird von hier aus das Elektronische Werkzeug- / Ressourcenbuch zur Dokumentation aller relevanten Daten als chronologische Aufzeichnung zur Ausgabe in individuell konfigurierbaren, ausdruckbaren Reports aktiviert.

5.8.4   Planungsfunktionen

Besonders wertvolle Synergieeffekte und Nutzenvorteile ergeben sich dann, wenn man das HYDRA-Werkzeug- und Ressourcenmanagement in Verbindung mit der Feinplanung im HYDRA-Leitstand einsetzt. In dieser Kombination prüft der Leitstand bei der Belegung der Maschinen mit den feinzuplanenden Arbeitsgängen, ob das hinterlegte Werkzeug im vorgesehenen Zeitraum verfügbar ist oder nicht. Dabei werden alle Parameter des Werkzeugs, das auch aus mehreren Teilen über die Stückliste definiert sein kann, überprüft.

Wenn also zum Beispiel während der errechneten Produktionszeit die Fälligkeit einer Wartungsaktivität aufgrund des erreichten Zeitintervalls oder der maximal möglichen Takte bzw. Hübe erkannt wird, reagiert der Leitstand automatisch entsprechend der eingestellten Algorithmen. In der Regel wird in derartigen Fällen keine Belegung durchgeführt und der betroffene Arbeitsgang in die Konfliktliste eingetragen.

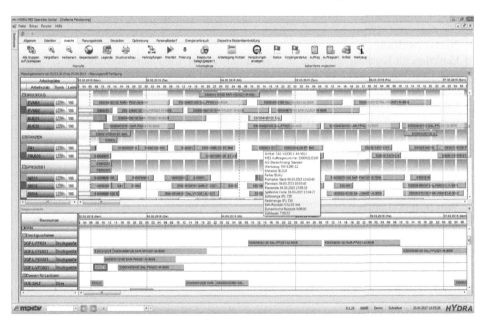

Abb. 5.94 Liste zum Anzeigen von Planungskonflikten in Bezug auf Werkzeuge und Ressourcen

Abb. 5.95 Gantt-Chart mit den feingeplanten Arbeitsgängen (oberes Fenster) und den benötigten Werkzeugen bzw. Ressourcen (unteres Fenster)

Der verantwortliche Fertigungssteuerer, der die Feinplanung im HYDRA-Leitstand vornimmt, sieht über die Ressourcensicht auf einen Blick, ob es Doppelbelegungen oder Überschneidungen bei Werkzeugen bzw. Ressourcen gibt und welche Arbeitsgänge tangiert sind. Wenn es Belegungskonflikte gibt, kann der Planer andere Szenarien mit ggf. verfügbaren Alternativwerkzeugen durchspielen.

5.8.5   HYDRA-WRM im Überblick

Stammdatenverwaltung:
Anlegen und Pflegen der Stammdaten zu Werkzeugen und Ressourcen inkl. Lagerorten und Dokumenten

Werkzeug- und Ressourcenpakete:
Abbildung von Werkzeugstücklisten und Zusammenfassen von Ressourcen zu Paketen

Erfassungs- und Verarbeitungsregeln:
Spezielle Funktionen für Mehrfachwerkzeuge und Bedarfsressourcen

Bedarfsressourcen / -werkzeuge:
Definition von anonymen Bedarfsressourcen und Zuordnung der zur Abdeckung einsetzbaren realen Ressourcen

Nestverwaltung:
Funktion für Kunststofffertiger und Metallumformer, die Daten nestbezogen erfassen und auswerten

Erfassungs- / Info-Funktionen:
Konfigurierbare Dialoge an MES-Terminals für Werker und Einrichter inkl. optischen Hinweisen, wenn eine Wartung durchgeführt werden muss

Aktuelle Übersichten:
Aktuelle Statusinformationen mit Detaildaten zu Werkzeugen und Ressourcen

Wartungskalender:
Übersicht zu allen Wartung- und Instandhaltungsaktivitäten inkl. Signalisierung der Wartungsintervalle

Ressourceneinsatz:
Übersicht zu allen Daten, die zu einer Ressource erfasst wurden

Ressourcenhistorie:
Lebenslauf einer Ressource als Basis für das Elektronische Werkzeugbuch

Elektronisches Ressourcen-/Werkzeugbuch:
Auswertung der zu einer Ressource erfassten Ereignisse und druckgerechte Formatierung der Daten zur Ablage im Werkzeug/ Ressourcenbuch

Wartungs- und Instandhaltungsaufträge:
Generieren von Wartungs- und Instandhaltungsaufträgen beim Erreichen der Wartungsintervalle direkt aus dem Wartungskalender heraus

Belegungsplan:

Funktionen zur Erweiterung der Feinplanungsfunktionen im Leitstand

Langzeitarchive:
Archivierung der Werkzeug- und Ressourcendaten über lange Zeiträume

Eskalationsmeldungen:
Automatisiertes Auslösen von Eskalationsmeldungen beim Erkennen von definierten Situationen zu Werkzeugen und Ressourcen

5.9 DNC und Einstelldaten

Ein hoher Automatisierungsgrad in der Fertigung ist ein entscheidender Wettbewerbsfaktor. In modernen Produktionshallen beherrschen heute computergestützte Fertigungsverfahren das Bild. An die Verwaltung der zahlreichen NC-Datensätze und deren Transfer zu den unterschiedlichsten Produktionsmaschinen und Steuerungen werden hohe Ansprüche gestellt.

Das Modul HYDRA-DNC (Direct Numeric Control) deckt mit seinen Funktionen die vielfältigen Anforderungen an ein System für das zentrale Management von NC- und Einstelldaten ab. HYDRA-DNC übernimmt den Datentransfer über Netzwerke oder Datenschnittstellen online von und zu den Maschinen und gewährleistet damit die schnelle Verfügbarkeit der Bearbeitungsprogramme oder Einstelldatensätze.

Besonders vorteilhaft ist der Einsatz des DNC-Moduls in Kombination mit der HYDRA-BDE. Die NC- und Einstelldaten müssen dann nicht separat über eine Programmnummer angefordert werden, sondern HYDRA erkennt bei der Anmeldung eines Auftrages automatisch die benötigten NC-Programme oder Datensätze und transportiert diese zur Freigabe an das zugehörige MES-Terminal. Der Eingabeaufwand und Fehler beim Programm-Download werden hierdurch minimiert.

Werden Datenschnittstellen für die Übernahme von Maschinen- oder Prozessdaten aus Maschinen- und Anlagensteuerungen bereits genutzt, sind diese für den NC-Datentransfer erweiterbar. Unter Nutzung des HYDRA-Process Communication Controllers, der im Kapitel MDE ausführlich beschrieben wurde, werden zahlreiche Schnittstellen zu Maschinen und externen Systemen unterstützt.

5.9.1   Typischer DNC-Workflow

Abhängig von der existierenden IT-Infrastruktur und dem genutzten NC-Verwaltungssystem werden entweder die NC-Programme oder Einstelldatensätze mit direktem Bezug zum zu produzierenden Artikel zur temporären Speicherung auf dem HYDRA-Server übernommen oder es wird nur eine Information zum Speicherort in Form eines Links hinterlegt. Der verantwortliche Arbeitsvorbereiter kann sich die Daten an seinem MOC-Arbeitsplatz ansehen, mit weiteren Informationen wie z.B. Kommentaren anreichern und über einen Vergleichseditor eine oder mehrere NC-Dateien zur Freigabe auswählen, wenn mehrere Programmversionen zum gleichen Artikel vorliegen.

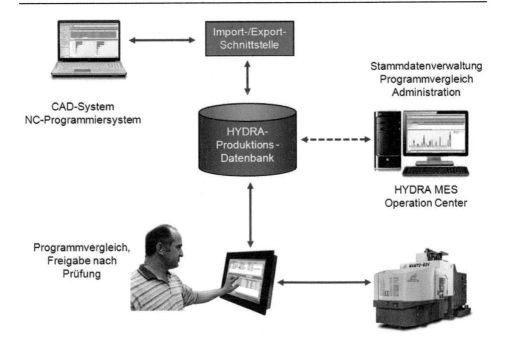

Abb. 5.96 Beispiel für einen Workflow bei der Nutzung von HYDRA-DNC

Meldet der Einrichter oder Maschinenbediener einen Auftrag am MES-Terminal an, bekommt er automatisch den freigegebenen NC-Datensatz angezeigt. Alternativ kann die
Anforderung natürlich auch direkt über die Programmnummer erfolgen. Stehen mehrere
NC-Programme zum Download bereit, können diese auch am MES-Terminal über den
Vergleichseditor noch einmal im Detail analysiert werden, damit der am besten geeignete Datensatz ausgewählt wird. Der Bediener gibt dann abschließend das NC-Programm
oder die Einstellparameter seiner Wahl für den automatischen Transfer in die Maschinensteuerung frei.

Häufig kommt es vor, dass durch Optimierungen an den Maschineneinstellungen verän-
derte NC-Datensatzversionen im Vergleich zur ursprünglichen Version entstehen. Werden diese vom Einrichter oder Maschinenbediener so eingestuft, dass sie für die Produktion des gleichen Artikels in späteren Fertigungsaufträgen wertvoll sein könnten, kann er
entsprechende Kommentare oder Attribute am MES-Terminal eingeben und das optimierte Programm zur Speicherung in der HYDRA-Datenbank freigeben.

5.9.2   Verwaltung der NC-Programme und Einstelldatensätze

NC-Programme und Einstelldatensätze werden in der Regel in speziellen CAD-Programmen oder direkt an Maschinen im Rahmen der Erstmusterfertigung erzeugt. Daher besteht eine wichtige Aufgabe von HYDRA darin, vorhandene Daten aus dem CAD-System oder der NC-Programmverwaltung zu übernehmen, bevor Sie für die Fertigung von bestimmten Artikeln an der Maschine benötigt werden.

HYDRA nutzt einen Enterprise Integration Service zur Kommunikation mit CAD-Systemen wie Unigraphics, Edgecam oder ähnlichen. Der Service bereitet die Daten automatisch für die HYDRA-DNC-Verwaltung auf Basis der in den Source-Programmteilen enthaltenen Zuordnungsinformationen (z.B. Artikel-, Werkzeug- und Maschinennummer) auf. Alternativ können Steuerinformationen auch in Form einer Steuerdatei übernommen werden. In der umgekehrten Richtung sorgt der gleiche Service dafür, dass eine automatische Rückübertragung optimierter Programme an das CAD-System erfolgt.

Da NC-Programme ähnlich wie Werkzeuge, Betriebsmittel oder Fertigungshilfsmittel als Ressource für die Fertigung dienen, werden diese in den gleichen Tabellen mit Funktionen zur Anlage, Änderung und Löschung behandelt, die auch HYDRA-WRM nutzt. Daher wird hier auf die Erläuterungen im entsprechenden Kapitel Werkzeug- und Ressourcenmanagement verwiesen.

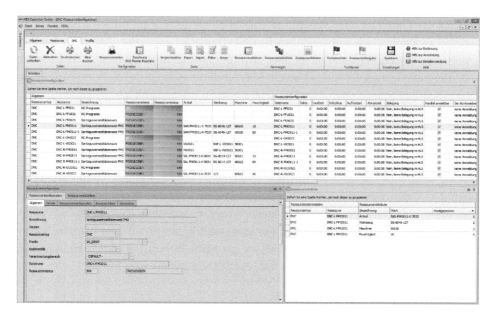

Abb. 5.97 In der Stammdatenverwaltung zu Ressourcen können spezielle Einstellungen für NC-Datensätze und Einstellparameter vorgenommen werden.

Natürlich gibt es jedoch Besonderheiten in den Stammdaten, die speziell für die DNC-Funktionen berücksichtigt wurden. Dazu gehören zum Beispiel spezielle Dateibehandlungsvorschriften (Replace, Optimize, External etc.) oder Zuordnungstabellen, in denen die Nutzbarkeit von DNC-Familien auf bestimmten Maschinen oder Anlagen definiert ist.

5.9.3 Monitoring zu NC-Programmen

In der Ressourcenübersicht werden alle verfügbaren NC-Programme und Einstelldatensätze angezeigt. Neben den hinterlegten Stammdaten wird der aktuelle Status der Programme (freigegeben, gesperrt, neu, optimiert etc.) angezeigt.

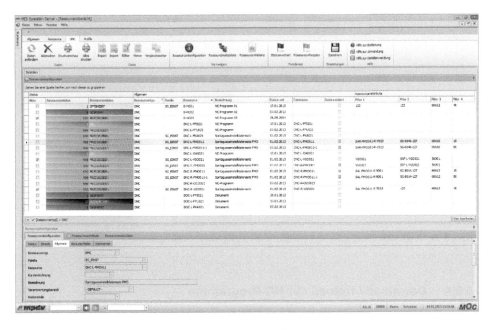

Abb. 5.98 Ressourcenübersicht mit dem aktuellen Status der NC-Programme

Vergleichseditor

Mit dem Vergleichseditor ist es möglich, an jedem PC-Arbeitsplatz mit HYDRA-DNC-Funktionen und an den MES-Terminals einen automatisierten Vergleich unterschiedlicher NC-Programmversionen durchzuführen, um auf diesem Weg das Programm zu finden, das am besten für die Produktion des relevanten Artikels geeignet ist.

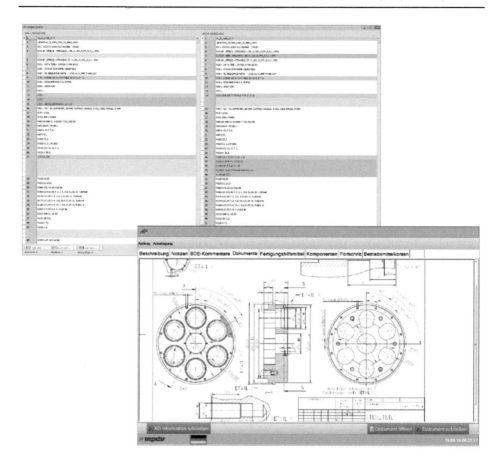

Abb. 5.99 Vergleichseditor für NC-Programme und Anzeige einer Maßzeichnung

5.9.4   Download / Upload der NC-Programme

In den meistens Fällen wird der Download der NC-Programme und Einstelldaten vom
Werker oder Einrichter beim Anmelden des Fertigungsauftrags direkt am MES-Terminal
ausgelöst. Über die hinterlegten NC-Attribute erkennt HYDRA automatisch die zugehörigen Datensätze, lädt sie in das MES-Terminal und zeigt sie dort an. Wenn der Bediener
zusätzliche Informationen benötigt, kann er sich über einen Viewer zum Beispiel das gesamte NC-Programm ansehen oder er kann sich begleitende Dokumente wie Zeichnungen, Einrichteblätter oder ähnliches anzeigen lassen. Nach der Kontrolle werden die NC-
Daten über die Ladefunktionen in die Maschinensteuerung transferiert.

Wird ein NC-Programm durch Optimierungen während der Produktion in seinen Parametern verändert, kann es am MES-Terminal bei Bedarf mit zusätzlichen Kommentaren
versehen und im Sinne einer optimierten Programmversion über die Upload-Funktion in
den HYDRA-Tabellen zur NC-Verwaltung für eine erneute Verwendung abgespeichert
werden.

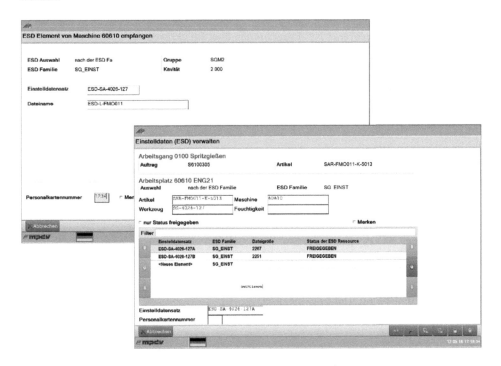

Abb. 5.100 Beispiele für DNC-Funktionen, die Einrichter direkt am MES-Terminal an der Maschine nutzen
können

5.9.5   HYDRA-DNC im Überblick

Import / Export:
Schnittstelle zur Übernahme / Übergabe von NC-Daten von / zu CAD-Systemen

Stammdatenverwaltung:
Anlegen und Pflegen von Stammdaten zu NC-Programmen und Einstelldatensätzen

NC-Programmpakete:
Verknüpfung von mehreren NC-Programmen über Stücklisten

Aktuelle Übersicht:
Auflistung aller verfügbaren NC-Programme inkl. Statusanzeige

Programm-Download:
Transfer der NC-Programme und Einstelldaten zum MES-Terminal

Anzeigen von Einrichteblättern:
Visualisieren von Einrichteblättern o.ä. Dokumenten am MES-Terminal

Vergleichseditor und Visualisierung:
Anzeige von NC-Programmen und Editor inkl. Vergleichsfunktion

Transfer der NC-Programme:
Freigabe der NC-Programme an MES-Terminals zum Transfer in die Maschinensteuerungen

Übernahme, Upload und Speicherung:
Transfer optimierter NC-Programme aus der Maschinensteuerung inkl. Verwaltungsfunktionen

Historie von NC-Programmen:
Lückenlose Aufzeichnung von allen erfassten Daten zu NC-Programmen (Lebenslauf)

5.10 Energiemanagement (EMG)

5.10.1 Die gewachsene Bedeutung des Energiemanagements

Die Preise für Erdgas und Elektrizität steigen seit Jahren kontinuierlich an. Der daraus resultierende Kostendruck, der auf Industrieunternehmen lastet, wird stetig größer. Außerdem erfordern die Entwicklungen in der Umweltpolitik Veränderungen der Industrie im Umgang mit Energie. Die Bundesregierung hat in Form von Verordnungen wie dem Erneuerbare Energien Gesetz (EEG) oder Energiesteuergesetz (EnergieStG) neue Randbedingungen geschaffen. Steuerliche Entlastungen für produzierende Unternehmen, sowohl für die EEG-Umlage als auch bei Energie und Strom, sind in diesen Gesetzen verankert. Die Unternehmen werden quasi gezwungen, aus Kostengründen aktiv Energie zu sparen und ein Energiemanagementsystems gemäß DIN EN ISO 50001 einzuführen.

Ein nach den gesetzlichen Vorgaben konzipiertes Energiemanagementsystem soll Unternehmen unterstützen, den Energieverbrauch systematisch zu verringern. Der dargestellte Regelkreis steht für einen kontinuierlichen Verbesserungsprozess (KVP) im Unternehmen.

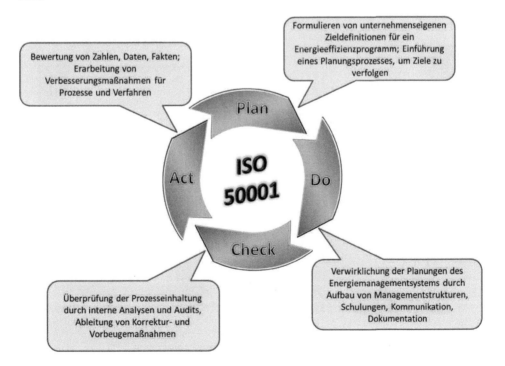

Abb. 5.101 Regelkreis zur Unterstützung eines kontinuierlichen Verbesserungsprozesses

Durch eine vom Management festgesetzte Energiepolitik und deren Umsetzung werden für die Produktion Sollvorgaben beschlossen. Durch regelmäßige Überprüfung der Zielerreichung und Einleitung von Verbesserungsmaßnahmen findet eine ständige Optimierung statt. Weitergehende Planungen, um bessere Energieverbrauchswerte zu erzielen, schließen den Kreis.

5.10.2 Energiemanagement mit dem MES-HYDRA

Um den Regelkreis mit vertretbarem Aufwand in der Praxis umzusetzen, ist wirksame Unterstützung durch IT-Systeme erforderlich. Ein MES bildet die ideale Plattform, da es bereits über eine fertigungsnahe Infrastruktur verfügt und neben den anderen Produktionsdaten die erforderlichen Energieinformationen erfassen kann. Auch hier macht sich wieder der übergreifende Charakter eines integrierten MES wie HYDRA positiv bemerkbar, denn zwischen dem Energieverbrauch und weiteren Daten aus dem Fertigungsprozess lassen sich Zusammenhänge herstellen, die dann die entscheidenden Zusatzinformationen zur Vermeidung von Energieverschwendungen liefern.

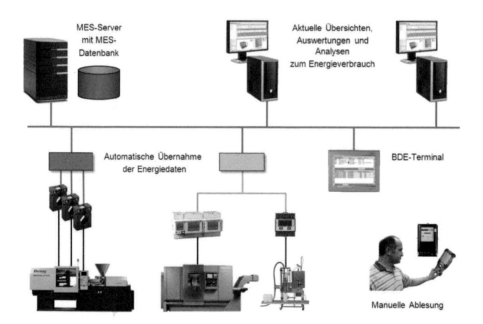

Abb. 5.102 Systemarchitektur zur Realisierung des HYDRA-Energiemanagements

5.10.3 Erfassung von Energiedaten

In vielen Unternehmen sind Maschinen und Anlagen bereits mit Energiezählern ausgestattet, die über eine Datenschnittstelle zur Übertragung der gespeicherten Zählerstände verfügen. Hier bietet HYDRA entsprechende Standardschnittstellen wie zum Beispiel M-Bus zur Kommunikation mit den Messeinrichtungen an. Außerdem besteht eine relativ einfache und kostengünstige Möglichkeit, den Stromverbrauch über Stromwandler oder die S0-Schnittstelle aufzunehmen und über eine Peripheriebaugruppe in die Datenbank einzuspeisen. Außerdem sind im HYDRA-EMG auch Funktionen verfügbar, die eine manuelle, über Ablesepläne gesteuerte Erfassung der Zählerstände mittels mobilen Terminals ermöglichen.

Abb. 5.103 Beispiel für die manuelle Erfassung von Zählerwerten auf mobilen Geräten wie Tablets

5.10.4 Verwaltung von Stammdaten

Um Energieverbräuche an Maschinen erfassen zu können, müssen physikalische oder logische Zähler inkl. Verrechnungsvorschriften definiert werden. Neben Messeinrichtungen für Elektroenergie gehören dazu auch solche für Wärmemenge, Wasser oder Gas. HYDRA-EMG bietet eine Zählerverwaltung, die sowohl eine automatische als auch manuelle Datenaufnahme mit Unterstützung durch Erfassungspläne und Korrekturfunktionen ermöglicht.

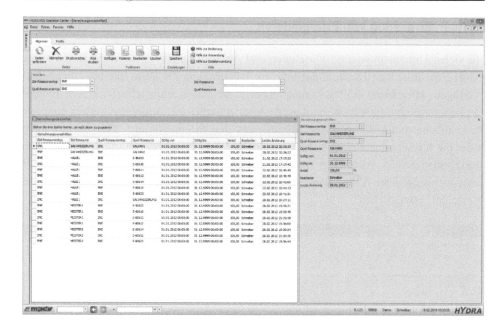

Abb. 5.104 Definition von Energiezählern und Verrechnungsvorschriften

Durch die hierarchische Zuordnung von Zählern zu Organisationseinheiten lassen sich individuelle Strukturen als Basis für eine verursachergerechte Energieabrechnung definieren.

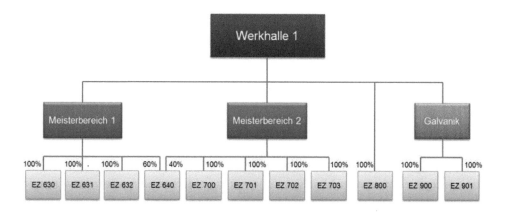

Abb. 5.106 Beispiel für die hierarchische Zuordnung von Energiezählern und Berechnung von summarischen Energieverbräuchen für eine Halle

5.10.5 Monitoring Energiedaten

Der Energiemonitor zeigt in einer Tabelle und parallel dazu auch in grafischer Form alle physikalischen und logischen Zähler mit den aktuell gemessenen oder errechneten Verbrauchswerten an.

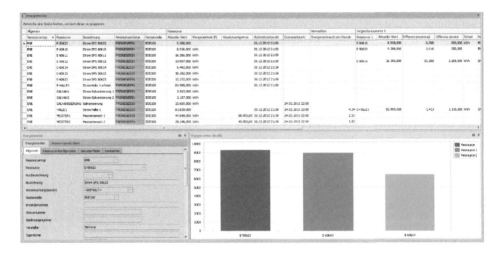

Abb. 5.105 Energiemonitor zur Anzeige von aktuellen Verbrauchswerten

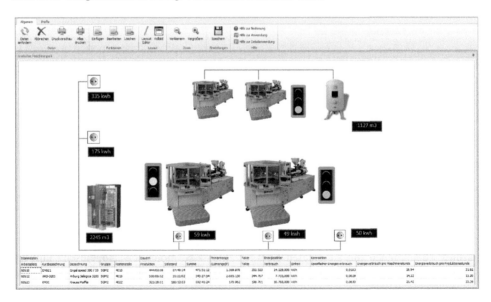

Abb. 5.106 Für eine übersichtlichere Form der Verbrauchsdarstellung ist auch der Shopfloor Monitor nutzbar, der im Rahmen der HYDRA-MDE bereits vorgestellt wurde. Mit Maschinen- und Zählersymbolen oder anderen grafischen Elementen ist das Layout einer Halle so darstellbar, dass alle energierelevanten Daten auf einen Blick erfassbar sind.

5.10.6 Analytics-Funktionen zum Energieverbrauch

Die erfassten Verbrauchswerte werden unter Berücksichtigung der hinterlegten Verrechnungsvorschriften so verarbeitet, dass diese in individuell gestaltbaren Analysen und
Reports in anwendergerechter Form visualisiert werden können. Dazu gehören zum Beispiel die sogenannten Verbrauchsanalysen, mit denen auf sehr einfache Art und Weise
auf Stunden, Tage oder Wochen verdichtete Energieverbräuche von Maschinen, Anlagen
oder auch organisatorischen Einheiten (Kostenstelle, Meisterbereich, Werkhalle etc.)
miteinander verglichen werden.

Resultat derartiger Betrachtungen können Erkenntnisse sein, dass bestimmte Maschinen
unter energetischen Aspekten bevorzugt zur Produktion bestimmter Artikel genutzt werden sollten oder dass über einen Trendverlauf ein kontinuierliches Ansteigen des Energieverbrauchs auf Grund zunehmender Verschleißerscheinungen erkennbar ist.

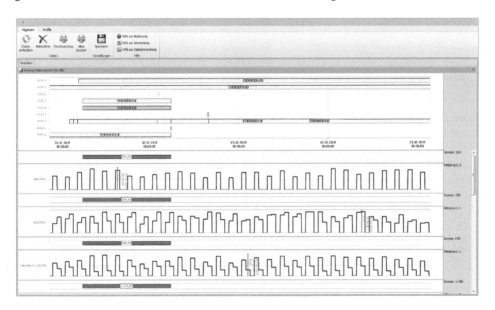

Abb. 5.107 Vergleich der Energieverbräuche zwischen unterschiedlichen Produktionsanlagen, auf denen der
gleiche Artikel hergestellt wurde.

In der Verbrauchsabrechnung rückt dagegen der Abrechnungsgedanke in den Vordergrund. Hier können die angelegten Energiezähler z.B. monatlich „abgelesen" und zu-
rückgesetzt werden. In der Summenzeile wird immer der Wert ab dem letzten Zurück-
setzen errechnet und dargestellt. Die Verbrauchsabrechnungen können auch als Report
aufgerufen und ausgedruckt werden. Alternativ können die enthaltenen Daten an ein
kommerzielles Abrechnungssystem oder an Statistikprogramme übergeben werden.

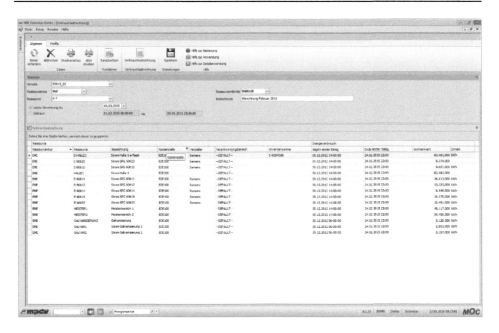

Abb. 5.108 Energieverbrauchsabrechnung mit der Möglichkeit, Zähler zu definierten Zeitpunkten zurückzusetzen

Detaillierte Analysen zum zeitlichen Verlauf des Energiebedarfs lässt die grafische Prozessanalyse inkl. Betrachtungen zu Grenzwertverletzungen zu. Auch an dieser Stelle bringt der ressourcenübergreifende Integrationsgedanke im MES HYDRA Nutzenvorteile für den Anwender: über weitere zuschaltbare Kurven, die zum Beispiel den Verlauf von Prozesswerten oder Qualitätsparametern aufzeigen, lassen sich korrelative Rückschlüsse zum Energieverbrauch ziehen.

Derartige Analysefunktionen bieten besondere Vorteile für Unternehmen mit hohem Energiebedarf, die Sonderverträge mit den Energieversorgern abgeschlossen haben. Bei Unternehmen mit einem mittleren elektrischen Leistungsbedarf von mehr als 100 MWh / Jahr wird zur Ermittlung des Tarifs eine registrierende Leistungsmessung durchgeführt. Weist die Messung Lastspitzen über einem gewissen Wert auf, rutschen die Unternehmen in einen neuen Tarif, der die Kosten steigen lässt. Um das zu vermeiden, können die Lastspitzen ermittelt und bei Sollwertüberschreitungen Eskalationsmeldungen ausgelöst werden.

Zudem kann geprüft werden, ob es zu einer bestimmten Tageszeit, an bestimmten Wochentagen etc. zu Lasterhöhungen kommt. Dieser Effekt tritt zum Beispiel auf, wenn nach der Mittagspause alle Maschinen gleichzeitig gestartet werden. Alleine durch Erkennen der Lastspitzen und dem Gegensteuern durch zeitversetztes Starten der Maschinen lassen sich Energiekosten signifikant verringern.

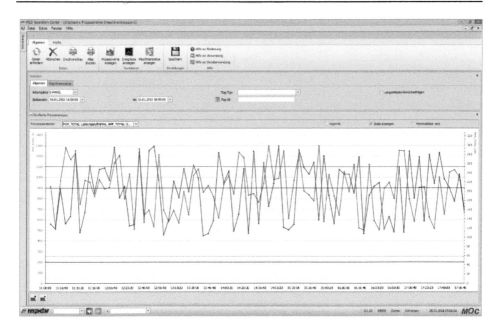

Abb. 5.109 Grafische Analyse von Energiedaten mit Darstellung von Grenzwerten und weiteren zuschaltbaren Prozessverlaufskurven für korrelative Betrachtungen.

5.10.7 HYDRA-EMG im Überblick

Stammdatenverwaltung:
Anlegen und Pflegen von Daten zu Energiezählern inkl. Abbildung hierarchischer Strukturen und Berechnungsfunktionen für Energieverbrauchswerte

Energieverbrauchserfassung:
Automatische oder manuelle Erfassung von Energieverbrauchswerten inkl. der Verbuchung auf Fertigungsaufträge

Ablesepläne:
Unterstützung der manuellen Datenerfassung über mobile Geräte

Energiemonitor:
Grafische und tabellarische Anzeige von aktuellen Energieverbräuchen

Kennzahlenbildung und -überwachung:
Definition von Kennzahlen zur Energieeffizienz inkl. deren Überwachung

Eskalationsmeldungen:
Automatisiertes Auslösen von Eskalationsmeldungen bei Soll- und Grenzwertüberschreitungen

Grafisches Energiezählerlayout:
Visualisierung von Maschinen und Anlagen sowie den zugeordneten Energiezählern

Korrelative Lastentwicklung:
Energieverbrauchs- und Lastentwicklung in Korrelation zu produzierten Artikeln und Arbeitsgängen

Energieverbrauchsanalyse und -entwicklung:
Detaillierte tabellarische und grafische Auswertungen über wählbare Zeiträume

Energieverbrauchsabrechnung:
Kumulation der Energieverbräuche über definierte Abrechnungszeiträume

Grafische Leistungsanalyse:
Auswertungen zum Energieverbrauch in Korrelation zu anderen Daten

Verbrauchsprofile:
Aufzeichnung eines Verlaufsprofils zur Erkennung von Lastspitzen

Archivierung:
Speicherung von Energie- und Leistungsdaten über große Zeiträume inkl. Langzeitauswertungen

6 HYDRA für das Personalmanagement

6.1 Allgemeiner Überblick

Personal ist eine wichtige, wenn nicht sogar die wichtigste „Ressource" in einem Fertigungsunternehmen. Personalkapazitäten in der Produktion müssen dem Arbeitsaufkommen und der Qualifikation entsprechend flexibel geplant und eingesetzt werden. Es nützt wenig, wenn Fertigungsaufträge minutengenau terminiert werden, das notwendige Bedienpersonal aber zum Auftragsstart nicht zur Verfügung steht. Die gewünschten Nutzeffekte stellen sich erst dann ein, wenn in einer, durch ein MES vernetzten Fertigung nicht nur Anlagen und Maschinen, Aufträge und Qualitäten, sondern auch die Personalkapazitäten in die Optimierung mit einbezogen werden.

Die Flexibilisierung der Arbeitszeit und die leistungsbezogene Entlohnung ist in vielen Unternehmen bereits alltägliche Realität. Sowohl Arbeitgeber als auch Arbeitnehmer können Vorteile erwarten und Nutzeneffekte erzielen. Leistungsfähige Systeme zur Personaleinsatzplanung (PEP), Zeiterfassung (PZE), Zeitwirtschaft (PZW) und Leistungslohnermittlung (LLE) sind jedoch unabdingbare Notwendigkeit, um die Flexibilisierungspläne wirkungsvoll umsetzen zu können.

Da im Rahmen der HR-Applikationen personen- und in sehr vielen Fällen auch lohnrelevante Daten verarbeitet werden, ist dem Datenschutz und der Datensicherheit höchste Aufmerksamkeit zu widmen. Durch geeignete Systemfunktionen muss sichergestellt sein, dass die gespeicherten Daten nur von berechtigten Personen eingesehen oder verändert werden können. Über Logging-Funktionen muss jederzeit nachvollziehbar sein, wer welche Daten geändert hat und wie die ursprünglichen Werte ausgesehen haben. Archivierungsfunktionen sind dafür verantwortlich, dass die verarbeiteten Daten über die Zeitdauer gespeichert werden, die vom Gesetzgeber vorgeschrieben ist.

Neben der nahtlosen Integration des Personalbereichs in ein MES ist es genauso wichtig, die Elemente, die das Personalmanagement betreffen, miteinander zu verbinden. Die redundante Verwaltung von Personalstammdaten wird dadurch ebenso vermieden, wie das aufwendige, manuelle Abgleichen von Anwesenheits- und Lohnscheinzeiten. Das nachfolgende Schaubild zeigt die Beziehungen zwischen den einzelnen Elementen auf, die in das Thema „Personalmanagement" involviert sind.

© Springer-Verlag GmbH Deutschland, ein Teil von Springer Nature 2019
J. Kletti, R. Deisenroth, *Kompendium*
https://doi.org/10.1007/978-3-662-59508-4_6

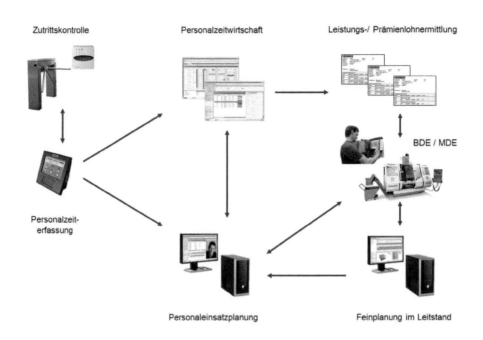

Zutrittskontrolle   Personalzeitwirtschaft   Leistungs-/ Prämienlohnermittlung

BDE / MDE

Personalzeit-
erfassung

Personaleinsatzplanung   Feinplanung im Leitstand

Abb. 6.1 Verknüpfung der HYDRA-MES-Applikationen aus Sicht des Personalmanagements

Die Personalzeiterfassung liefert die Basisdaten, auf denen PZW und PEP aufbauen. Die Personaleinsatzplanung muss stets Kenntnis darüber haben, welche Personen zu einem bestimmten Zeitpunkt anwesend sind, um diese Maschinen und Arbeitsplätzen zuordnen zu können. Andererseits muss die PEP natürlich den echten Personalbedarf, der sich aus der Planung im HYDRA-Leitstand oder den Maschinenschichtkalendern in der MDE ergibt, erst einmal kennen.

Die PZW hingegen verarbeitet die erfassten Kommt- / Geht-Zeiten und gleicht diese an den hinterlegten Schichtkalendern sowie Lohnartenmodellen ab. Die in der Zeitwirtschaft generierten Daten fließen in die Leistungslohnermittlung ein. Je nach Prämienlohnvereinbarung kommen dazu noch erfasste Mengen und Zeiten aus der MDE und Vorgabezeiten aus der BDE.

Die Zutrittskontrolle, die in diesem Zusammenhang eher als nützliches Addon zu sehen ist, tauscht ihre Daten zu den Zutrittsberechtigungen bzw. Ist-Daten mit der PZE aus und kann unter Umständen die bereits für die Zeiterfassung eingesetzte Infrastruktur in Form von Stempelterminals nutzen.

6.2 Personalzeiterfassung (PZE)

Die Funktionsgruppe „Personal" ist aus der Historie heraus schon immer sehr nahe am Unternehmensmanagement angesiedelt. Für die Personaldisposition und die Personalverwaltung in der Fertigung ergeben sich jedoch eine Reihe von Nutzeffekten, wenn das fertigungsnahe Personalhandling im MES abgebildet wird.

Während manche HR-Systeme keine Unterscheidung zwischen Zeiterfassung mit Kommt- / Geht-Stempelungen und deren Verarbeitung in der Zeitwirtschaft machen, werden beide Module in HYDRA getrennt betrachtet. Das hängt damit zusammen, dass es eine ganze Reihe von Personalabrechnungssystemen wie SAP HR oder PAISY gibt, die selbst eine integrierte Zeitwirtschaft besitzen. In Kombination mit solchen Lösungen arbeitet HYDRA lediglich als funktional schmales Subsystem, in dem es nur die Kommt- und Geht-Zeiten z.B. auch über in der BDE genutzte Terminals ermittelt und diese quasi unverarbeitet weiterleitet.

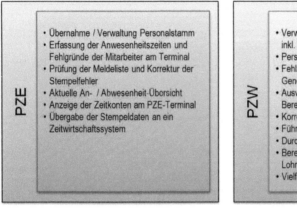
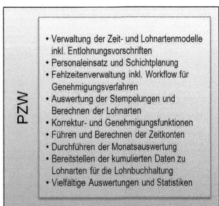

Abb. 6.2 Abgrenzung der Funktionen in der Personalzeiterfassung bzw. Personalzeitwirtschaft

6.2.1   Stammdatenverwaltung

Im versionierbaren, d.h. zeitlich begrenzbaren Personalstamm werden alle relevanten Daten zu den Mitarbeitern gespeichert, die in den HYDRA-Applikationen benötigt werden. An den Reitern im rechten Bereich des Personalstammblatts (Abb. 6.3) ist erkennbar, dass hier im Sinne des integrierten MES nicht nur die Daten hinterlegt sind, die in der PZE verwendet werden. Auch die Personalstammdaten, die andere HYDRA-Anwendungen benötigen, werden an dieser Stelle zentral gepflegt.

Jedes Unternehmen kann für sich entscheiden, ob die Stammdaten in HYDRA angelegt und gepflegt oder ob sie von einem Personalverwaltungs- bzw. einem Lohn- / Gehaltssystem übernommen werden. Entsprechende Schnittstellen zu den gängigen Systemen wie SAP HR, PAISY, DATEV, P&I etc. sind vorhanden.

Personalstammblatt

Aus dem Personalstammblatt heraus lassen sich weitere Funktionen wie das Einfügen und Ändern des optional hinterlegbaren Fotos, der Druck von Mitarbeiterausweisen oder auch sog. Massenänderungen an den Stammdaten mehrerer Mitarbeiter aktivieren. Wichtig ist, dass alle Personalstammfunktionen natürlich nur für die berechtigten Mitarbeiter freigegeben sind und alle Veränderungen an den Daten nachvollziehbar protokolliert werden.

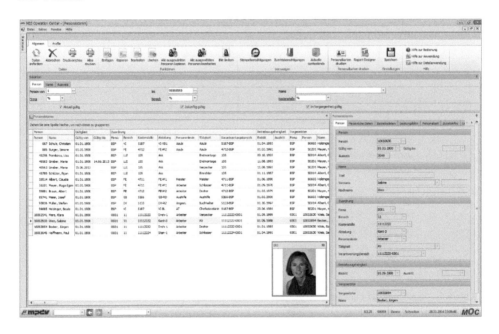

Abb. 6.3 Die Personalstammdaten zu allen Mitarbeitern im Überblick (Tabelle links) und in der Detaildarstellung auch für alle anderen HYDRA-Applikationen (rechte Seite)

Mit Hilfe der Stempelberechtigungen kann der Anwender prinzipiell festlegen, an welchen Terminals ein Mitarbeiter seine Stempelungen durchführen darf. Damit kann neben Sicherheitsaspekten auch eine lokale Verteilung der Stempelvorgänge erreicht werden, sodass keine Staus an den Eingängen entstehen, wenn viele Mitarbeiter zum Schichtbeginn das Werksgelände betreten und am Schichtende wieder verlassen.

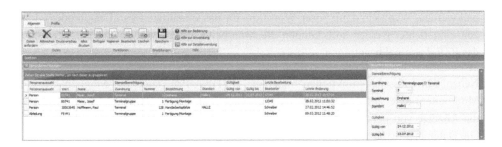

Abb. 6.4 Über die Stempelberechtigungen lassen sich die Terminals oder Terminalgruppen definieren, an denen die Mitarbeiter ihre Kommt-/ Geht-Buchungen vornehmen können

6.2.2 Erfassung von Personalzeiten

Die Mitarbeiter führen ihre Stempelungen an PZE-Terminals durch, die an geeigneten Punkten im Unternehmen installiert sind. Alternativ dazu bieten die mobilen HYDRA-SMA-Anwendungen die Möglichkeit, die Zeitbuchungen auch über Browser sowie über Apps auf Tablets und Smartphones und das Internet vorzunehmen.

Mit dem Einsatz von HYDRA können PZE-Terminals ausgewählt werden, die von verschiedenen Herstellern in unterschiedlichsten Ausstattungsvarianten angeboten werden. Zur Identifikation der Mitarbeiter sind Ausweise oder Schlüsselanhänger nutzbar, die mit den gängigen Identverfahren wie Barcode, LEGIC, MIFARE oder HITAG arbeiten.

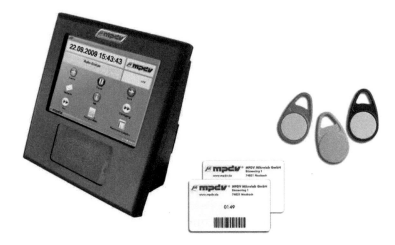

Abb. 6.5 Ein PZE-Terminal, das mit Ausweislesern für verschiedene Identverfahren ausgestattet werden kann.

Über die Buchung von Kommt-/ Geht-Zeiten hinaus können auch Pausen oder Gründe für verfrühtes Gehen bzw. verspätetes Kommen (Dienstgang, Arztbesuch etc.) gestem-

pelt werden. Wenn ein papierloser Workflow für das Beantragen von Urlaub oder Gleitzeit eingerichtet werden soll, können die Mitarbeiter die gewünschten Fehlzeiten über
das PZE-Terminal beantragen.

Neben den Erfassungsfunktionen bietet die HYDRA-PZE auch die Möglichkeit, den
Mitarbeitern diverse Informationen am Terminal anzuzeigen. Dazu gehört zum Beispiel
die Anzeige von persönlichen Zeitkonten wie Urlaub, Gleitzeit, Flexzeit oder ähnliche.
Die Dateninhalte dazu werden vom Zeitwirtschaftssystem übernommen.

Wenn ein Mitarbeiter seine Stempelungen der letzten Tage kontrollieren möchte, kann er
eine entsprechende Liste am Terminal einsehen. Außerdem können an den Mitarbeiter
persönliche Informationen weitergeleitet werden, die ein Personalsachbearbeiter papierlos an ihn weitergeben möchte. Ein typisches Beispiel dazu ist die Erinnerung, dass die
Lohnsteuerkarte noch abgegeben werden muss.

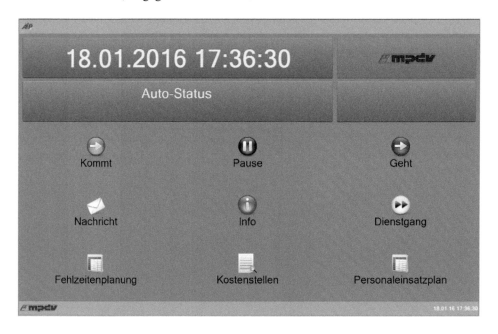

Abb. 6.6 Ein typisches Beispiel für die konfigurierbare AIP-Bedienoberfläche am PZE-Terminal

6.2.3   Übersichten, Pflegefunktionen und Personalinformationen

In der Tabelle Stempelungen sind alle von den Mitarbeitern durchgeführten, alle manuell
eingetragenen und alle automatisch durch das System generierten Zeitbuchungen aufgeführt. Die Stempelzeitpunkte können bearbeitet und ergänzt werden, falls eine Stempelung verspätet durchgeführt oder vergessen wurde.

Gelöschte und bearbeitete Datensätze werden separat gespeichert. Damit ist sichergestellt, dass die Originalstempelsätze erhalten bleiben und die Nachvollziehbarkeit zu einem späteren Zeitpunkt gewährleistet ist.

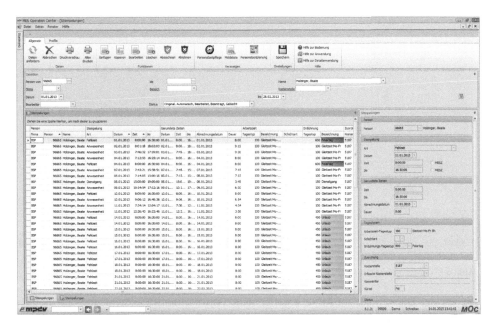

Abb. 6.7 Übersicht über alle erfassten, nachgetragenen und erzeugten Zeitbuchungen (Stempelpaare)

Im Stempelarchiv sind alle Kommt-, Geht-, Pausen- und Fehlgrund-Stempelungen und
weiteren Details aufgelistet. Hier ist z.B. auch erkennbar, an welchem Terminal und an
welchem zugeordneten Standort die Zeitbuchungen durchgeführt wurden.

Anwesenheitsübersicht

In der Anwesenheitsübersicht werden alle in der PZE geführten Personen aufgelistet.
Durch ein Ampelsystem ist auf einen Blick erkennbar, ob und seit wann eine Person anwesend ist bzw. ob sie ungeplant oder geplant abwesend ist. Im Falle von Abwesenheit
können weitere Details wie z.B. der Grund (Urlaub, Krankheit, Dienstgang etc.) und das
voraussichtliche Ende der Abwesenheit eingeblendet werden.

Diese Übersicht eignet sich besonders gut dazu, den Mitarbeitern im Empfang, in der
Telefonvermittlung oder an anderen zentralen Stellen im Unternehmen eine Online-
Auskunft zu geben, ob die gesuchte Person überhaupt anwesend ist. Sind Mitarbeiter an
unterschiedlichen Standorten im Einsatz, erkennt man über die Anwesenheitsübersicht
sofort, wo sich eine Person aufhält. Die zeitaufwendige Suche nach Mitarbeitern sollte
damit der Vergangenheit angehören.

Abb. 6.8 Anwesenheitsübersicht zum schnellen Überblick, welche Personen an- oder abwesend sind

Neben der Darstellung im MOC existiert eine Anwesenheitsübersicht, die auf mobilen Geräten aufrufbar ist. Damit ist diese wertvolle Funktion auch außerhalb des Unterneh-mens z.B. während Dienstreisen nutzbar.

Abb. 6.9 Anwesenheitsübersicht in der mobilen Version der Smart MES Applications (SMA)

6.2.4 HYDRA-PZE im Überblick

Personalstammverwaltung:
Anlegen und Pflegen der Personalstammdaten bzw. deren Anzeige nach Übernahme aus anderen HR-Systemen

Stempelberechtigungen:
Festlegung, welche Personen an welchem Terminals stempeln dürfen

Erfassungs- und Informationsfunktionen:
Terminalfunktionen zum Erfassen der Stempelungen sowie zur Anzeige von persönlichen Informationen und Nachrichten

Stempelungen:
Anzeige der Stempelungen der Mitarbeiter mit Pflegefunktionen und Dokumentation gelöschter Originalstempelungen

Stempelarchiv:
Anzeige aller Stempelungen mit detaillierten Zusatzinformationen

Anwesenheitsübersicht:
Online-Übersicht, welche Personen an- oder abwesend sind

Jubiläumsliste:
Übersicht mit Informationen über Geburtstage und Firmenjubiläen

6.3 Personalzeitwirtschaft (PZW)

In der Personalzeitwirtschaft werden die erfassten Zeitstempelungen an den hinterlegten Zeitmodellen abgeglichen und auf Basis der definierten Verrechnungsvorschriften verarbeitet. Im Ergebnis entstehen Zeiten, die Lohnarten (Grundlohn, Überstunden mit Zuschlag, Nachtschichtzuschlag etc.) und Zeitkonten (Urlaub, Überstunden, Flexzeit, Gleitzeit …) zugeordnet werden. Die ermittelten Daten werden zum Monatsende an das Lohnabrechnungssystem weitergegeben.

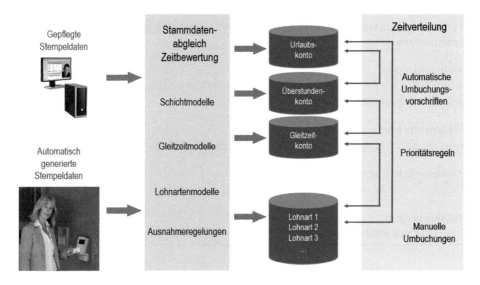

Abb. 6.10 Weiterverarbeitung und Bewertung der Stempelzeiten in der Personalzeitwirtschaft

6.3.1   Bewerten von Personalzeiten

Um die Kommt-/ Geht-Buchungen im ersten Schritt zeitlich bewerten zu können, stehen Schicht- und Gleitzeitmodelle zur Verfügung, die sog. Tagestypen zugeordnet werden. Diese repräsentieren alle in einem Unternehmen vorkommenden Arbeitszeitvereinbarungen, in den der Arbeitsbeginn, das Arbeitsende und Pausenzeiten geregelt ist. Zur Arbeitserleichterung und für einen besseren Überblick werden die Tagestypen anschließend in Modelle eingegliedert, die bei regelmäßigen Arbeitszeiten im Extremfall für ein ganzes Jahr oder bei variierenden Arbeitszeiten für einen Monat, für eine Woche oder einen beliebig definierbaren Zeitraum gelten.

Parallel dazu werden Lohnartenmodelle definiert, damit die, über die Zeitmodelle ermittelten Zeitanteile den zutreffenden Lohnarten zugeordnet werden können, über die letztendlich die Bruttolohnberechnung gesteuert wird.

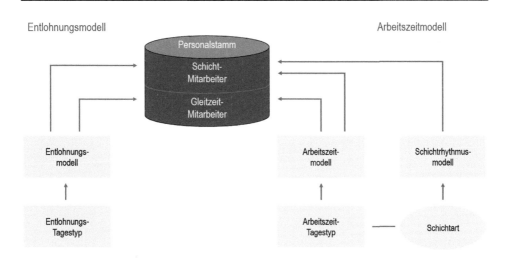

Abb.6.11 Die relevanten Arbeitszeit- und Entlohnungsmodelle werden den Mitarbeitern zugeordnet

Der nachfolgende Screenshot zeigt ein Beispiel, wie die unterschiedlichen Arbeitszeit-vereinbarungen in Form von Tagestypen hinterlegt werden.

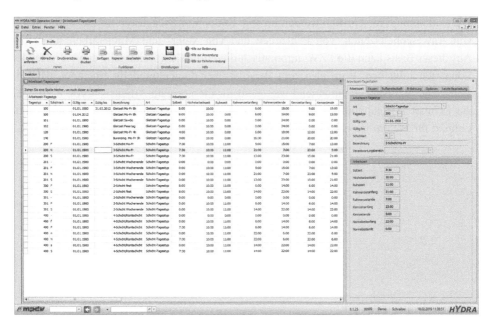

Abb. 6.12 Tabelle mit Tagestypen, in den die Arbeits- und Pausenzeiten definiert sind

Damit nicht für jede Schicht ein separates Modell definiert werden muss, legt der An-wender im Schichtrhythmusmodell fest, welche Schichtart (Früh-, Spät- oder Nacht-schicht) für den jeweiligen Tag zutrifft.

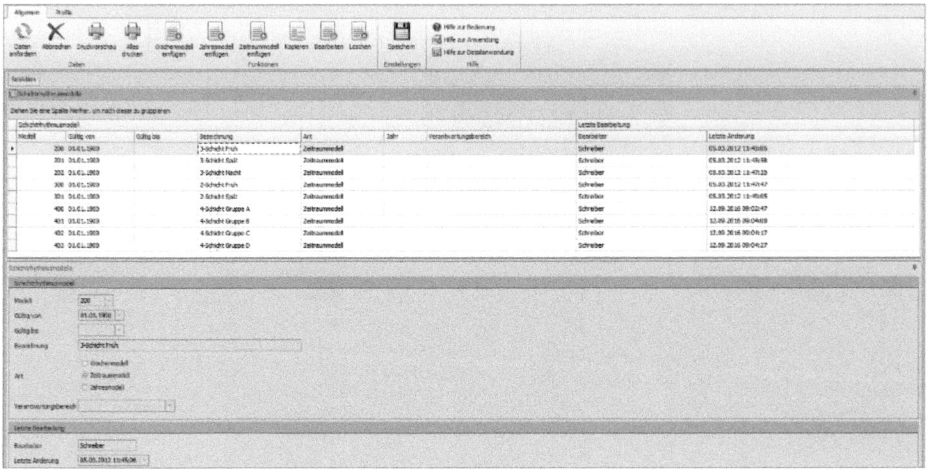

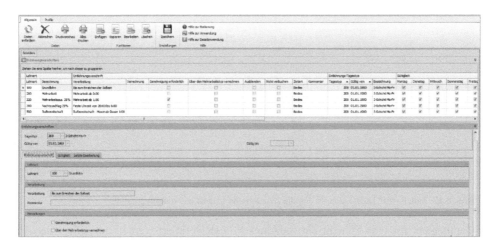

Abb. 6.13 Festlegung der Schichtart der einzelnen Arbeitstage

Entlohnungsvorschriften

Die Entlohnungsvorschriften werden im sog. Entlohnungs-Tagestyp für die Verrechnung von Anwesenheitszeiten, von Fehlzeiten und von Mehr- und Minderarbeit hinterlegt. Auf dieser Basis kann die PZW automatisch die ermittelten Zeitanteile den zutreffenden Lohnarten zubuchen. Wird also zum Beispiel über die Zeitmodelle errechnet, dass ein Mitarbeiter 9,5 Stunden anwesend war, wird für die normale Arbeitszeit von 8 Stunden die Lohnart „Grundlohn" gebucht, während ihm für die zusätzlichen 1,5 Stunden eine Lohnart für Mehrarbeit mit einem Überstundenzuschlag von 25% zugeordnet wird.

Abb. 6.14 Entlohnungsvorschriften mit Angaben, welche Lohnarten für welche Zeiten gebucht werden

Analog zum Arbeitszeitmodell können Entlohnungsmodelle als Wochen-, Zeitraum oder Jahresmodell angelegt werden. Alle zugeordneten Tagestypen sind übersichtlich in einem Kalender dargestellt. Neue Zuordnungen oder Änderungen sind sehr einfach über komfortable Funktionen möglich. Über den hinterlegten Feiertagskalender werden arbeitsfreie Tage automatisch über Entlohnungsmodelle für Feiertage verrechnet.

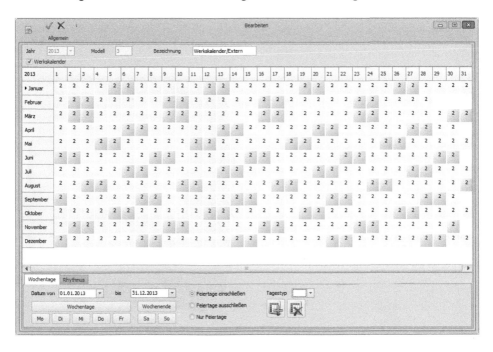

Abb. 6.15 Anzeige der Tagestypen und Änderungsfunktionen im Jahreskalender. Im Beispiel wurde den Werktagen von Montag bis Donnerstag ein Tagesmodell 100 zugeordnet. An Freitagen gilt das Modell 150, das eine verkürzte Schichtzeit vorsieht. An den Wochenenden gilt das Entlohnungsmodell 101, das die Vergütung von Wochenendarbeit regelt.

Da es in vielen Unternehmen variable Arbeitszeitregelungen gibt, muss diese Flexibilität auch in einem Personalzeitwirtschaftssystem abzubilden sein. HYDRA bietet hier verschiedene Möglichkeiten, auch auf kurzfristige Änderungen der Arbeitszeit mit seiner Modellstruktur reagieren zu können. Zum einen lassen sich persönliche Tagestypen definieren, die ggf. nur für eine Person und nur über einen begrenzten Zeitraum gültig sind. Darüber hinaus können persönliche Schichtzeiten die eigentlichen Modelle für z.B. einen Mitarbeiter für nur einen Tag im Sinne einer Ausnahmeregelung übersteuern.

Zeitkonten

Spezielle Zeiten wie Urlaub, Gleitzeit, Flexzeit o.ä. können neben der Buchung auf Lohnarten auch separaten Zeitkonten zugeordnet werden. In HYDRA ssind bis zu acht

Konten inkl. der zugehörigen Verbuchungsregeln anlegbar. Die Mitarbeiter können sich jederzeit den aktuellen Stand ihrer Zeitkonten an den PZE-Terminals anzeigen lassen.

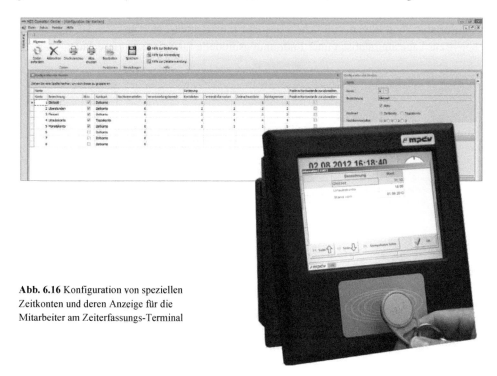

Abb. 6.16 Konfiguration von speziellen Zeitkonten und deren Anzeige für die Mitarbeiter am Zeiterfassungs-Terminal

6.3.2   Arbeitszeit- und Fehlzeitenplanung

Um die Planung der Arbeits- und Fehlzeiten für die zugeordneten Mitarbeiter zu erleichtern, stellt die HYDRA-PZW eine Reihe leistungsfähiger Funktionen zur Verfügung. Mit ihnen werden einerseits die Ergebnisse aus den Schichtkalendern sowie der Fehlzeitenplanung visualisiert und andererseits Auswertungen zur Vereinfachung bzw. Verbesserung der Schichtplanung angeboten.

Schichtplanung

Die Jahresübersicht zeigt übersichtlich für eine ausgewählte Person, an welchem Tag welche Schichtart für sie hinterlegt ist und welche arbeitsfreien Zeiten bzw. Fehlzeiten in der Vergangenheit verbucht wurden oder in Zukunft geplant sind.

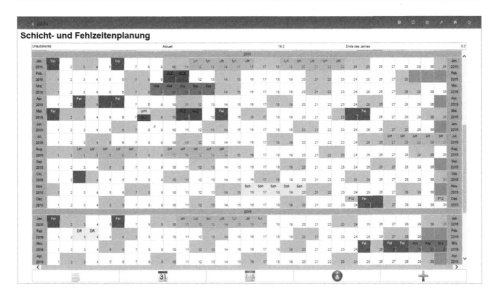

Abb. 6.17 Jahresübersicht mit den geplanten Schichten und Fehlzeiten einer ausgewählten Person in der mobilen Form für Tablets und Smartphones (SMA)

Die Zeitraumübersicht gibt Auskunft über die Schichten, die für eine Gruppe von Mitarbeitern (z.B. Kostenstelle oder Meisterbereich) geplant sind. Im unteren Bereich wird die errechnete Schichtstärke für die gesamte Gruppe angezeigt.

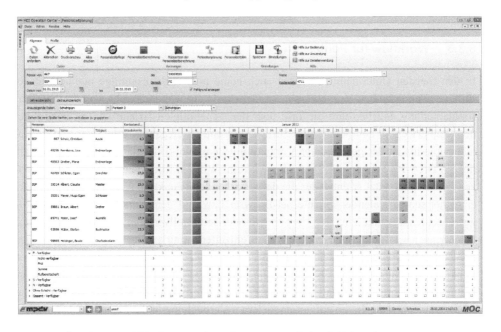

Abb. 6.18 Übersicht zur Schichtplanung und Angaben zur summarischen Schichtstärke

Der Personalzeitplan stellt die Verfügbarkeit und den Schichtplan der Mitarbeiter tabellarisch dar. Über die Pivot-Funktionen der Tabelle lassen sich die Daten aus unterschiedlichsten Richtungen betrachten und visualisieren.

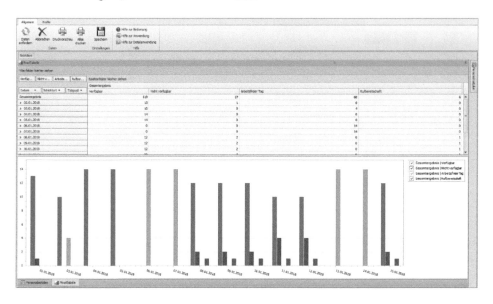

Abb. 6.19 Darstellung des Schichtplans mittels Pivot-Tabelle und einem Säulendiagramm zur Visualisierung der Personalkapazizäz an den einzelnen Tagen

6.3.3 Workflow für Fehlzeiten

In den meisten Unternehmen werden auch heute noch Urlaubsanträge manuell ausgefüllt, per Papier an den Vorgesetzten zur Genehmigung weitergereicht, von dort zur Personalabteilung gegeben und die Info über den genehmigten Urlaub kommt wieder auf dem Papierweg an den Mitarbeiter zurück. Wesentlich eleganter, effektiver und vor allem papierlos ist der geschilderte Vorgang mit dem Workflow für Fehlzeiten innerhalb der HYDRA-PZW bzw. mit SMA abzuwickeln. Will ein Mitarbeiter Urlaub oder Gleitzeit beantragen, nutzt er entweder die dafür vorhandene Funktion am PZE-Terminal oder er öffnet seinen Kalender im Internet-Browser bzw. auf dem Smartphone und gibt die gewünschten Termine ein. Der Vorgesetzte oder sein Stellvertreter erhalten automatisch eine Benachrichtigung per Mail, dass ein Fehlzeitenantrag vorliegt und zu genehmigen ist. Zur Genehmigung können wahlweise die im MOC oder in den SMA verfügbaren Funktionen genutzt werden. Nachdem die Fehlzeit genehmigt wurde, erhält der Mitarbeiter eine Nachricht per Mail oder am PZE-Terminal bei der nächsten Stempelung. Parallel dazu gehen die Daten zur automatisierten Verbuchung in die Personalabteilung.

Abb. 6.20 Haben Mitarbeiter eine Fehlzeit wie z.B. Urlaub beantragt, werden dem Vorgesetzten die Daten in einer Liste am Office-PC bzw. Tablet zur Genehmigung angezeigt.

6.3.4 Datenpflege und Auswertungen

Der Einstieg in die Datenpflege erfolgt in der Regel über die Meldeliste. In ihr werden die Fehler und Auffälligkeiten wie z.B. vergessene Stempelungen beim Verlassen des Unternehmens angezeigt.

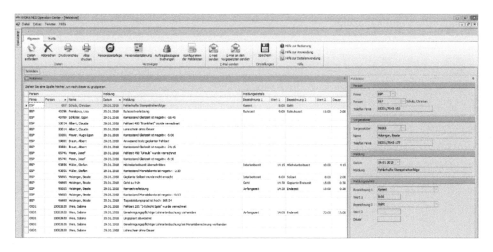

Abb. 6.21 Tabellarische Auflistung von Auffälligkeiten in der Meldeliste

Mit der Personalzeitpflege können die Stempelungen ausgewählter Personen und die da-
zugehörigen Details wie berechnete Zeiten und verbuchte Lohnarten für einen ausgewählten Zeitraum angezeigt, geändert, ergänzt und gelöscht werden.

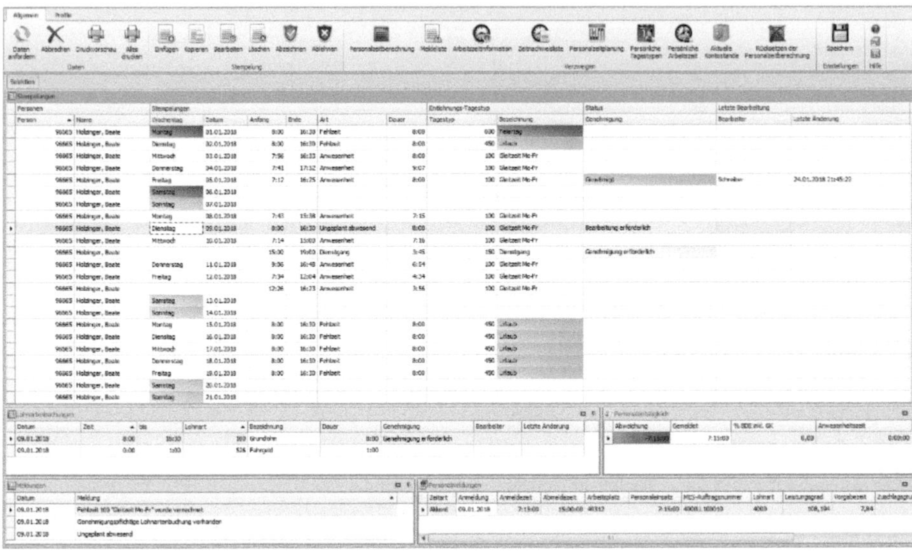

Abb. 6.22 Bearbeitungsmöglichkeit für Stempeldaten und Anzeige zugehöriger Details

Da es sich bei Personalzeiten in vielen Fällen um „wertvolle" und sensible Daten handelt, ist insbesondere beim Ändern oder Löschen der Werte besondere Vorsicht geboten.
Im Zweifelsfall hat der Mitarbeiter das Recht, einen Nachweis zu den Änderungen zu
fordern. Im Kontojournal werden daher Kontoänderungen von ausgewählten Personen
protokolliert und angezeigt.

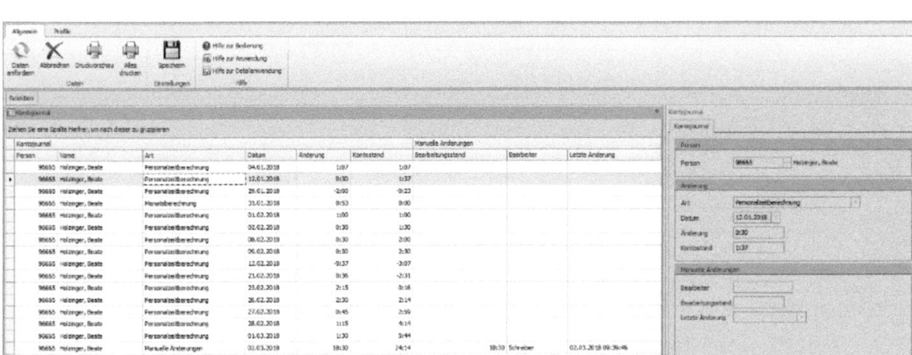

Abb. 6.23 Alle Änderungen an den Zeitkonten werden gespeichert und tabellarisch aufgelistet

Die Liste der Monatsergebnisse zeigt die Zeitkonten sowie andere Daten wie Anwesen-
heits- und Fehlzeiten von ausgewählten Personen am Monatsende in kumulierter Form.

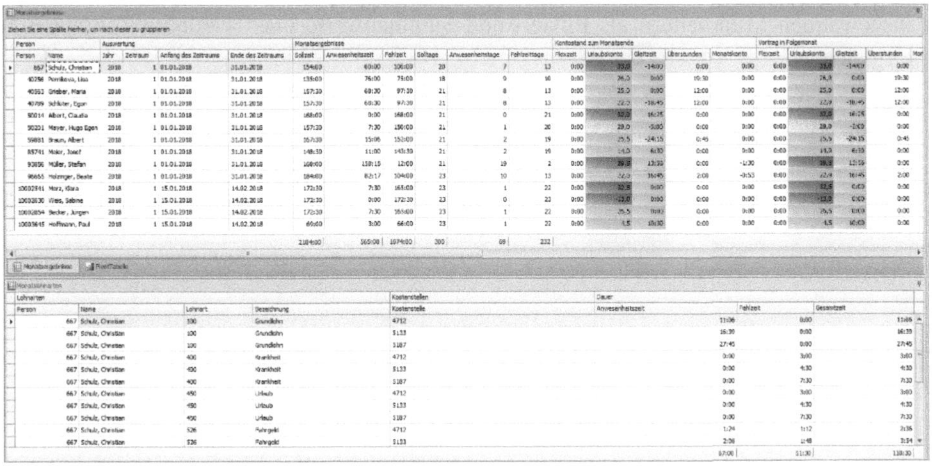

Abb. 6.24 Stand der Zeitkonten und anderer Zeitarten zum Monatsende

Zeitnachweisliste

Die Zeitnachweisliste ist das Ergebnis eines individuell anpassbaren Reports, der die
Monatswerte zu An-/Abwesenheitszeiten und anderen verbuchten Zeiten für eine Person
sowie die Kontostände zu Beginn und Ende des Monats enthält. Bei Bedarf kann sie mit
Unterschriftsfeldern versehen ausgedruckt und dem Mitarbeiter ausgehändigt werden.

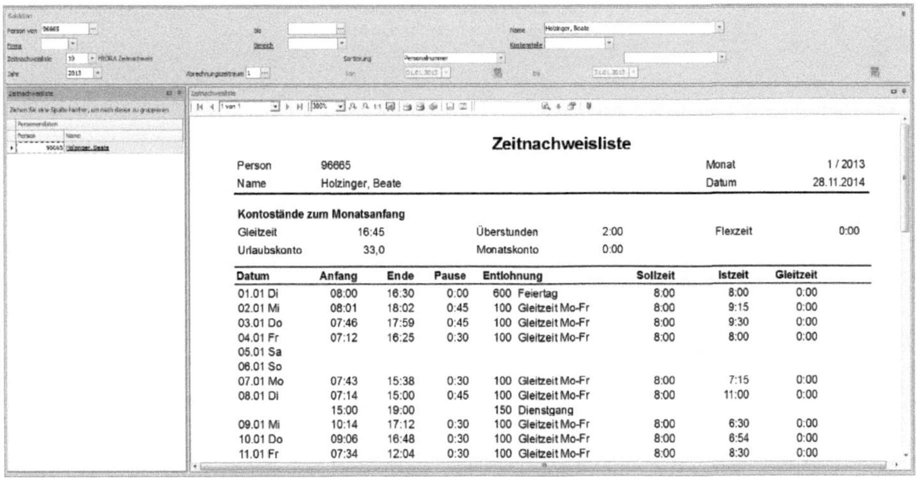

Abb. 6.25 Übersicht der gestempelten und verbuchten Zeiten eines Monats

6.3.5   Personal- und Lohnartenstatistiken

Die Personalzeitstatistik bietet die Möglichkeit, verschiedene Soll- und Ist-Zeiten von
ausgewählten Mitarbeitern als Einzel- und Summenwerte über wählbare Zeiträume zu
vergleichen.

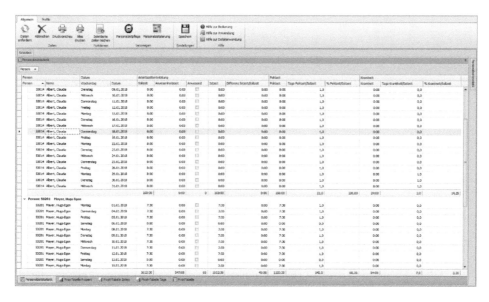

Abb. 6.26 Personalzeitstatistik mit der Gegenüberstellung von Soll- und Ist-Zeiten

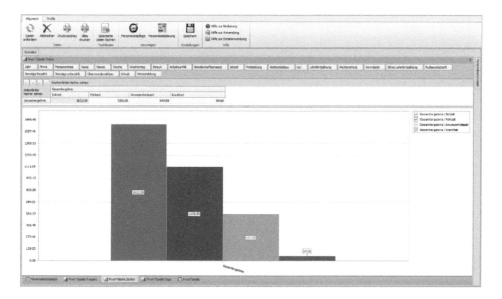

Abb. 6.27 Personalzeitstatistik mit kumulierten Werten im Säulendiagramm

Lohnartenstatistik

Die Lohnartenstatistik ist eine sehr vielseitige Funktion, mit der sich neben den Einzeldarstellungen auch Lohnarten zu Lohnartengruppen für summarische Betrachtungen zusammenfassen und viele Fragestellungen beantworten lassen. Derartige Auswertungen zeigen z.B. auf Knopfdruck, wie viel Tage mit Fehlzeiten es im Vergleich zu den Anwesenheitstagen gab oder wie viele Stunden auf Weiterbildung in der Abteilung bzw. im gesamten Unternehmen gebucht wurden oder wie hoch der Krankenstand im vergangenen Quartal war.

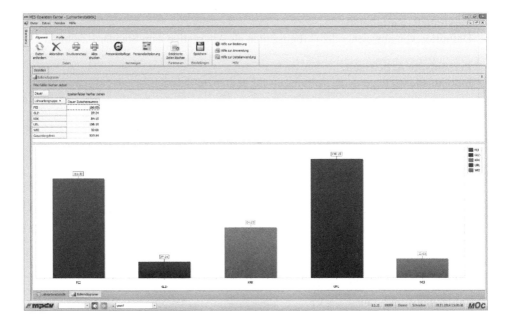

Abb. 6.28 Individuell definierbare Auswertungen mit hoher Aussagekraft auf der Basis von Lohnarten

6.3.6   HYDRA-PZW im Überblick

Arbeitszeitmodelle:
Abgleich der Stempelzeiten an den Tagesmodellen

Entlohnungsvorschriften:
Definition welche Lohnarten zu welchen Zeiten berechnet werden

Entlohnungsmodell:
Zuordnung von errechneten Zeitanteilen auf Lohnarten

Persönliche Zeitmodelle:
Definition von abweichenden Arbeitszeiten als Alternative zum Standard-Zeitmodell

Persönliche Arbeitszeit:
Individuelle Festlegung der Arbeitszeit für begrenzte Zeiträume

Feiertagskalender:
Festlegung von Feiertagen und arbeitsfreien Tagen

Zeitkonten:
Führen von persönlichen Urlaubs-, Gleitzeit-, Flexzeit- und Überstundenkonten

Personalzeitplanung:
Übersicht über die geplanten Schichten und Fehlzeiten der Mitarbeiter inkl. Berechnung der Schichtstärke

Personalzeitplan:
Verfügbarkeiten und Schichtpläne der Mitarbeiter in tabellarischer Form

Fehlzeitenworkflow:
Beantragung und Genehmigung von Fehlzeiten via Internet oder Intranet

Meldeliste:
Anzeige von Auffälligkeiten und durchzuführenden Korrekturen

Personalzeitpflege:
Bearbeitung von Stempeldaten und Lohnartenbuchungen

Kontojournal:
Protokollieren von Änderungen an persönlichen Konten

Monatsergebnisse:
Anzeige der Ergebnisse von Monatsberechnungen wie z.B. Kontostände oder Anwesenheits- und Fehlzeiten

Zeitnachweisliste:
Konfigurierbare Liste mit den gestempelten und verbuchten Zeiten eines Monats

Zeitnachweisarchiv:
Archivierung der Zeitnachweislisten über lange Zeiträume

Kontoplanung:
Hochrechnung der Kontostände nach Eingabe der geplanten Fehlzeiten

Personalzeitstatistik:
Anzeige von Sollzeiten, An- und Abwesenheitszeiten der ausgewählten Mitarbeiter

Lohnartenstatistik:
Individuell gestaltbare Statistiken für Lohnarten und Lohnartengruppen

6.4 Personaleinsatzplanung (PEP)

Die Forderungen des Marktes nach preisgünstigen, qualitativ hochwertigen Produkten bei immer kürzeren Lieferzeiten und größerer Flexibilität bei der Abarbeitung der Aufträge haben nicht nur die Planung der Fertigung schwieriger gemacht, sondern sie haben auch deutliche Spuren beim Thema Personaleinsatzplanung hinterlassen. War es früher ausreichend, eine bestimmte Anzahl Mitarbeiter in einer Schicht zur Verfügung zu haben, werden die Personalverantwortlichen, die Schichtführer und Meister heute mit wesentlich höheren Anforderungen konfrontiert.

Einerseits kommt die gestiegene Bereitschaft der Mitarbeiter, die Arbeitszeit nicht mehr so starr wie früher zu handhaben, den Unternehmen entgegen. Andererseits zieht dieses Mehr an Flexibilität eine signifikant gewachsene Komplexität bei der Personaleinsatzplanung nach sich. Mit herkömmlichen Methoden wie dem Zuordnen eines Mitarbeiters zu einer Maschine über eine manuell bediente Magnet- oder Stecktafeln oder der Nutzung von Excel-Tabellen sind die aktuellen Anforderungen an die Schichtplanung nicht mehr zu bewältigen.

Eine moderne Personaleinsatzplanung muss sich auf der einen Seite daran orientieren, welche Personalbedarfe durch die abzuarbeitenden Aufträge oder zu belegenden Maschinen entstehen. Andererseits muss sie aber auch die reale Verfügbarkeit der Mitarbeiter und deren Qualifikation berücksichtigen.

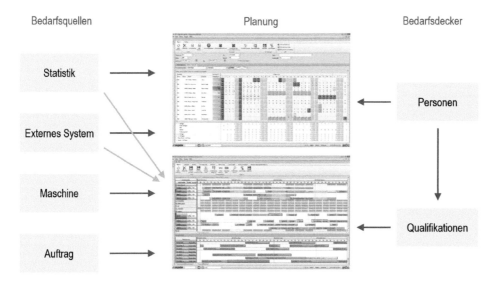

Abb. 6.29 Die Personaleinsatzplanung im Spannungsfeld von erforderlichen und tatsächlich verfügbaren Personalressourcen

6.4.1 Verwaltungsfunktionen zur Personaleinsatzplanung

Die HYDRA-Personaleinsatzplanung (PEP) verwendet die Personalstammdaten, die in der Personalzeiterfassung und –zeitwirtschaft bereits genutzt werden. Sind diese beiden Module nicht im Einsatz, kann natürlich für die HYDRA-PEP ein eigenständiger Personalstamm angelegt und gepflegt werden.

Je nach Anforderung ist es ggf. notwendig, die vorhandenen Stammblätter durch weitere Daten zu ergänzen. Dazu gehören z.B. die Qualifikationsmerkmale, die insbesondere in einer hochspezialisierten Fertigung mit modernen Maschinen und hohen Qualitätsansprüchen eine wichtige Rolle spielen. Werden Qualifikationen der Personen wie Maschinenführerschein, Schweißerpass oder Qualitätsbeauftragter in den Stammdaten geführt, kann die Personaleinsatzplanung beim Zuordnen der Mitarbeiter zu Arbeitsplätzen und Fertigungsaufträgen prüfen, ob die Person über die notwendige Qualifikation verfügt. Auch Aspekte des Arbeitsschutzes lassen sich bei der Prüfung von Qualifikationen im Sinne von Unterweisungen zur sicheren Maschinenbedienung berücksichtigen.

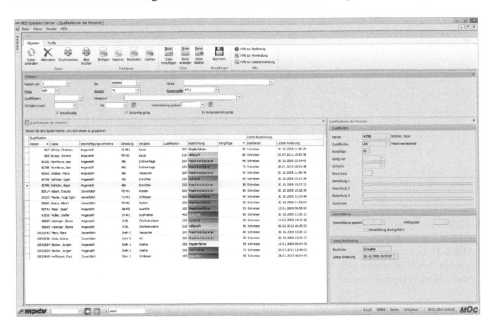

Abb. 6.30 Tabelle mit Mitarbeitern im jeweiligen Verantwortungsbereich und deren Qualifikationen. Müssen Qualifikationen z.B. durch erneute Prüfungen bestätigt werden, kann ein Gültigkeitszeitraum angegeben werden. Die Rangfolge der Qualifikationen gibt die Prioritäten bei der automatischen Einplanung der Mitarbeiter vor.

Zu den zwingend notwendigen Basisdaten für die Personaleinsatzplanung zählen die Informationen zur Verfügbarkeit der Mitarbeiter. Genauso wie beim Personalstamm greift

die PEP idealerweise auf die Schichtmodelle und die Fehlzeitenplanung zu, die in den
HYDRA-Modulen zur Personalzeiterfassung und –zeitwirtschaft genutzt werden. Zusammen mit den Stempelungen aus der PZE haben damit die Schichtplaner nicht nur die
Information, welche Mitarbeiter theoretisch anwesend wären, sondern sie wissen auch,
wer tatsächlich anwesend ist.

Als Werkzeug zur Visualisierung der Plandaten aus den Schichtmodellen stehen dem
Schichtplaner in der PEP die Funktionen Jahresübersicht, Zeitraumübersicht und Personalzeitplan zur Verfügung, die im Kapitel Personalzeitwirtschaft bereits erläutert wurden. Beispielhaft wird hier die bisher nicht gezeigte tabellarische Variante des Personal-
zeitplans in Form eines Screenshots dargestellt:

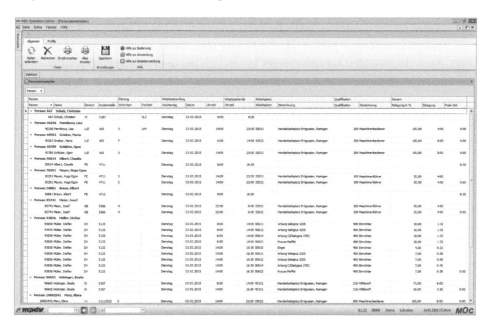

Abb. 6.31 Im Personalzeitplan sind alle ausgewählten Mitarbeiter für jeden Tag des selektierten Zeitraums zusammen mit Informationen aufgelistet, aus denen u.a. erkennbar ist, für welche Schicht die Mitarbeiter eingeplant oder ob Fehlzeiten eingetragen sind.

Von vielen Fertigungsunternehmen wird gefordert, dass sie präventiv dafür sorgen, dass
zur Produktion von bestimmten Produkten oder an definierten Arbeitsplätzen nur Mitarbeiter mit der notwendigen Qualifikation eingesetzt werden. Um die Auflagen zu erfüllen, kann in HYDRA-PEP eine Matrix gepflegt werden, in der alle Mitarbeiter mit der
jeweiligen Qualifikation eingetragen sind. Bei der Zuordnung von Personen zu Maschinen und Arbeitsplätzen prüft HYDRA automatisch, ob die hinterlegte Qualifikation für
die geplante Tätigkeit ausreicht.

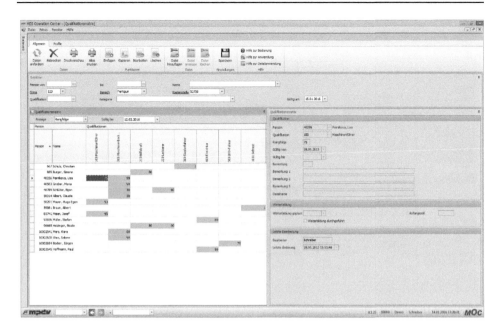

Abb. 6.32 Qualifikationsmatrix als Basis für fehlerfreie Personalbelegung

6.4.2 Ermittlung des Personalbedarfs und Personalbelegung

Zur Ermittlung des Personalbedarfs gibt es unterschiedliche Ansätze, die sich für Fertigungsunternehmen auf zwei wesentliche Varianten einschränken lassen. Variante 1 passt zu Produktionsbetrieben, in denen ein Maschinenpark relativ gleichmäßig ausgelastet ist und wo für das Einrichten bzw. Bedienen der Maschinen zumindest temporär Personal benötigt wird. Hier ordnet der Schichtplaner die Mitarbeiter mit der vollen Schichtkapazität (z.B. 8 von 8 Stunden) oder bei Mehrmaschinenbedienung mit anteiligem Stundenvolumen (z.B. 2 von 8 Stunden) den Arbeitsplätzen zu.

Arbeitsplatzbelegung

Ähnlich wie der Leitstand nutzt die HYDRA-PEP ein Gantt-Chart als ergonomische Bedienoberfläche. Mit Hilfe der Funktion Arbeitsplatzbelegung werden die Personen auf Maschinen bzw. Arbeitsplätzen eingeplant. Die Zuordnung kann manuell via Drag & Drop oder automatisch erfolgen. Bei der automatischen Planung werden alle Personen unter Berücksichtigung der in den Stammdaten festgelegten Qualifikationen und der Verfügbarkeiten der Mitarbeiter auf den Arbeitsplätzen eingeplant. Um die Übersichtlichkeit bei großem Maschinenpark zu wahren, können unterschiedliche Planungsprofile mit Planungsverantwortung für bestimmte Bereiche angelegt werden.

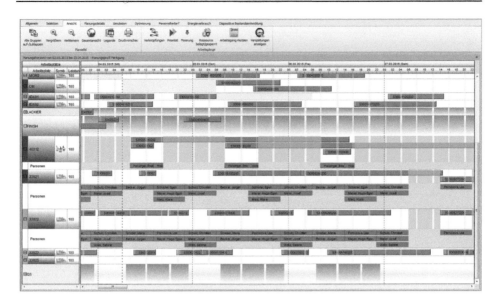

Abb. 6.33 Gantt-Chart zur Zuordnung von Personen zu Maschinen und Arbeitsplätzen.

Im oberen Teil des Planungsfensters sind die Arbeitsplätze und die jeweils benötigten Mitarbeiter, unterteilt nach Qualifikationen, angeordnet. Über die unterschiedlichen Balkenfarben sind in diesem Beispiel die anteiligen Personalbedarfe erkennbar. Sind Personen bereits zugeordnet, wird im Bedarfsbalken der bereits gedeckte Bedarf als grüner Streifen und darunter ein Rechteck mit dem Namen des Mitarbeiters angezeigt. Im unteren Teil des Bildschirms sind die verfügbaren bzw. nicht verfügbaren Personen gruppiert nach Bereichen dargestellt. Durch das Zeitlineal ist erkennbar, welche Mitarbeiter in der Früh-, Spät- oder Nachtschicht einsetzbar sind. Die bereits verplanten Personen sind mit einem grünen Streifen im Namensbalken gekennzeichnet. Über ein Tooltip lassen sich weitere Informationen einblenden. Bei der manuellen Belegung via Drag & Drop werden dem Schichtplaner planungsrelevante Daten in einem Fenster angezeigt.

Abb. 6.34 Fenster mit Detailinformationen und Ergebnis der Plausibilitätskontrolle, bei der festgestellt wurde, dass die ausgewählte Person nicht über die geforderte Qualifikation verfügt.

Personalbedarf

Variante 2 bietet sich eher für Fertigungsunternehmen an, bei denen die „Auftragslast" starken Schwankungen, die z.B. durch saisonale oder kundenbedingte Einflüsse entstehen, unterworfen ist. Hier wird der zur Abarbeitung des Auftragsbestands notwendige Personalbedarf auf Basis der aktuell eingeplanten Arbeitsgänge ermittelt und als Add-On zur Plantafel im Gantt-Chart des HYDRA-Leitstands angezeigt.

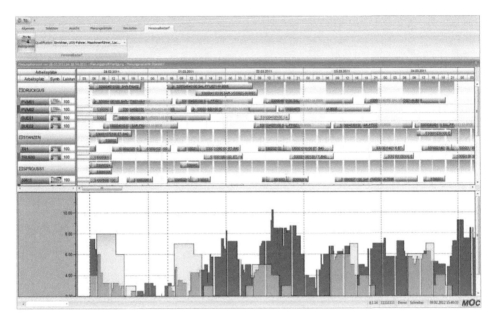

Abb. 6.35 Gegenüberstellung von Personalbedarf und Personalverfügbarkeit im HYDRA-Leitstand. Die grünen Bereiche zeigen, dass in diesen Zeiträumen ausreichend Personal zur Verfügung steht, während die gelben Bereiche eine Personalüberdeckung symbolisieren. In den roten Zeitbereichen ist nicht genügend Personalkapazität vorhanden. Diese Darstellung lässt sich auf einzelne Qualifikationen einschränken.

6.4.3 Auswertungen zur Personaleinsatzplanung

Neben den oben gezeigten Werkzeugen in grafischer Form, bietet die HYDRA-PEP auch Auswertungen, die in Tabellenformat ausgedruckt und z.B. zur Information der Mitarbeiter am „Schwarzen Brett" ausgehängt werden können.

Personaleinsatzplan

Im Personaleinsatzplan wird z.B. angezeigt, welche Personen welchen Arbeitsplätzen bzw. Maschinen in welcher Schicht zugeordnet sind. In der Tabelle ist auch erkennbar, ob es noch freie bzw. unbelegte Zeiten bei den Mitarbeitern gibt.

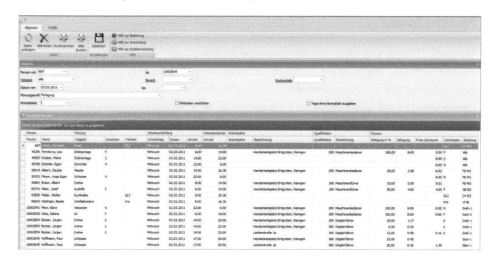

Abb. 6.36 Am Personaleinsatzplan können die Mitarbeiter ablesen, wann sie an welcher Maschine eingeteilt sind.

6.4.4   HYDRA-PEP im Überblick

Qualifikationen:
Dienen zur Überprüfung, ob zugeordnete Mitarbeiter die notwendige Qualifikation
zur Ausführung der Tätigkeit haben

Personalbedarf der Arbeitsplätze:
Definition der Personalbedarfe für einzelne Maschinen und Arbeitsplätze

Arbeitszeitmodelle:
Definition von Schichtzeiten, zu denen die Mitarbeiter als verfügbar geplant sind

Persönliche Zeitmodelle:
Definition von abweichenden Arbeitszeiten als Alternative zum Standard-Zeitmodell

Persönliche Arbeitszeit:
Individuelle Festlegung der Arbeitszeit für begrenzte Zeiträume

Qualifikationsmatrix:
Tabelle aller Mitarbeiter und deren Qualifikationen

Personalzeitplanung:
Übersicht über die geplanten Schichten und Fehlzeiten der Mitarbeiter inkl. Berechnung der Schichtstärke

Personalzeitplan:
Verfügbarkeiten und Schichtpläne der Mitarbeiter in tabellarischer Form

Arbeitsplatzbelegung:
Manuelle und automatische Einplanung von Personen auf Maschinen und Arbeitsplätze im Gantt-Chart

Personalbedarf:
Gegenüberstellung von Personalbedarf und Personalverfügbarkeit im HYDRA-
Leitstand

Personaleinsatzplan:
Tabelle mit Informationen, wann welcher Mitarbeiter an welcher Maschine eingeteilt
ist

6.5 Leistungslohnermittlung (LLE)

Durch die komplexen tariflichen Rahmenvereinbarungen und die daraus resultierenden individuellen Vorschriften zur Verarbeitung der lohnrelevanten Daten werden hohe Anforderungen an die Flexibilität eines Leistungs- bzw. Prämienlohnsystems gestellt. Mit seinen vielfältigen Konfigurationsmöglichkeiten gewährleistet das Modul HYDRA-LLE die Abbildung unterschiedlichster Leistungslohnformen wie Prämienlohn (Mengenprämien, Qualitätsprämien, Nutzungsprämien, Ersparnisprämien, Terminprämien) oder Leistungslohn (Akkordlohn, Zeitlohn, Gemeinkostenlohn).

Alle lohnrelevanten Daten werden in der HYDRA-LLE papierlos in Form von elektronischen Lohnscheinen aufgenommen, die aus den Buchungen in der BDE und MDE entstehen. Zur differenzierten Bearbeitung der gemeldeten Zeiten unterscheidet die LLE verschiedene Arten von Lohnscheinen wie z.B. Akkord-, Zeit- oder Gemeinkostenlohnscheine.

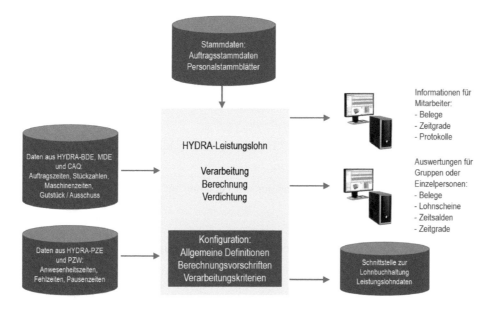

Abb. 6.37 Prinzipielle Arbeitsweise und Funktionen der HYDRA-Leistungslohnermittlung

Die HYDRA-LLE bietet neben den Berechnungsalgorithmen zahlreiche Möglichkeiten, die Daten nach unterschiedlichsten Kriterien auszuwerten und transparent darzustellen. Damit können die berechneten Ergebnisse jederzeit nachvollzogen werden. Der einzelne Mitarbeiter erhält zeitnah Informationen über seine eigene Leistung und kann durch persönlichen Einsatz aktiv auf sein Entgelt Einfluss nehmen. Hieraus entstehen positive Effekte für die Motivation und Mitarbeiterzufriedenheit. Weitere Vorteile werden auch durch eine bessere Ausnutzung und Schonung der Betriebsmittel sowie eine verbesserte

Qualität und Termintreue erzielt. Mit den Auswertungen stehen u.a. wichtige Kennzahlen für die Unternehmensführung zur Verfügung.

6.5.1 Stammdatenverwaltung

Die HYDRA-Leistungslohnermittlung verwendet die Personalstammdaten und Lohnartendefinitionen, die in der Personalzeiterfassung und -zeitwirtschaft bereits genutzt werden. Zur Abbildung komplexer Leistungs- und Prämienlohnmodelle ist es jedoch in den meisten Fällen erforderlich, diese durch weitere Daten zu ergänzen. Dazu gehören z.B. Festlegungen zu Prämienkennzeichen, Prämiengruppen, Prämienfaktoren oder Bedienpositionen.

In der HYDRA-LLE können über die Grundeinstellungen allgemeingültige und systemweit geltende Verarbeitungs- und Berechnungsvorschriften für lohnrelevante Daten hinterlegt werden. Dazu gehören z.B. Angaben, welche Arten von Lohnscheinen überhaupt berücksichtigt oder auf welche Lohnarten Zeiten gebucht werden, die infolge von Arbeitsunterbrechungen entstanden sind.

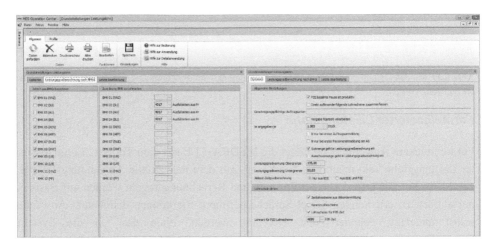

Abb. 6.38 Grundlegende Einstellungen regeln die prinzipielle Verarbeitung der Daten und Berechnung der Lohnarten. Im Screenshot wurde z.B. definiert, dass Zeiten, die in der HYDRA-MDE den Betriebsmittelkonten (BMK) 2 = störungsbedingte Unterbrechung, 3 = ablaufbedingte Unterbrechung und 4= personalbedingte Unterbrechung zugeordnet werden, automatisch auf die Lohnart 4017 zu buchen sind.

6.5.2 Berechnungs- und Bewertungsfunktionen

Je nach Komplexität der Leistungs- / Prämienlohnvereinbarungen können verschiedene Funktionalitäten in der HYDRA-LLE genutzt werden, um die individuellen, firmenspe-

zifischen Anforderungen abzudecken. Im einfachsten Fall kann über die Lohnartenbestimmung ein allgemeingültiges Regelwerk aus Vorschriften aufgebaut werden, das definiert, für welche Zeitanteile in den Lohnscheinen welche Lohnart zugeordnet wird.

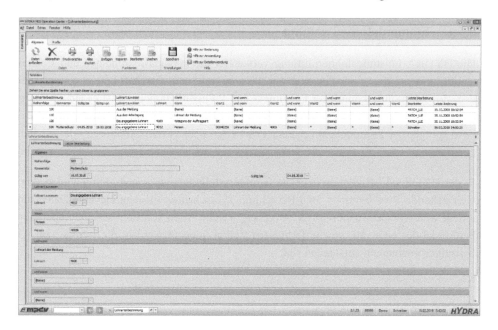

Abb. 6.39 Mit den Definitionen in der Lohnartenbestimmung wird die Zuordnung von Zeitanteilen zu Lohnarten eindeutig geregelt.

Formelbasierter Leistungslohn

Für komplexere Anwendungen bietet die HYDRA-LLE mit dem Toolset „Formelbasierter Leistungslohn" ein mächtiges Werkzeug, mit dem nahezu alle Anwendungsfälle abzubilden sind. Die erforderlichen Formeln und Berechnungsregeln werden auf Basis einer einfach zu erlernenden Script-Sprache definiert. Sie können damit vom Anwender
selbst angelegt, geändert und erweitert werden, ohne dass in die System-
Programmierung eingegriffen werden muss. Zahlreiche Muster von Berechnungsvorschriften sind im System hinterlegt und können vom Anwender direkt verwendet oder an
die individuellen Anforderungen angepasst werden. Alle Rohdaten aus den BDE-
Buchungen und die bereits durch die Standardverarbeitung ermittelten Werte wie Lohnart, Dauer, Zeitart und Zeitgrad können mit dem Formelbasierten Leistungslohn individuell weiterverarbeitet werden.

Die Abbildung zeigt den prinzipiellen Aufbau und die Methodik, die dem Formelbasierten Leistungslohn zugrunde liegt. Die Basis für die Abbildung individueller Lohnverein-

barungen bilden „Datentöpfe", in die das System die Ergebnisse einsortiert, die aus den firmenspezifischen Berechnungsformeln errechnet wurden.

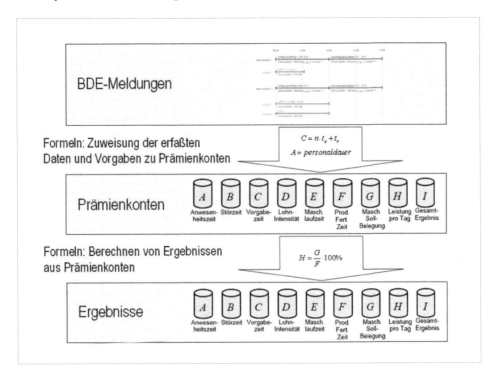

Abb. 6.40 Die Abbildung zeigt nur andeutungsweise die vielfältigen Varianten der Leistungs- / Prämienlohnberechnung, die mit der Funktion Formelbasierter Leistungslohn abbildbar sind

Auch die Vergabe von Zuschlägen und Abschlägen ist eine typische Funktionalität, die in den meisten Fällen bei leistungsbezogenen Lohnvereinbarungen gefordert wird. Da minderwertiges Material, defekte Werkzeuge oder Maschinenstörungen durch Einrichter, Werker und Maschinenbediener in der Regel nicht beeinflussbar sind, kann die gemessene und in den Lohnscheinen dokumentierte Leistung über Zuschläge durch den Vorgesetzten mit entsprechender Berechtigung und Begründung nach oben korrigiert werden.

Wird dagegen beispielsweise mit einer schnelleren Maschine gefertigt, als ursprünglich geplant und in den Vorgabewerten hinterlegt, sind Abschläge zur Korrektur nach unten dazu einsetzbar, ein gerechtes Ergebnis zu erreichen.

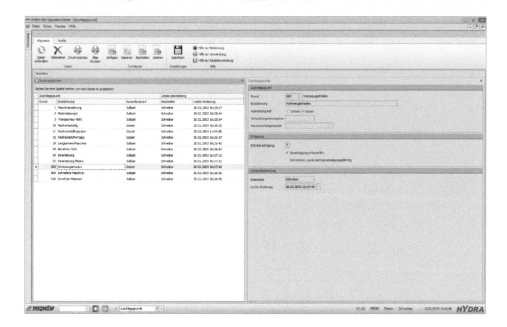

Abb. 6.41 Definition von Zu- bzw. Abschlagsgründen, die zur Begründung für die Veränderung von gemessenen Leistungsdaten verwendet werden

6.5.3   Datenpflege, Übersichten und Auswertungen

Selbst bei größter Buchungsdisziplin der Werker und guter Pflege der Vorgabewerte kann es vorkommen, dass als Ergebnis von umfangreichen Plausibilitätskontrollen im System Lücken oder Fehler in den Ursprungsdatensätzen entdeckt werden. Dazu gehören z.B. vergessene oder lückenhafte Stempelungen oder Auftragsstammdaten, in denen der Vorgabewert für die Stückzeit fehlt. Wichtig ist, dass diese Unzulänglichkeiten automatisch von der HYDRA-LLE erkannt werden, bevor sie zu falschen Leistungslohnberechnungen führen. Dazu bietet die Applikation eine Meldeliste, in der alle Auffälligkeiten protokolliert werden.

Werden lücken- oder fehlerhafte und genehmigungspflichtige Datensätze ohne erteilte Genehmigung entdeckt, kann der verantwortliche Bearbeiter von der Meldeliste direkt zu der Funktion springen, wo eine Ergänzung oder Korrektur der originären Daten vorzunehmen ist. Dies sind in der Regel die Masken zur Personalzeitpflege oder Pflege der auftragsbezogenen Buchungen. Werden für Änderungen Informationen vom betreffenden Mitarbeiter benötigt, kann an diesen oder dessen Vorgesetzten direkt aus der Meldeliste heraus eine Mail generiert werden.

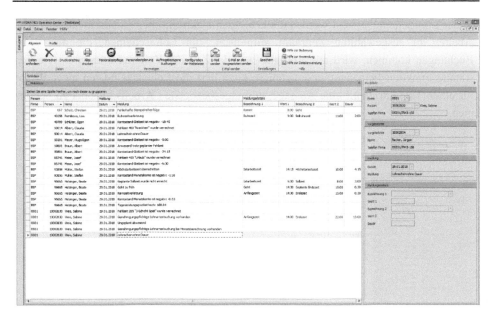

Abb. 6.42 Alle Auffälligkeiten werden in der konfigurierbaren Meldeliste protokolliert

In der Belegliste werden alle leistungslohnrelevanten BDE-Buchungen inkl. aller Detaildaten sowie vergebene Zu- und Abschläge zu Kontroll- und Info-Zwecken bei Vorliegen
der entsprechenden Berechtigung angezeigt.

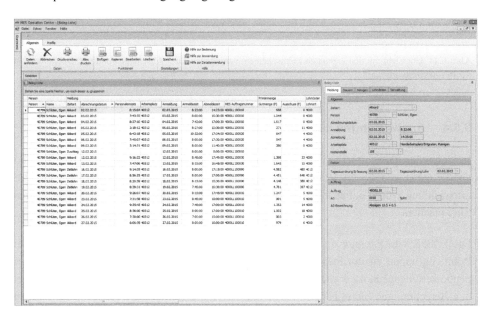

Abb. 6.43 Übersicht mit den Belegen, die aus den BDE-Buchungen übernommen wurden

In der Lohnscheinübersicht werden die erzeugten elektronischen Lohnscheine aller Mitarbeiter im ausgewählten Zeitraum aufgelistet. Bei Lohnscheinen, die aus BDE-
Buchungen kommen, wird aus Vorgabe- und Ist-Zeit der Zeitgrad errechnet. Die ver-
wandte Funktion Personentagesergebnisse kumuliert die Lohnscheindaten einer Person
für einen Tag, um damit eine Aussage zum tagesbezogenen Arbeitsergebnis zu bekommen.

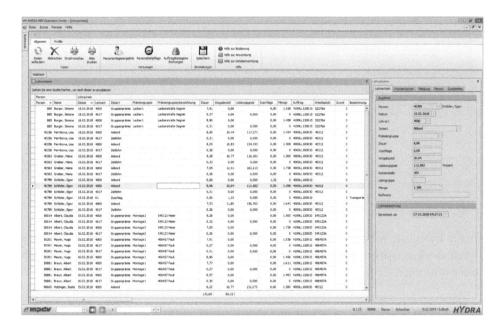

Abb. 6.44 Übersicht mit den erzeugten Lohnscheinen, vergebenen Zu- / Abschlägen und ggf. Buchungen aus
der Personalzeitwirtschaft

6.5.4   Auswertungen zu Prämiengruppen

In vielen Fertigungsunternehmen steht nicht mehr die Bemessung des Einzelnen sondern
der Gruppengedanke im Vordergrund. Eine individuelle Leistungsbewertung und Prä-
mienzahlung würde daher in Unternehmen, in denen Gruppenarbeit vorherrscht, keinen
Sinn machen.

Die HYDRA-LLE bietet die Möglichkeit, Einzelpersonen statischen oder dynamischen
Prämiengruppen zuzuordnen und damit die Realität in der Fertigung sowie den Grup-
penbewertungsgedanken auch im Leistungs- / Prämienlohnsystem abzubilden. Neben
den Berechnungen bietet HYDRA-LLE attraktive grafische Auswertungen, die sehr gut
zur Veröffentlichung der Gruppenergebnisse geeignet sind.

In dem Funktionspaket Gruppentagesergebnisse werden die pro Arbeitstag erbrachten Leistungen von Prämiengruppen zusammengefasst. In einer Tabelle mit Pivotfunktionen können die Ergebnisse in nahezu beliebiger Form grafisch aufbereitet werden.

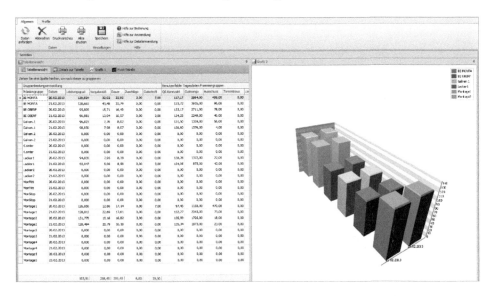

Abb. 6.45 Säulengrafik mit den Leistungen ausgewählter Gruppen im 2-Tages-Vergleich

Auch für Betrachtungen zur Leistungsentwicklung von Prämiengruppen über längere Zeiträume hinweg sind entsprechende Charts verfügbar.

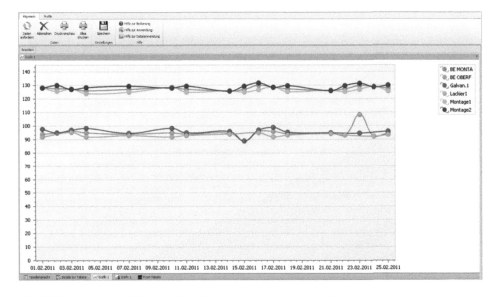

Abb. 6.46 Leistungsentwicklung von Prämiengruppen im ausgewählten Zeitraum

Stehen monatliche Bewertungen im Vordergrund, können die errechneten Resultate für ausgewählte Prämiengruppen mit Hilfe der Funktion Gruppenmonatsergebnisse auf Monatsbasis dargestellt werden.

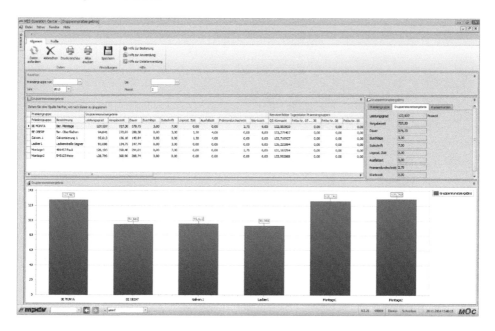

Abb. 6.47 Monatsergebnisse von verschiedenen Prämiengruppen in tabellarischer und grafischer Darstellung

6.5.5 HYDRA-LLE im Überblick

Lohnartenbestimmung:
Definition von Regeln zur Bestimmung der Lohnart

Zu- und Abschlagsgründe:
Konfiguration von Gründen für Zu- und Abschläge

Formelbasierter Leistungslohn:
Leistungsfähiges Werkzeug zur Abbildung komplexer Formen von Prämien- und Leitungslöhnen

Belegliste:
Darstellung der personenbezogenen BDE-Belege als Datenbasis für die Lohnberechnung

Meldeliste:
Zeigt Auffälligkeiten bei der Lohnberechnung auf und gibt Korrekturhinweise

Lohnscheine:
Darstellung der einzeln berechneten Lohnscheine

Tagesergebnisse Personen:
Übersichtliche Darstellung des täglichen Arbeitsergebnisses von Personen

Stammdaten der Prämiengruppen:
Anlegen und Pflegen von Stammdaten zu Prämiengruppen

Prämiengruppenzuordnung:
Zuordnung von Maschinen und Arbeitsplätzen zu Prämiengruppen

Prämienbereiche:
Zusammenfassung von Prämiengruppen zu Prämienbereichen, um hierarchische Unternehmensstrukturen abzubilden

Gruppenergebnis Monat:
Darstellung der durchschnittlichen monatlichen Gruppenergebnisse in grafischer und tabellarischer Form

Gruppenleistungsentwicklung:
Grafische und tabellarische Darstellung der täglichen Gruppenleistungen im Verlauf der Zeit

Personenbezogene Zeitanteile:
Monatliche Übersicht der mitarbeiterbezogenen Zeitanteile in den jeweiligen Prämiengruppen

---

6.6 Zutrittskontrollsystem (ZKS)

Ein Zutrittskontrollsystem ist sicher nicht unbedingt ein Element, das man in einem MES-System erwartet und das man oftmals auch als Standalone-Lösung vorfindet. Bei genauerer Betrachtung stellt man jedoch fest, dass sich auch hier interessante Synergie- effekte alleine dadurch ergeben, dass die in der Personalzeiterfassung bzw. – zeitwirtschaft genutzten Personalstämme auch bei der Zutrittskontrolle verwendet wer- den können und nur durch wenige zusätzliche Daten ergänzt werden müssen. Eine auf- wendige und fehlerträchtige, redundante Datenpflege wird damit verhindert und der Werkschutz kann direkt auf die von der Personalabteilung gepflegten Daten aufsetzen.

Hinzu kommt, dass mit Einführung einer Personalzeiterfassung oder BDE eine Infra- struktur mit Netzwerkverkabelung, Erfassungsterminals und Ausweissystemen aufge- baut wird, die auch für die Zutrittskontrolle nutzbar ist.

Das gestiegene Sicherheitsbewusstsein und äußere Zwänge wie die Zoll- und Sicher- heitsmaßnahmen (Zertifizierung zum Authorized Economic Operator (AEO)) führen da- zu, dass immer mehr Unternehmen die Ein- und Ausgänge des Firmengeländes sowie sensible Bereiche innerhalb der Gebäude nicht mehr nur mit herkömmlichen Schließan- lagen verriegeln. Stattdessen setzen sie auf moderne ZK-Systeme, die Zugänge nicht nur öffnen oder verriegeln, sondern auch überwachen, Alarme auslösen und die Zutritte bzw. Zutrittsversuche protokollieren. Die Online-Zutrittskontrolle über ZK-Terminals kann durch Offline-Komponenten wie Türschlösser mit integrierten Tag-Lesern für den Schutz interner sensibler Bereiche ergänzt werden.

Mit Unterstützung der HYDRA-Zutrittskontrolle kann gesteuert werden, dass bestimmte Mitarbeiter nur zu definierten Zeiten und eingeschränkten Bereichen Zutritt bekommen, während andere Mitarbeiter rund um die Uhr und eventuell auch am Wochenende Zu- gang zu allen Bereichen haben. Durch die Protokollierung von Zutritten und Zutrittsver- suchen, kann jederzeit nachvollzogen werden, wer wann an welchem Eingang das Fir- mengelände betreten hat oder versucht hat, es zu betreten. Kommt es zu Störungen, Sabotage oder zum unerlaubten Zutritt, können über das HYDRA-Eskalationsmanage- ment Alarme ausgelöst werden.

Die nachfolgende Grafik veranschaulicht die Methodik der HYDRA-Zutrittskontrolle und das Zusammenwirken der Funktionen, von denen anschließend die wichtigsten aus- führlich vorgestellt werden.

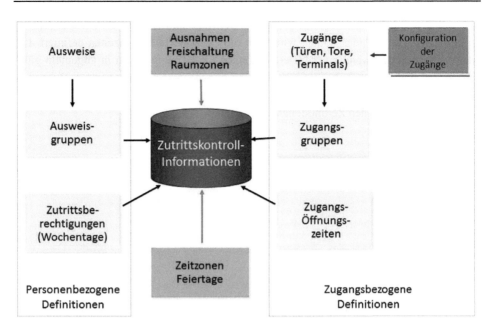

Abb. 6.48 Persönliche Zutrittsberechtigungen entstehen aus der Kombination verschiedener Informationen, die in den Stammdaten hinterlegt werden.

6.6.1 Verwaltungsfunktionen

Mit der Funktion „Zugänge" werden alle Türen und Tore mit den Detaildaten zur individuellen Konfiguration verwaltet. Dazu gehören alle organisatorischen sowie technischen Daten wie die maximal erlaubten Tür-offen-Dauern, Sabotagekontakte, auszulösende Alarme und viele weitere.

Abb. 6.49 Tabelle mit allen definierten Ein- und Ausgängen inkl. der Konfigurationsdaten

Zu welchen Tageszeiten Zugänge prinzipiell geöffnet sind oder zu welchen Zeiten Zutritte protokolliert werden sollen, wird über die Funktion Öffnungszeiten definiert. Um den Verwaltungsaufwand zu reduzieren, können die Öffnungszeiten in allgemein gültigen Zeitmodellen festgehalten und darüber den Zugängen zugeordnet werden. Besondere Festlegungen zu Feiertagen, die in einem speziellen Kalender eingetragen sind, übersteuern die Zeiten in den Zeitmodellen.

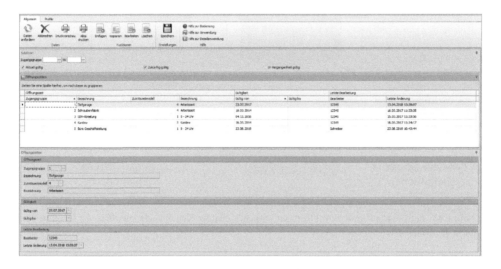

Abb. 6.50 Definition der Öffnungszeiten von Zugängen über Zeitmodelle

Mit der Funktion Ausweise werden alle im System vorhandenen Ausweise inkl. der Ersatz- und Besucherausweise mit den relevanten Informationen verwaltet.

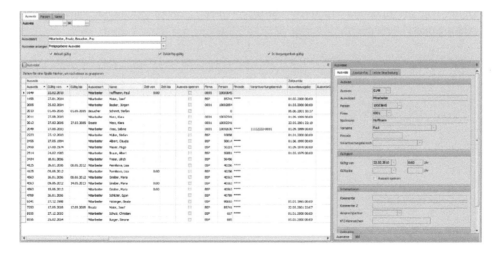

Abb. 6.51 Zu jedem Ausweis werden Daten wie Gültigkeit, Sperrkennzeichen, Pin-Code etc. abgespeichert.

Zutrittsberechtigungen

In den Zutrittsberechtigungen wird für jeden Mitarbeiter festgelegt, an welchen Zugängen und in welchem Zeitraum der Zutritt für ihn erlaubt ist. Um Verwaltungsaufwand zu sparen, werden hier sog. Zutrittsprofile verwendet, die für ganze Gruppen von Mitarbeitern (z.B. alle Werker, alle Instandhalter, alle Angestellten in der Verwaltung) gelten.

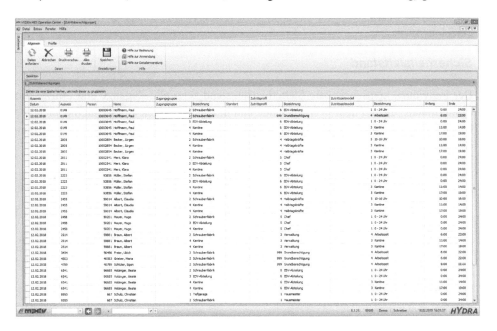

Abb. 6.52 Die Tabelle zeigt die Zutrittsberechtigungen, die für jede Person hinterlegt sind.

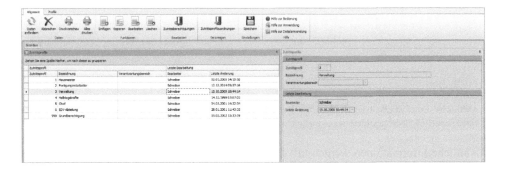

Abb. 6.53 Zutrittsprofile, die sich auf Tätigkeiten oder Arbeitsbereiche beziehen, tragen dazu bei, den Verwaltungsaufwand zu reduzieren.

6.6.2   Aktuelle Übersichten und Informationen

Nachdem ein Zutrittskontrollsystem in einem Unternehmen eingeführt wurde, ergeben sich vollkommen neue Effekte, die vor allem unter den Gesichtspunkten Sicherheit und Werksschutz von Nutzen sind. Aktuelle Informationen zum Status der Türen und Tore helfen zum Beispiel dabei, Gefahrensituationen wie offen stehende Türen oder Zutrittsversuche unberechtigter Personen sofort zu erkennen und entsprechende Maßnahmen einzuleiten.

Sicherheitsleitstand

Der individuell konfigurierbare Sicherheitsleitstand zeigt alle Zugänge und Zutrittskontrollterminals, die auf dem Werksgelände und in den Gebäuden eines Unternehmen vorhanden sind. Man erkennt sofort, wo sich die Zugänge befinden und in welchem Zustand sie sind.

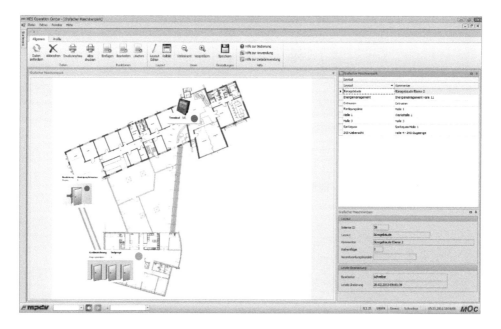

Abb. 6.54 Der Sicherheitsleitstand hilft insbesondere in großen Unternehmen mit lokal verteilten Gebäuden, einen schnellen Überblick über den aktuellen Status der Ein- / Ausgänge zu bekommen.

Ähnliche Informationen werden mit den Funktionen Zugangsstatus bzw. Aktuelle Alarme und Störungen in tabellarischer Form zur Verfügung gestellt.

6.6.3   Auswertungen zur Zutrittskontrolle

Das Zutrittsprotokoll zeigt über wählbare Zeiträume alle Zutritte, Zutrittsversuche und Situationen, bei denen der Zugang zu lange offen war, an.

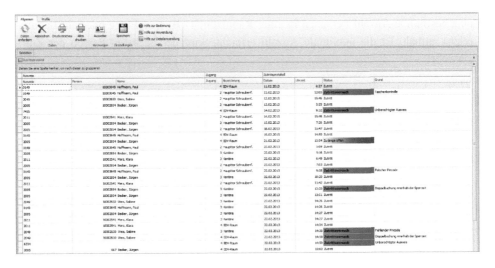

Abb. 6.55 Protokollierung aller Zutritte sowie Zutrittsversuche

Mit der Funktion Alarme und Störungen lässt sich sehr leicht nachvollziehen, an welchen Ein- / Ausgängen Situationen erkannt wurden, die in die Kategorie Alarm oder Störung einzuordnen sind.

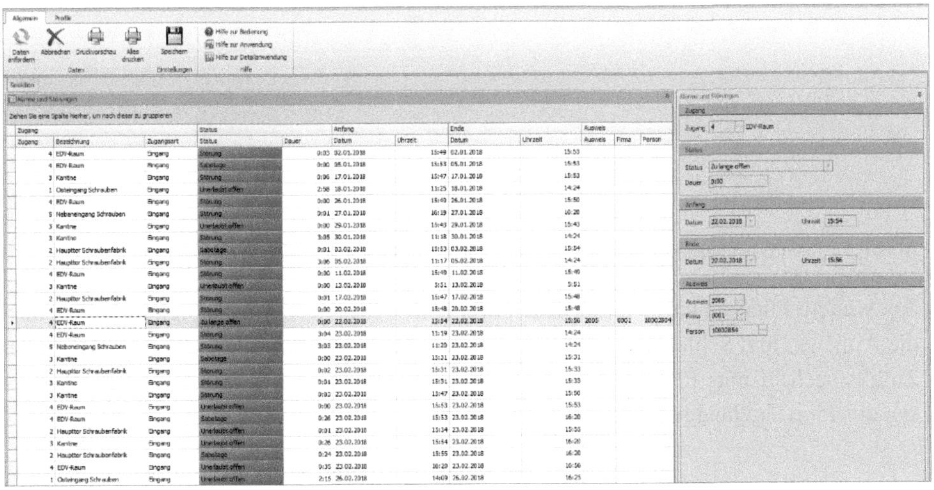

Abb. 6.56 Tabelle mit allen Alarmen, Störungen und weiteren Details, aus denen zum Beispiel auch der Verursacher erkennbar ist.

6.6.4   Spezielle Zutrittskontrollfunktionen

In diese Kategorie fallen Applikationen, die spezielle Anforderungen an die Zutrittskontrolle abdecken und daher in der Regel nicht in jedem Unternehmen zum Einsatz kommen. Dazu gehört u.a. die Funktion Raumzonen. Mit ihr kann man steuern, dass sich nur eine bestimmte Anzahl Personen in einer Raumzone (z.B. eine Etage oder ein Laborbereich) aufhält. Ist die maximale Anzahl erreicht, wird der nächsten Person der Zutritt verwehrt.

Als Ergebnis der Raumzonenüberwachung entsteht die Raumzonenübersicht. Sie ist z.B. äußerst nützlich in Gefahrensituationen, die Evakuierungsmaßnahmen zur Folge haben. Man erkennt auf einen Blick, wie viele und welche Personen sich gerade in dem betroffenen Bereich aufhalten.

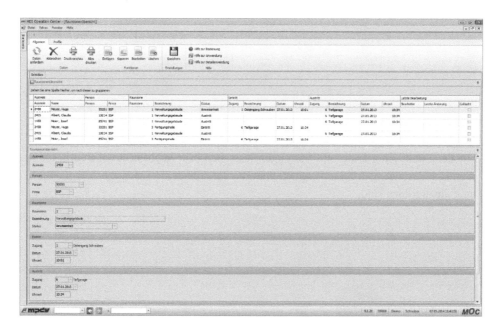

Abb. 6.57 Raumzonenübersicht mit Informationen, die in Notsituationen wichtig sein können.

Als weitere Funktionen in dieser Kategorie sollen hier der Vollständigkeit halber noch die Aufzugs- und Schleusensteuerung sowie die Personenkontrolle mit konfigurierbarem Zufallsmechanismus für die stichprobenartige Kontrolle von Mitarbeitern beim Verlassen des Firmengeländes erwähnt werden.

6.6.5   HYDRA-ZKS im Überblick

Zugänge:
Konfiguration der Zugänge unter organisatorischen und technischen Gesichtspunkten

Zugangsgruppen:
Zusammenfassung von Zugängen mit gleichen Einstellungen und Berechtigungen

Zeitmodelle:
Definition von allgemein gültigen Zutrittszeiten

Öffnungszeiten:
Festlegung der Öffnungszeiten von Zugängen über Zeitmodelle

Feiertagskalender:
Definition von abweichenden Zutrittsberechtigungen für Feiertage o.ä.

Ausweise:
Verwaltung der Ausweise für Mitarbeiter und Besucher sowie der Ersatzausweise

Zutrittsberechtigung:
Definition, für welche Mitarbeiter an welchen Zugängen wann der Zutritt erlaubt ist

Zutrittsprofile:
Gruppierung von Zutrittsberechtigungen nach Tätigkeiten oder Bereichen

Sicherheitsleitstand:
Grafische Darstellung aller Zugänge inkl. Alarmen und Störungen

Zutrittsprotokoll:
Auflistung aller protokollierten Zutritte sowie Zutrittsversuche

Alarme und Störungen:
Tabelle mit allen registrierten Alarmen und Störungen im ausgewählten Zeitraum

Zutrittsberechtigungshistorie:
Protokoll zu allen Änderungen die an Zutrittsberechtigungen vorgenommen wurden

Raumzonen und Raumzonenübersicht:
Überwachung von Raumzonen und Übersicht zu den Personen in den Raumzonen

Personenkontrolle:
Konfigurierbarer Zufallsmechanismus für die stichprobenartige Kontrollen

Alarmsystem:
Generierung von Alarmen bei unerlaubter Öffnung, zu lange geöffneten Zugängen sowie bei Sabotage oder Ausfall der Technikkomponenten

7 HYDRA für die Qualitätssicherung

7.1 Allgemeiner Überblick

Die Anforderungen an die Qualitätssicherung haben sich im Laufe der Jahre permanent erhöht. Dabei geht es nicht nur darum, dass die Produkte mit der vereinbarten Qualität an den Kunden geliefert werden, sondern dass die Prozessqualität permanent überwacht und verbessert wird. Nur durch den Aufbau von Regelkreisen zur Qualitätsverbesserung, die zu einer stetigen Steigerung der Prozessqualität führen, kann heute ein Fertigungsunternehmen die Qualitäts- und Fehlerkosten auf ein Maß senken, das unter wirtschaftlichen Gesichtspunkten vertretbar ist.

Als integriertes MES bietet HYDRA umfassende Funktionalitäten, mit denen Produkt- und Prozessdaten entlang der gesamten Wertschöpfungskette vom Wareneingang bis hin zum fertigen Produkt erfasst und ausgewertet werden können. Die Ergebnisse dienen dazu, Fehler in den Prozessen zu erkennen, deren Ursachen zu ermitteln, Maßnahmen zur Beseitigung der Fehler festzulegen und die Ergebnisse nach der Umsetzung zu kontrollieren. HYDRA unterstützt damit einen Regelkreis, der auf eine stetige Prozessverbesserung ausgerichtet ist, der es aber auch erlaubt, kurzfristig auf Qualitätsprobleme und Fehler reagieren zu können. Dabei werden nicht nur die HYDRA-CAQ-Funktionen

- Fehlermöglichkeits- und -einflussanalyse (FMEA)
- Fertigungsprüfung mit SPC, Warenausgangsprüfung, Erstmusterprüfung und Produktionslenkungsplan
- Wareneingangsprüfung
- Reklamationsmanagement und
- Prüfmittelverwaltung

sondern auch andere HYDRA-Applikation wie Tracking / Tracing, Maschinendaten oder die Prozessdatenverarbeitung dazu genutzt, den Anwendern ein übergreifendes System auf Basis lückenlos erfasster und elektronisch gespeicherter Produktions- und Prüfdaten zur Verfügung zu stellen.

Bei richtiger Anwendung helfen die HYDRA-CAQ-Funktionen Fertigungsunternehmen in entscheidendem Maße dabei, die Anforderungen zu erfüllen, die in gängigen Qualitätsnormen wie ISO 9001, TS 16949, FDA CFR 21 Part 11 oder anderen definiert sind.

© Springer-Verlag GmbH Deutschland, ein Teil von Springer Nature 2019
J. Kletti, R. Deisenroth, *Kompendium*
https://doi.org/10.1007/978-3-662-59508-4_7

Vorteile der MES-Integration

In vielen Unternehmen wird auch heute noch die Qualitätssicherung als separater Prozess betrachtet, der isoliert vom Fertigungsmanagement abläuft. Dabei nimmt man in Kauf, das getrennte Systeme zum Beispiel zur Betriebsdatenerfassung und Fertigungsprüfung mit jeweils eigener Infrastruktur, unterschiedlichen Bedienoberflächen und redundanter Datenhaltung betrieben werden. Um ganzheitliche Betrachtungen vornehmen zu können, müssen die Daten aus beiden Systemen über Schnittstellen zusammengeführt werden, was nicht selten zu Synchronisationsproblemen und Dateninkonsistenzen führt.

Dagegen bietet ein MES wie HYDRA, in das die CAQ-Funktionen nahtlos eingebettet sind, erhebliche Vorteile für die Anwender. So kann beispielsweise bereits bei der Planung eines Fertigungsauftrags geprüft werden, ob ein Prüfplan für den zu fertigenden Artikel vorhanden ist, aus dem dann automatisch eine Prüfanforderung generiert wird. Meldet der Werker einen Arbeitsgang an seinem Arbeitsplatz an, wird die zugehörige Prüfanforderung inkl. aller relevanten Prüfschritte parallel dazu angezeigt. Im Rahmen der Werkerselbstprüfung wird der Bediener direkt am MES-Terminal durch die hinterlegten Prüfschritte geführt, Stichprobenintervalle werden automatisch auf Basis der erfassten Stückzahlen und Netto-Zeiten ermittelt und Prüffälligkeiten visualisiert. Zusätzliche Rationalisierungseffekte und damit Kosteneinsparungen werden erreicht, wenn in den Prüfanforderungen Dynamisierungsregeln definiert sind, die automatisch in der HYDRA-CAQ in Form einer Verlängerung der Prüfintervalle berücksichtigt werden.

Weitere Nutzenvorteile werden erzielt, wenn attributive Prüfungen direkt während der laufenden Produktion am MES-Terminal durchgeführt werden und damit die Mengenermittlung durch die Online-Differenzierung zwischen Gutstück und Ausschuss eine vollkommen neue Qualitätsstufe erreicht. Werden zusätzlich noch Ausschussgründe erfasst, können damit bereits die in der QS-Abteilung genutzten Auswertungen zu Fehlerursachen gespeist und zeitnah Maßnahmen zur Vermeidung von Ausschuss eingeleitet werden.

Auch wenn es um Themen wie Produktverfolgung und –dokumentation geht, hat der Integrationsgedanke positive Auswirkung. Chargen- und Losinformationen, die in HYDRA-Tracking / Tracing (TRT) erfasst werden, können selbstverständlich innerhalb der CAQ zur Identifikation von Produktionseinheiten und für die Selektion in Auswertungen genutzt werden.

Ein Beispiel für die vollständige Integration und den „verzahnten" Ablauf von Produktion und Qualitätsprüfung ist in nachfolgendem Schema dargestellt:

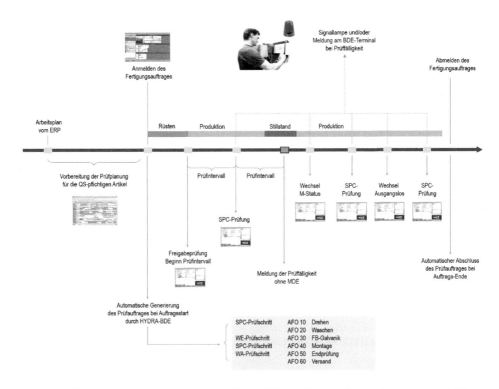

Abb. 7.1 Wirkungsvolles Zusammenspiel von BDE-, MDE- und CAQ-Funktionen im integrierten MES am Beispiel der Werkerselbstprüfung

7.2 Übergreifende CAQ-Funktionen

Bei der Einführung bzw. Nutzung der HYDRA-CAQ-Applikationen ist es generell von Vorteil, wenn alle Anwender eine unternehmensweite, bereichsübergreifende Systematik zugrunde legen. Qualitätsbegriffe, Analysen und Reports werden dadurch normiert und eine redundante Datenhaltung wird vermieden.

Gemeinsame Stammdaten für die Qualitätssicherung

Im ersten Schritt werden alle im Unternehmen benötigten Stamminformationen wie Fehlerarten, Fehlerorte, Fehlerursachen, Maßnahmen oder Kostenarten angelegt. Zusätzlich stehen natürlich alle Stammdaten aus den anderen HYDRA-Applikation wie Einheiten, Arbeitsplätze, Maschinen, Ausschussgründe, Kostenarten oder Personen auch innerhalb der CAQ zur Verfügung.

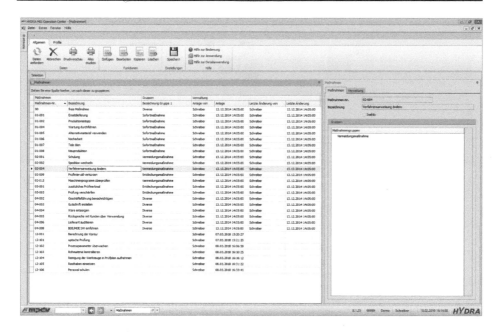

Abb. 7.2 Tabelle mit Fehlerursachen und Maßnahmen aus allen CAQ-Anwendungen als Beispiel für die Anlage von gemeinsam in der HYDRA-CAQ genutzten Stammdaten

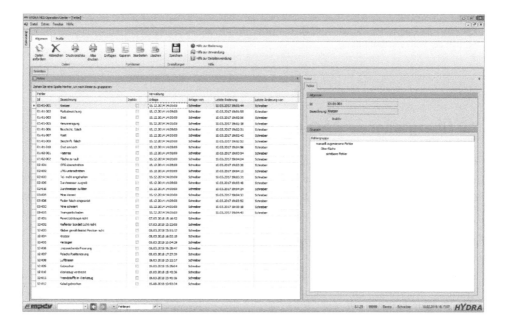

Abb. 7.3 Auch die Fehlerarten werden in einer Tabelle für alle Bereiche geführt

Welche dieser Daten dann konkret an welchen Arbeitsplätzen oder in welchen CAQ-Auswertungen genutzt werden, entscheidet der Anwender, in dem er die relevanten Teilmengen der Stammdaten im nächsten Schritt Artikeln, Artikelgruppen, Prüfmerkmalen oder Prüfplänen zuordnet.

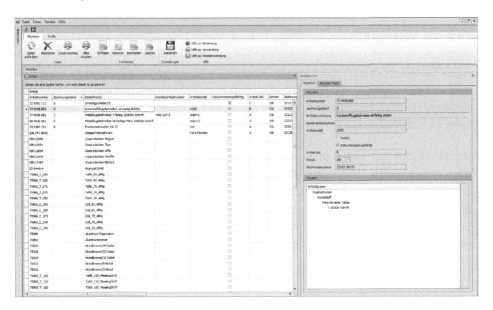

Abb. 7.4 In den Stammdaten zu den Artikeln wird definiert, wie diese im Rahmen der HYDRA-CAQ-Applikationen zu behandeln sind.

Rationalisierungseffekte bei der Arbeit mit der HYDRA-CAQ lassen sich dadurch erreichen, dass Artikel zu Gruppen zugeordnet werden. Das Vorhandensein von Artikelgruppen ist Voraussetzung für die Nutzung von Familienprüfplänen und statistischen Auswertungen auf Gruppenbasis.

Abb. 7.5 Eine Übersicht mit Baumstruktur zeigt in anschaulicher Weise, welche Artikel welcher Artikelgruppe zugeordnet sind. Dabei werden beliebig viele Hierarchiestufen berücksichtigt.

Prüfmerkmale

Eine weitere wichtige Kategorie von Stammdaten bilden die Prüfmerkmale, die in Merkmalskatalogen aufgelistet werden. Auf diese Kataloge greifen alle HYDRA-CAQ-Anwendungen zu.

Zu jedem Merkmal können vielfältige Parameter und Eigenschaften angegeben werden, die bei der späteren Qualitätsprüfung und bei den Auswertungen eine Rolle spielen. Sie regeln beispielsweise, ob das Merkmal in einer variablen oder attributiven Prüfung bzw. in einer Fehlersammelkarte beurteilt wird. Sofern es sich um allgemeingültige, artikelunabhängige Größen handelt, sind auch bereits an dieser Stelle Angaben zum Sollwert und Toleranz- bzw. Prozessgrenzwerten hinterlegbar.

Die HYDRA-CAQ bietet außerdem die Möglichkeit, dass beschreibende Dokumente wie Zeichnungen, Prüfskizzen und -anweisungen oder Fotos und Videos zu den Merkmalen direkt oder über Links auf die entsprechenden Speicherorte zugeordnet werden. Bei der späteren Prüfung können diese Informationen am Prüfplatz oder am MES-Terminal angezeigt werden. Damit wird ein weiterer wichtiger Schritt auf dem Weg zur papierlosen Fertigung mit allen ihren Vorteilen vollzogen.

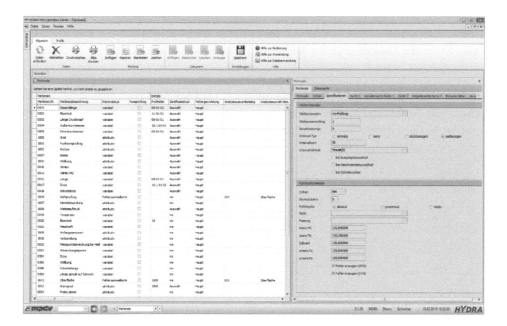

Abb. 7.6 Tabelle mit Datenfeldern zur Definition der Prüfmerkmale

Prüfplanung

In der Prüfplanung werden alle Stammdaten, die für die zu produzierenden Artikel relevant sind, innerhalb eines Prüfplans zusammengeführt. Versionierbare Pläne, d.h. Prüfpläne mit zeitlicher Begrenzung können auf diesem Weg genauso wie Prüfanforderungen oder Prüfschritte generiert, geändert und verwaltet werden.

In den Prüfplänen werden außerdem die zu prüfenden Merkmale mit allen notwendigen Details charakterisiert. Dazu gehören natürlich die Angaben zum Merkmalstyp (attributiv oder variabel), die Sollwerte, Toleranz- und Eingriffsgrenzen, Stichprobenpläne, die zu verwendenden Prüfmittel und begleitende Dokumente wie Zeichnungen, Fotos, Videos oder Notizen. Außerdem sind Berechnungsalgorithmen definierbar, wenn die Werte aus Messergebnissen nicht direkt ableitbar, sondern über Formeln oder Merkmalsabhängigkeiten zu berechnen sind.

Eine besonders effektive Methode zur Erstellung von Fertigungs- und Erstmusterprüfplänen stellt die Zuweisung von Prüfplanmerkmalen auf Basis von CAD-Zeichnungen und in HYDRA erzeugten FMEAs dar. Hierbei werden vorhandene Daten aus dem CAD-System bzw. der HYDRA-FMEA über Zuordnungsdefinitionen importiert und zur Generierung bzw. Ergänzung von Prüfplanmerkmalen genutzt. Zusätzlich besteht die Möglichkeit, die Daten manuell zu vervollständigen.

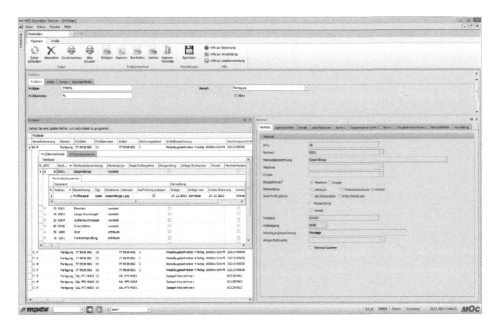

Abb. 7.7 In den Prüfplänen werden alle relevanten Daten für die Prüfung des zu produzierenden Artikels zusammengeführt.

Prüfpläne können auch erweiterte Vorgaben wie z.B. zum Signalisieren der Prüffälligkeit beim Eintreten eines bestimmten Maschinenzustands, bei einem Chargenwechsel
oder beim Erreichen des Zeit- bzw. Stückzahlintervalls enthalten. Damit werden Werker
und Prüfer z.B. über Signallampen optisch auf fällige Prüfungen hingewiesen und die
Einhaltung der Prüfintervalle wird deutlich verbessert.

Um den Erstellungs- und Verwaltungsaufwand für Prüfpläne zu reduzieren, können auch
sogenannte Familien- oder Gruppenprüfpläne genutzt werden. Hierbei werden Artikel
mit ähnlicher Merkmalsausprägung in Familienprüfplänen zusammengefasst.

Für Kunststoffverarbeiter steht eine spezielle Funktion in Form der nestbezogenen Prüfplanung zur Verfügung. Bei dieser werden die Prüfplanmerkmale nicht nur für das gesamte Mehrfachwerkzeug sondern für einzelne Nester und damit für jedes produzierte
Teil individuell angelegt.

Prüfanforderungen

Zur Prüfplanung gehören auch Funktionen, mit denen aus den Prüfplänen Prüfanforderungen inkl. mehrerer Prüfschritte mit dem direkten Bezug zum Fertigungsauftrag, seinen Arbeitsgängen bzw. zu den zu produzierenden Artikeln generiert, freigegeben, stor-
niert und abgeschlossen werden.

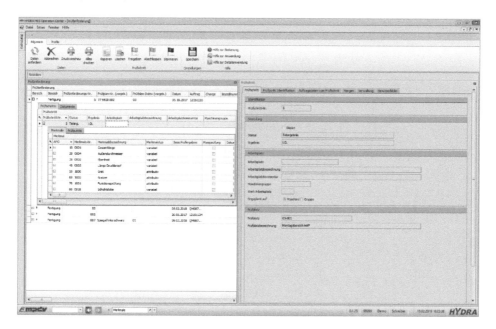

Abb. 7.8 Aus den Prüfplänen werden konkrete Prüfanforderungen mit Prüfschritten erzeugt, die von den verantwortlichen Mitarbeitern abgearbeitet werden.

7.3 Fehlermöglichkeits- und -einflussanalyse (FMEA)

Mit Hilfe der HYDRA-FMEA werden bereits während der Entwicklung eines Produktes potentielle Quellen für spätere Qualitätsmängel in der Produktion betrachtet. Nach Erkennung der Fehlerquellen müssen geeignete Maßnahmen definiert werden, um die verursachten Mängel zu eliminieren oder zumindest zu minimieren. Damit ist FMEA eine bewährte Methode zur Risikoanalyse und präventiven Fehlervermeidung.

HYDRA-FMEA deckt dabei den kompletten Ablauf einer Analyse ab. Durch die Dokumentation der FMEA gewinnt der Anwender eine protokollierte Wissensbasis, mit deren Hilfe laufende und künftige Entwicklungsprojekte effizient unterstützt werden. Zudem können unnötige Fehler bereits in der Entwicklungsphase vermieden bzw. nachträglich in Vermeidungsstrategien integriert werden. Das führt sowohl präventiv als auch nachhaltig zu niedrigeren Kosten.

HYDRA unterstützt unterschiedliche FMEA-Arten wie Produkt- oder Prozess-FMEA´s die u.a. auch auf Basis von VDA-Standards definiert sind.

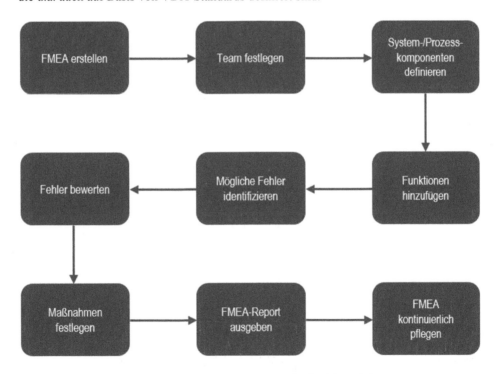

Abb. 7.9 Aktionen, die typischerweise im Rahmen einer FMEA durchzuführen sind

Mit HYDRA-FMEA werden im ersten Schritt abteilungsübergreifende Teams für die notwendigen Analysen zusammengestellt und die Aufgaben der Teammitglieder definiert. Das Netz aus Fehlern, Auswirkungen und Maßnahmen ist für alle Teammitglieder im Sinne einer ganzheitlichen Betrachtung von komplexen Produkten einsehbar.

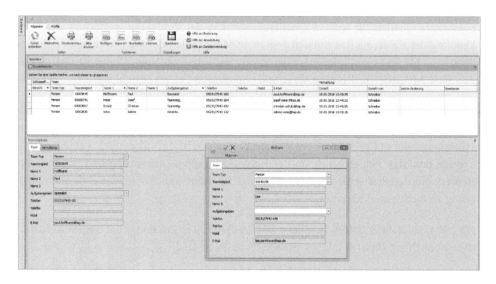

Abb. 7.10 Zusammenstellung von Teams aus Mitarbeitern, die in die Analysen involviert sind

Ein weiterer FMEA-Bestandteil sind Funktionen zur Erstellung von Fehler- und Funktionsnetzen, die Ursachen und deren Auswirkungen in Beziehung zueinander stellen.

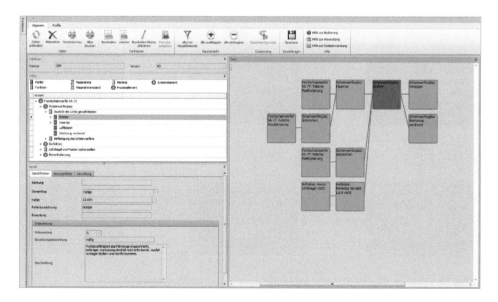

Abb. 7.11 Komfortable Zuordnung von System- bzw. Prozesselementen, Funktionen, Merkmalen, Fehlern und Maßnahmen zu FMEAs

Durch die ergänzende Beurteilung der Fehler hinsichtlich ihrer Wahrscheinlichkeit des Auftretens, der Bedeutung und der Entdeckung ergeben sich entsprechende Risikopriorisätszahlen (RPZ), die zur Bewertung herangezogen werden. Das Ergebnis hieraus bildet eine wichtige Grundlage für die eigentliche Prüfplanung. Durch die Risikobewertung wird bereits im Vorfeld ersichtlich, welche Merkmale während der Produktion mit welcher Intensität geprüft werden müssen.

Ungeachtet dessen, ob die notwendigen Dokumente und Formblätter nach VDA-Vorlagen oder aber in individuellem Layout erstellt und bearbeitet werden sollen, wird der Anwender dabei durch einen leistungsfähigen Reportdesigner unterstützt.

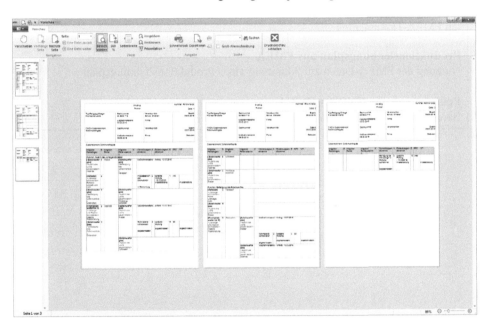

Abb. 7.12 Ein Beispiel für ein FMEA-Dokument, das mit Hilfe des Reportdesigners erstellt wurde

Die Integration der FMEA in das Manufacturing Integration System HYDRA stellt sicher, dass die erfassten Daten direkt zur weiteren Verarbeitung in der Prüfplanung der anderen CAQ-Applikationen (FEP, WEP etc.) genutzt und definierte Maßnahmen in der Fertigung und allen anderen betroffenen Unternehmensbereichen auch umgesetzt werden. Dazu zählen u.a. die Ableitung eines Produktionslenkungsplans in Abhängigkeit des gewählten Elements im FMEA-Baum mit Einbeziehung der untergeordneten Elemente und das Erstellen von Prüfplänen, in die Merkmale der in der FMEA markierten System-und Prozesselemente einfließen.

7.3.1   HYDRA-FMEA im Überblick

Verwaltung von Basisdaten für FMEA´s:
Zusammenstellen eines Teams und Definition der relevanten System- bzw. Prozesselemente, Funktionen, Merkmale, Fehler und Maßnahmen

Erstellung und Durchführung von FMEA´s:
Durchführung von Strukturanalysen auf Basis der erstellten Funktionsnetze inkl. Ableiten von Maßnahmen und Risikobewertung

Verwaltung und Design der FMEA-Reports
Leistungsfähiger Reportdesigner zur Erstellung von individuellen und standardisierten FMEA-Dokumenten

Produktionslenkungsplan aus FMEA
Nutzung der FMEA-Daten zur Ableitung eines Produktionslenkungsplan

Prüfplanung aus HYDRA FMEA
Bereitstellung von Merkmalen zur Erstellung von Prüfplänen

7.4 Fertigungsbegleitende Prüfung (FEP)

Das Modul Fertigungsprüfung (FEP) ist das zentrale Element innerhalb der HYDRA-CAQ. In Verbindung mit anderen HYDRA-Anwendungen ergeben sich hier die größten Nutzeffekte und Einsparpotenziale. Die Erfassungs- und Informationsfunktionen der fertigungsbegleitenden Prüfung und statistischen Prozessregelung (SPC) können zusammen mit anderen HYDRA-Applikation wie BDE, MDE auf den gleichen PC-basierten Terminals oder auf mobilen Geräten mit ähnlichen Bedienerdialogen genutzt werden. Damit sind keine separaten Prüfplätze erforderlich, werden Wegezeiten vermieden und eine gesamtheitliche Betrachtung der Herstellprozesse ermöglicht.

Wegen der thematischen Nähe wurden in das Modul HYDRA-FEP auch die Bereiche Warenausgangsprüfung, Erstmusterprüfung und Produktionslenkungsplan mit aufgenommen.

7.4.1   Prüfplanung für die fertigungsbegleitende Prüfung

Wird ein Fertigungsauftrag aus planerischer Sicht für die Produktion freigegeben, prüfen die verantwortlichen Mitarbeiter in der Arbeitsvorbereitung, ob ein zum zu produzierenden Artikel passender Prüfplan existiert. Ist dies der Fall, werden korrespondierend zum Arbeitsplan Prüfanforderungen und Prüfaufträge mit den jeweiligen Prüfschritten erzeugt. Meldet der Werker am MES-Terminal einen Arbeitsgang an, bekommt er direkt den zugehörigen Prüfauftrag mit allen Details für die zu durchlaufenden Prüfschritte angezeigt.

Eine Besonderheit, die in der Regel nur bei der fertigungsbegleitenden Prüfung Anwendung findet, ist das Erzeugen und Berücksichtigen von Prüfpunkten. Prüfpunkte entstehen zum Beispiel durch das Erreichen eines Stichprobenintervalls (Prüffälligkeit). Diese werden dem Werker während der Produktion am MES-Terminal oder über externe, vom MES aktivierte Signallampen angezeigt.

Durch das systemunterstützte Zusammenwirken von Fertigung und Qualitätsprüfung werden automatisch Beziehungen der erfassten Daten zueinander hergestellt. Dies wiederum ist von Vorteil, wenn in der Fertigungssteuerung eine durch qualitätsrelevante Ereignisse verursachte Auftragsverfolgung erfolgen muss. In umgekehrter Wirkungsrichtung ist es sehr einfach möglich, die Qualitätsdaten über eine Selektion zum Auftrag bzw. Arbeitsgang und deren Querbeziehung auszuwerten.

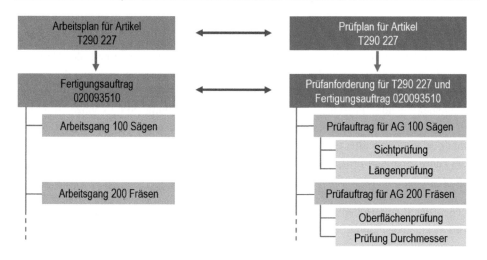

Abb. 7.13 Logischer Zusammenhang zwischen Fertigungsprozessen und Qualitätsprüfung

7.4.2   Prüfdatenerfassung

Abhängig davon, ob die HYDRA-CAQ in Verbindung mit der BDE oder als Standalone-Lösung genutzt wird, ruft der Werker oder Prüfer die Prüfanforderungen mit Anmeldung des Fertigungsauftrags automatisch oder über die Prüfanforderungsnummer an einem MES-Terminal bzw. Prüfplatz auf. Anders als bei der papiergestützten Prüfdatenerfassung bekommt der Werker alle Informationen in elektronischer Form angezeigt.

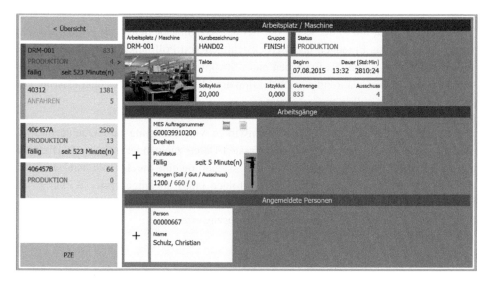

Abb. 7.14 In der AIP-Oberfläche wird zum Arbeitsgang die Prüffälligkeit inkl. relevanter Daten angezeigt

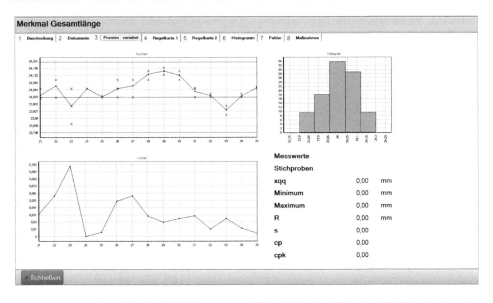

Abb. 7.15 AIP-Bedienerdialog für die Erfassung von variablen Merkmalen (Messdaten) inklusive der Anzeige von Prüfergebnissen

Fehlersammelkarte

Mit der Fehlersammelkarte steht in der HYDRA-CAQ ein etabliertes Verfahren zur Durchführung und Auswertung von attributiven Prüfungen zur Verfügung. Wie die Erfassung am AIP erfolgen soll, kann über konfigurierbare Dialoge individuell eingestellt werden.

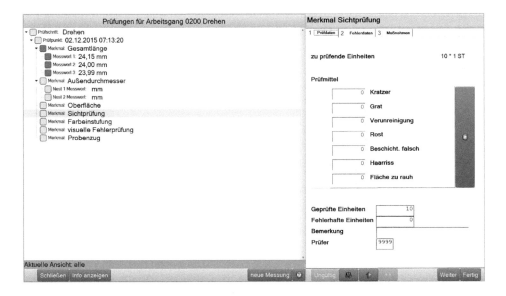

Abb. 7.16 AIP-Bedienoberfläche für die Erfassung von attributiven Merkmalen aus der Fehlersammelkarte

7.4.3   Auswertung der Prüfergebnisse

Um einen Regelkreis zur Verbesserung der Prozessqualität aufbauen zu können, müssen die Messwerte und Prüfdaten aufbereitet und visualisiert werden. Dazu bietet die HYDRA-FEP eine ganze Reihe von Funktionen an.

Regelkarten

HYDRA nutzt eine gängige Methode zur Visualisierung mittels standardisierter Regelkarten, die über leistungsfähige Filterfunktionen verfügen. Je nach Anforderung lassen sich die relevanten Datenbereiche (z.B. Auswertung für einen bestimmten Arbeitsgang) herausfiltern und unterschiedlichste Darstellungen konfigurieren und kombinieren.

Für die Visualisierung von variablen Merkmalen stehen die Typen Xq-Karte, s-Karte, R-Karte, Einzelwertkarte und Mediankarte zur Verfügung. Attributive Merkmale werden in Form von p-Karten, np-Karten, c-Karten und u-Karten abgebildet.

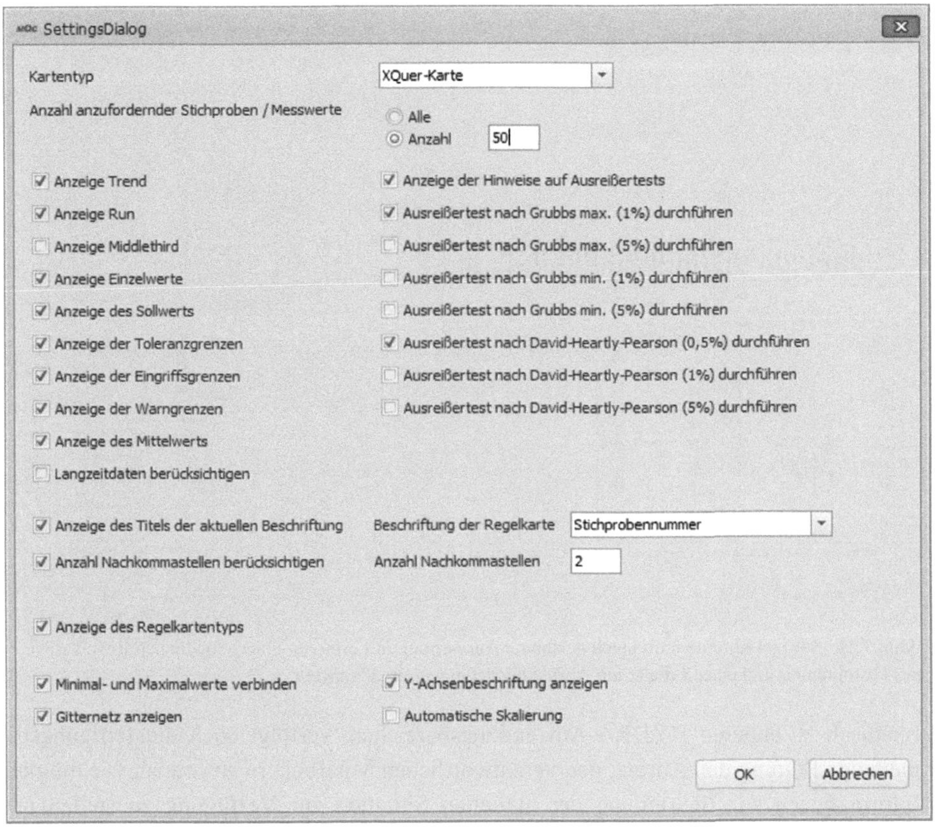

Abb. 7.17 Über umfangreiche Parametereinstellungen können Regelkarten individuell konfiguriert werden

Damit die Analyse der Mess- und Prüfdaten gezielte Resultate liefert, sind innerhalb der Regelkarten viele Selektionsparameter wie Auftrag / Arbeitsgang, Prüfplan, Prüfschritt, Stichprobe u.v.a.m. auswählbar. Dabei können auch archivierte Daten in die Auswertung einbezogen werden, wenn Langzeitbetrachtungen langfristige Trends aufzeigen sollen oder Qualitätsnachweise zu früher produzierten Artikeln gefordert werden.

Die Regelkarten beinhalten die Überwachungsfunktionen Trend, Run und MiddleThird, mit denen ein Prozess noch besser kontrolliert werden kann als über die Regelkarte allein. Mit der Anzeige des Trends wird ein über mehrere Stichproben ansteigender bzw. abfallender Prozessverlauf visualisiert. Der „Trend" zeigt, wo der Prozess über mehrere Stichproben hinweg ober- oder unterhalb des Mittel- oder des Sollwerts verläuft. Ein „Run" wird erkannt, wenn eine vordefinierte Anzahl aufeinanderfolgender Werte oberhalb des Mittelwerts liegen. Ein „MiddleThird" liegt vor, wenn in dem betrachteten Regelkartenausschnitt statistisch auffällig viele oder auffällig wenige Werte im mittleren Drittel des Bereichs zwischen den Eingriffsgrenzen liegen.

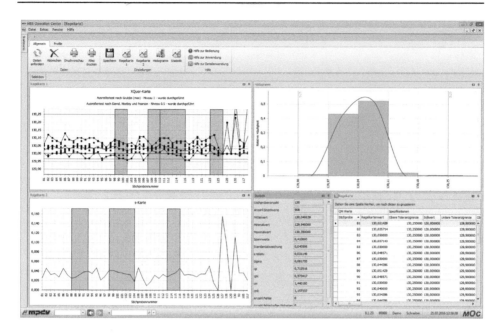

Abb. 7.18 Beispiel für eine individuell gestaltete Auswertung in Form von unterschiedlichen Regelkarten, eines Histogramms und einer Tabelle mit Auflistung der einzelnen Messwerte.

Identisch zu anderen HYDRA-Anwendungsbereichen, verfolgt auch die fertigungsbegleitende Prüfung den Ansatz, den verantwortlichen Mitarbeitern so zeitnah wie möglich Informationen zur Beurteilung der aktuellen Situation zur Verfügung zu stellen und ihnen damit die Möglichkeit zu geben, schnell und gezielt auf Fehlentwicklungen zu reagieren. In diesem Kontext bietet HYDRA mit einer speziellen Darstellung im AIP direkt an den Maschinen und Arbeitsplätzen den Echtzeit-Blick auf die erfassten Messwerte und Prüfdaten. Auch hier sind unterschiedliche Darstellungsvarianten in Form von Regelkarten einstellbar, wobei auf dieser Ebene der Urwertkarte mit einer detaillierten Verlaufsdarstellung eine besondere Bedeutung zukommt.

Abb. 7.19 Echtzeitinformationen und statistische Werte in der Darstellung an MES-Terminals und Prüfplätzen

Fehlerschwerpunktanalyse

Eine weitere typische Auswertung für die QS-Abteilung und andere fertigungsnahe Bereiche bietet HYDRA mit der Fehlerschwerpunktanalyse. Es erfolgt die Auswertung nach Fehlerart, Fehlerort und Fehlerursache sowie die Darstellung der Fehlerartenverteilung (Häufigkeit) je Artikel, bezogen auf einen zuvor gefilterten Zeitraum. Auf Basis solcher Analysen können die Kernbereiche ermittelt werden, in denen die Einleitung von qualitätsverbessernden Maßnahmen erforderlich ist.

Bei derartigen Auswertungen, bei denen große Datenmengen analysiert werden müssen, bieten die enthaltenen Pivot-Funktionen entscheidende Vorteile. So können Zeilen und Spalten gedreht werden, um verschiedene Zusammenfassungen der Quelldaten anzeigen zu lassen. Man kann einfach Filterungen per „drag and drop" mit ergänzender Detailfilterung vornehmen und die Daten lassen sich durch die interaktive Darstellungsweise in verschiedenen Formaten und mit unterschiedlichen Berechnungsmethoden zusammenfassen und analysieren.

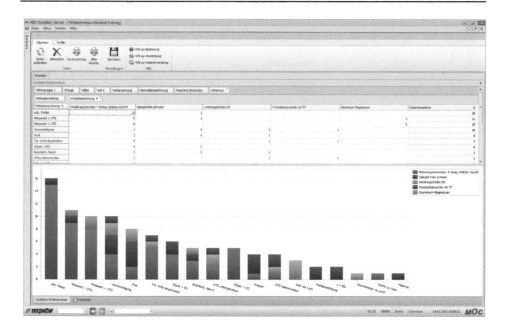

Abb. 7.20 Mit Hilfe der Pivot-Funktionen in der Fehlerschwerpunktanalyse können Auswertungen selbst großer Datenbestände vom Anwender in übersichtlicher Form gestaltet werden.

7.4.4 Warenausgangsprüfung

Die Warenausgangsprüfung stellt eine Sonderform der fertigungsbegleitenden Prüfung dar. Die Funktionen, die im vorhergehenden Kapitel beschrieben wurden, sind daher auch auf diesen Teilbereich der Qualitätssicherung anwendbar.

Eine zentrale Rolle nehmen hier allerdings Formulare und Zertifikate ein. Sie werden nach der Warenausgangsprüfung als Qualitätsbeleg erstellt und zusammen mit den Fertigprodukten an den Kunden ausgeliefert. Die immer häufiger geforderten Dokumente wie Warenausgangszertifikate, Werksprüfzeugnisse oder kundenspezifische Sonderzertifikate sind derart vielfältig, dass sich diese mit wirtschaftlich vertretbarem Aufwand nicht mehr ohne Systemunterstützung erstellen und verwalten lassen. Da Kunden in den meisten Fällen individuelle Vorgaben zur Gestaltung und zum Inhalt der Papiere machen, kommt hier der variablen Gestaltbarkeit und einfachen Änderbarkeit der Formulare eine besondere Bedeutung zu. Die Tatsache, dass HYDRA Standardfunktionen aus MS-Office nutzt, schützt den Anwender davor, dass zu viel Aufwand für das Erstellen individueller Formulare mittels Reportgeneratoren oder ähnlichen Tools entsteht.

7.4.5   Erstmusterprüfung

Mit der Erstbemusterung werden die Produkt- und Qualitätsmerkmale eines Artikels vor der Serienlieferung definiert und zwischen Kunden und Lieferanten abgestimmt. Damit werden die Qualitätsrisiken und -kosten für beide Seiten minimiert. Besonders Automobilhersteller stellen mit Erstmusterprüfungen die Einhaltung Ihrer Normen (VDA, QS9000, PPAP) und damit die Qualität Ihrer Lieferungen sicher.

Da der Aufwand zur Erstellung und Bearbeitung von Erstmusterprüfberichten auf konventionellem Weg insbesondere bei großer Produktvielfalt und kurzfristigen Produktänderungen relativ hoch und kostenintensiv ist, sind mit der HYDRA-Erstmusterprüfung inkl. der Erfassung aller relevanten Details und deren transparente Dokumentation signifikante Rationalisierungseffekte erzielbar.

Im Prinzip werden für die Erstmusterprüfungen die gleichen Mechanismen und Funktionen wie bei der fertigungsbegleitenden Prüfung genutzt. Da es sich jedoch dabei um Produkte handelt, die erstmalig produziert werden, muss es Einschränkungen bei der Prüfplanung geben. Der Prüfplan entsteht quasi bei der Prototypenfertigung, kann jedoch durch Elemente von bestehenden Prüfplänen für ähnliche Produkte ergänzt oder sogar durch deren Modifikation generiert werden.

HYDRA unterstützt die Durchführung von Erstmusterprüfungen bzw. PPAP (Product Part Approval Process) für Kunden und. Lieferanten nach den neuesten VDA- und QS9000-Richtlinien.

7.4.6   HYDRA-FEP im Überblick

Stammdatenpflege:
Anlegen und Pflegen aller qualitätsrelevanten Daten

Prüfplanung:
zum Erstellen von Prüfplänen und Generieren von Prüfanforderungen, Prüfschritten und Prüfaufträgen

Familienprüfplan:
Erstellen von Prüfplänen für Artikel mit identischer Merkmalsausprägung

---

Prüfplanung auf Basis CAD / FMEA:
Zuweisung von Prüfplanmerkmalen aus CAD-Zeichnungen und FMEAs zur Definition von Fertigungs- und Erstmusterprüfplänen

Nestbezogene Prüfplanung:
Spezielle Funktion für Kunststoffverarbeiter

Prüfdatenerfassung:
Erfassungsdialoge an MES-Terminals (Werkerselbstprüfung) und Prüfplätzen

Regelkarten und Histogramme:
Analyse der Prüfdaten die bei der fertigungsbegleitenden Prüfung erfasst wurden und deren Visualisierung in Regelkarten und Histogrammen

Fehlerschwerpunktanalyse:
Grafische Auswertung der erfassten Fehlerarten, -orte und -ursachen

Maßnahmenverfolgung:
Aktueller Status und Verfolgung von Maßnahmen inkl. Bearbeitungsfunktionen

Warenausgangsprüfung:
Erstellen von Prüfplänen und Auswertungen zu Warenausgangsprüfungen

Erstmusterprüfung:
Erarbeiten von Prüfplänen, Erzeugen von Prüfanforderungen für Erstmuster, Auswertungen und Maßnahmenverfolgung

Produktionslenkungsplan:
Anlage und Bearbeitung von Produktionslenkungsplänen nach QS 9000

Erstellung / Verwaltung von Formularen:
Standardreports und individuelle Formulare für fertigungsbegleitende Prüfungen

Langzeitarchive:
Archivierung der Prüfdaten über lange Zeiträume inkl. Auswertungen

Eskalationsmeldungen:
Automatisiertes Auslösen von Eskalationsmeldungen beim Erkennen von definierten Situationen

qs-STAT-Schnittstelle:
Generieren einer Schnittstellendatei zur Übertragung der Daten an qs-STAT

7.5 Wareneingangsprüfung (WEP)

In den Fertigungsprozess dürfen nur die Rohstoffe und Produkte einfließen, die den definierten Anforderungen entsprechen. Mit einer systematischen Wareneingangsprüfung werden Qualitätsprobleme der Lieferanten erkannt, bevor sich diese in der eigenen Fertigung fortsetzen. Um die Kosten für die Prüfung der Wareneingänge zu minimieren, können flexible Dynamisierungsverfahren eingesetzt werden, die auf die Prüfhistorie zu Artikeln und Lieferanten zurückgreifen. Darauf basierend, werden nur dann Prüfungen vorgeschlagen, wenn diese auch wirklich erforderlich sind.

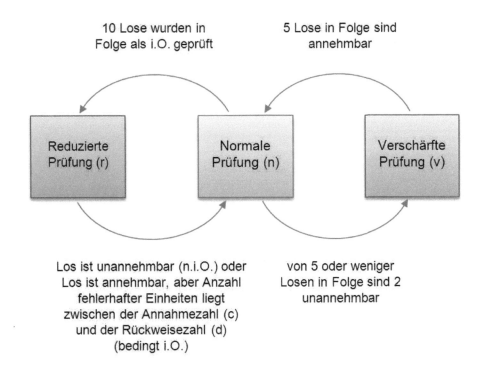

Abb. 7.21 Beispiel für die Anwendung von Dynamisierungsregeln bei der Wareneingangsprüfung

Die Wareneingangsprüfung kann mit einem übergeordneten ERP-System einen bidirektionalen Workflow aufbauen. Bei Warenanlieferungen übergibt das ERP der CAQ Daten wie Lieferscheinnummer, Lieferdatum, Artikel, Chargen- oder Losinformationen und die gelieferte Menge für prüfpflichtige Artikel, worauf die HYDRA-CAQ hierzu automatisch den Prüfauftrag generiert.

Nach der Wareneingangsprüfung wird der Prüfentscheid dem ERP-System übergeben. Prüfmerkmale, die zu einer n.i.O.-Prüfung geführt haben, werden mit den Prüfergebnissen an das HYDRA-Reklamationsmanagement weitergeleitet, das automatisiert einen Mängelbericht für den Lieferanten generiert.

7.5.1 Prüfplanung für den Wareneingang

Bei der Prüfplanung für den Wareneingang werden die gleichen Funktionen genutzt, die auch für die fertigungsbegleitende Prüfung und die anderen HYDRA-CAQ-Module Anwendung finden. Eine Besonderheit stellt die oben erwähnte Dynamisierung dar, die auf die Prüfschärfen- und Übergangsdefinitionen der Normen DIN ISO 2859 und DIN ISO 3951 aufsetzt, jedoch auch die individuelle Festlegung von eigenen Prüfschärfekatalogen zulässt. Dabei ist wählbar, ob die Dynamisierung auf merkmal- oder losbezogene Prüfumfänge angewendet wird.

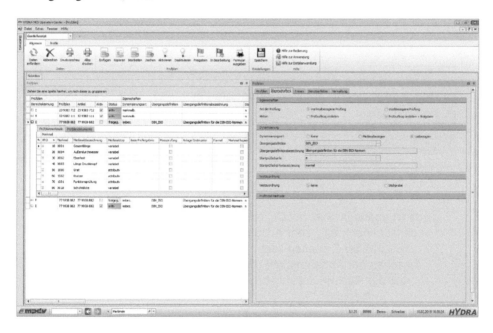

Abb. 7.22 Prüfplan mit Regeln zur Dynamisierung des Prüfumfangs

Bei der Erstellung von eigenen Stichprobenentnahmeplänen werden die Standardwerte Stichprobenumfang, Annahmezahl (Anzahl von Fehlern, welche für ein i.O.-Prüfergebnis noch zulässig ist), Rückweisezahl (Anzahl von Fehlern, ab welchen das Prüfergebnis n.i.O. ist, d.h. das Los zurückzuweisen ist) und k-Faktor als Grenzwert für die Annahme oder Rückweisung bzw. i.O.- oder n.i.O.-Prüfergebniseinstufung berücksichtigt.

7.5.2   Durchführung der Wareneingangsprüfungen

In Abhängigkeit der lokalen Bedingungen können Wareneingangsprüfungen mit geeigneten PC's, an stationären oder auch mit mobilen Geräten durchgeführt werden. In allen Fällen werden die für die Prüfungen verantwortlichen Mitarbeiter durch geeignete HYDRA-Funktionen unterstützt. So kann man sich eine Liste der offenen Prüfvorgänge anzeigen lassen, um diese in der vorgegebenen Reihenfolge abzuarbeiten. Aufgrund ihrer Ähnlichkeit mit Prozessen, die man beispielsweise vom Luftverkehr her kennt, werden diese Listen in manchen Unternehmen unter dem Titel „Flughafenliste" geführt.

Ähnlich wie bei der fertigungsbegleitenden Prüfung können die Prüfvorgänge vereinfacht und automatisiert werden, in dem geeignete Messmittel über Datenschnittstellen an die Erfassungsgeräte angeschlossen und die Messdaten auf direktem elektronischen Weg übernommen werden.

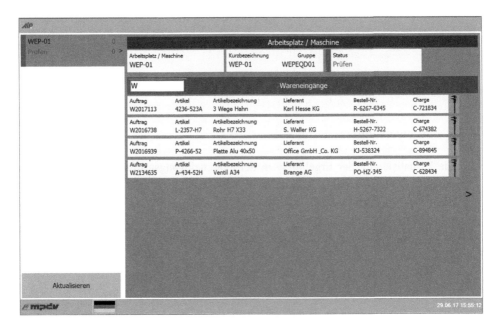

Abb. 7.23 Liste mit den im Wareneingang abzuarbeitenden Vorgängen für die Prüfung von Rohstoffen, Halbzeugen und Fertigprodukten

Die visuelle Fehlerprüfung kann deutlich vereinfacht werden, wenn für die zu prüfenden Teile eine Konstruktionszeichnung mit einem Koordinatennetz verfügbar ist und angezeigt wird. Über den Touch auf den Quadranten, in dem der Fehler erkannt wurde, werden in HYDRA damit auch automatisch die Fehlerorte erfasst.

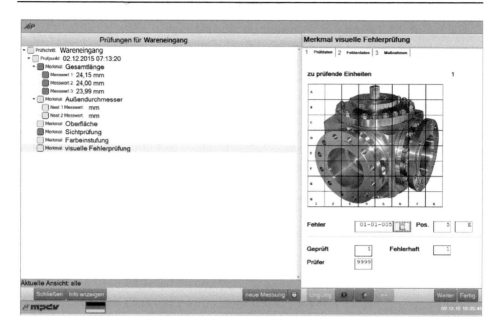

Abb. 7.24 Prüfplan mit Anzeige einer 3D-Zeichnung zur Markierung des Fehlerortes

7.5.3　Auswertungen

Für die Visualisierung der Ergebnisse in der Wareneingangsprüfung stehen die bereits vorgestellten Funktionen wie Regelkarten, Maßnahmenverfolgung und Fehlerschwerpunktanalyse zur Verfügung. In speziellen Auswertungen zur Dynamisierungshistorie kann der Anwender alle durchgeführten merkmal- oder losbezogenen Prüfungen inkl. der Prüfergebnisse und den Angaben zu den Dynamisierungsregeln einsehen.

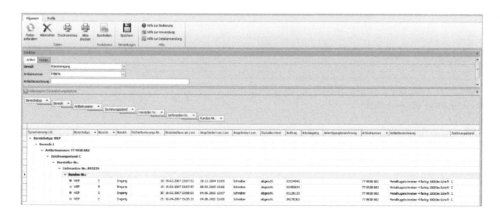

Abb. 7.25 Die Dynamisierungshistorie zeigt alle Prüfungen und die angewendeten Dynamisierungsregeln

Eine spezielle Form der Auswertungen bietet HYDRA mit dem Bewertungsmanagement, das meist in Verbindung bei der Lieferantenbewertung eingesetzt wird. Hier werden die Reklamationen, die sich aus den Prüfungen im Wareneingang ergeben, den entsprechenden Lieferanten zugeordnet, um diese objektiv bewerten zu können.

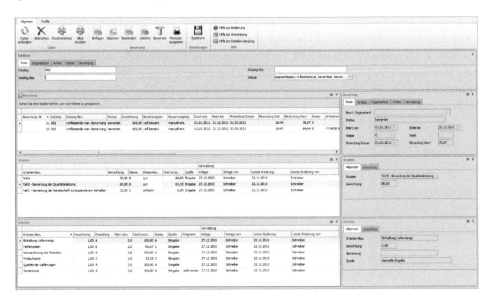

Abb. 7.26 Daten aus der Wareneingangsprüfung sind auch für die Bewertung der Lieferanten nutzbar

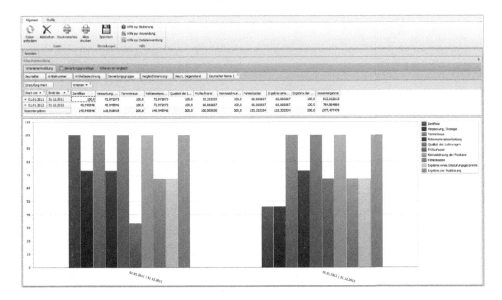

Abb. 7.27 In der Kriterienanalyse werden die Bewertungskritieren, die zur Beurteilung der Lieferanten dienen, in kumulierter Form über frei wählbare Zeiträume dargestellt.

Sollten die in der HYDRA-CAQ vorhandenen Auswertungen nicht ausreichen, können die Prüfdaten über eine Schnittstelle an das bekannte Statistikprogramm qs-STAT übergeben werden. Welche Daten analysiert werden sollen, ist über einstellbare Filterregeln definierbar.

Vor dem Export nach qs-STAT erfolgt eine Aufbereitung der Daten, sodass diese ohne weitere Konvertierung in qs-STAT verarbeitet werden können und automatisch das Starten des Statistikprogramms erfolgt. Diese Schnittstelle ist auch für alle anderen CAQ-Module verfügbar.

7.5.4   HYDRA-WEP im Überblick

Stammdatenpflege:
Anlegen und Pflegen aller Stammdaten inkl. Dynamisierungsregeln

Prüfplanung:
Erstellen von Prüfplänen und Generieren von Prüfanforderungen, Prüfschritten und Prüfaufträgen

Familienprüfplan:
Erstellen von Prüfplänen für Artikel mit identischer Merkmalsausprägung

Nestbezogene Prüfplanung:
Spezielle Funktion für Kunststoffverarbeiter

Prüfdatenerfassung:
Erfassungsdialoge an Prüfplätzen im Wareneingang

Regelkarten und Histogramme:
Visualisierung der erfassten Prüfdaten in Regelkarten und Histogrammen

Fehlerschwerpunktanalyse:
Grafische Auswertung der erfassten Fehlerarten, -orte und -ursachen

Maßnahmenverfolgung:
Aktueller Status und Verfolgung von Maßnahmen inkl. Bearbeitungsfunktionen

Bewertungsmanagement:
Verwendung der Ergebnisse aus Wareneingangsprüfungen zur Bewertung der Lieferanten

Erstellung / Verwaltung von Formularen:
Standardreports und individuelle Formulare für Wareneingangsprüfungen

Langzeitarchive:
Archivierung der Prüfdaten über lange Zeiträume inkl. Auswertungen

Eskalationsmeldungen:
Automatisiertes Auslösen von Eskalationsmeldungen beim Erkennen von definierten Situationen

qs-STAT-Schnittstelle:
Generieren einer Schnittstellendatei zur Übertragung der Daten an qs-STAT

7.6 Reklamationsmanagement (REK)

Ein gutes Reklamationsmanagement ist nicht nur eine wichtige Voraussetzung für eine reibungslose Zusammenarbeit zwischen Lieferanten und Kunden, sondern diese HYDRA-CAQ-Anwendung ist auch als innerbetriebliches Instrument zur Prozessoptimierung nutzbar.

Zur Beseitigung der Ursachen einer Beschwerde ist eine gezielte und systematische Weiterleitung der Reklamation notwendig. Daher unterstützt HYDRA auch bei der Verwaltung und Steuerung von internen und externen Reklamationen. Jede eingehende Reklamation wird erfasst, bearbeitet, analysiert und abgeschlossen. Für die ermittelten Fehler und die Beseitigung der Ursachen werden Maßnahmen sowie Termine und Zuständigkeiten festgelegt, die mittels eines Workflows in ihrer Abarbeitung gesteuert werden. Benachrichtigungen werden den Verantwortlichen automatisch, rechtzeitig und in der richtigen Form per E-Mail oder SMS zugestellt.

7.6.1   Stammdaten

Neben den Pflegefunktion zur Anlage und Bearbeitung allgemeiner Stammdaten (Artikel, Firmen, Fehler, Maßnahmen, Kostenarten, Verantwortliche, Personen, etc.) verfügt das HYDRA-Reklamationsmanagement über erweiterte Möglichkeiten zum Beispiel zur Unterscheidung verschiedener Reklamationsarten wie Kunden- oder Lieferantenreklamationen sowie interne Reklamationen. Außerdem kann ein sog. Reklamationskopf mit untergeordneten Teilreklamationen angelegt werden.

Um zielgerichtet im Rahmen der Reklamationsverfolgung vorgehen zu können, kennt HYDRA unterschiedliche Zustände wie zum Beispiel erfasst, in Bearbeitung oder abgeschlossen und Befunden wie gerechtfertigt (anerkannt), ungerechtfertigt (abgelehnt), Kulanz, Garantie oder ähnliche. Für die Maßnahmenverfolgung können den Maßnahmen spezielle Attribute wie kurz-, mittel- oder langfristig sowie Termine, Erfüllungsgrad, Wirksamkeit und Zuständigkeiten (Verantwortliche) zugewiesen werden.

7.6.2   Datenerfassung und Maßnahmenmanagement

Das Erfassen von internen und externen Reklamationen kann über PC's im Intranet, über das Internet oder auch über mobile Geräte wie Smartphones oder Tablets erfolgen. Auch für die Eingabe von Sammelreklamationen mit der Erfassung von Fehlerarten, Fehlerorten, Fehlerursachen und unterschiedlicher Kostenarten stehen entsprechend konfigurierbare Bedienerdialoge zur Verfügung.

Nach der Erfassung der Reklamationen kann der Anwender entsprechende Maßnahmen mit bestimmten Merkmalen wie Sofortmaßnahmen, langfristigen oder Abstellmaßnahmen im Sinne eines aktiven Maßnahmenmanagements zuordnen. Dies beinhaltet Funktionen zur kontinuierlichen Terminkontrolle, zur Überwachung aller Maßnahmen inkl. Eskalationsregeln, zur Definition der Verantwortlichkeiten und benutzerbezogene Aktivitätenlisten mit automatischer Prüfung aller offenen Maßnahmen.

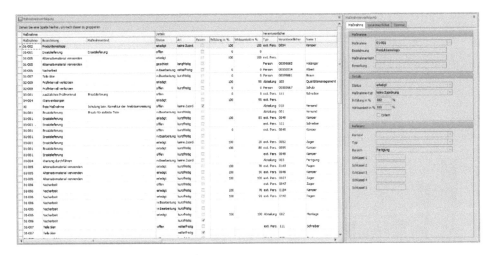

Abb. 7.28 Aktuelle Übersicht und Details zu allen, noch in der Bearbeitung befindlichen Reklamationen

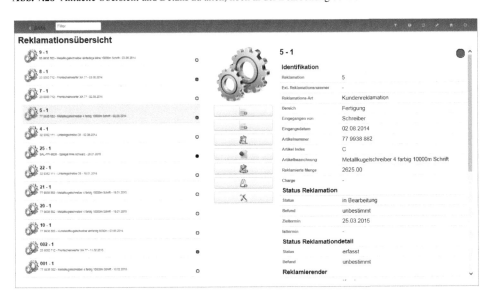

Abb. 7.29 Für die Erfassung von Daten zu Reklamationen beim Gang durch die Fertigung bieten sich mobile Geräte mit den SMA-Applikationen an.

7.6.3   Monitoring und Analysen

Das Modul Reklamationsmanagement nutzt die gleichen Funktionen zur Auswertung der
Daten wie die anderen HYDRA-CAQ-Applikationen. Dazu zählen unter anderem Fehlerschwerpunktanalysen, in diesem Fall jedoch mit speziellen Auswertungen zu den Fehlern, die zu Reklamationen geführt haben.

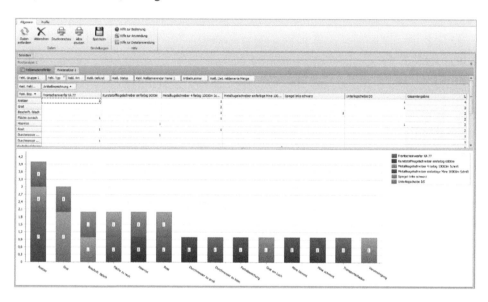

Abb. 7.30 Auswertung zu Reklamationsfehlern, die mit Bezug auf die produzierten Produkte erstellt wurde

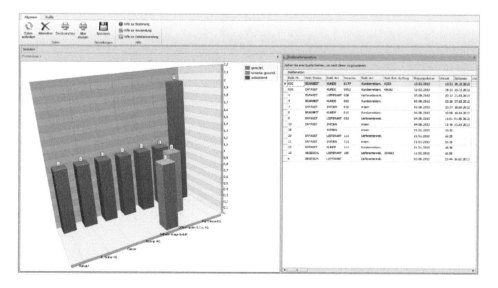

Abb. 7.31 Auswertung zu Reklamationsfehlern mit Bezug auf Fehlerkategorien und reklamierende Kunden

Die in vielen HYDRA-Tabellen enthaltenen Pivot-Funktionen können dazu genutzt werden, die Tabelleninhalte je nach Aufgabenstellung bezogen auf die Produkte, auf Kunden oder auf Fehlerkategorien anzuzeigen.

Fehlerkostenanalyse

Neben den technischen Betrachtungen bietet die HYDRA-CAQ auch die Möglichkeit, monetäre Betrachtungen zu den Reklamationen anzustellen und eine betriebswirtschaftliche Sichtweise abzubilden. Voraussetzung dafür ist, dass die angefallenen Kosten (zum Beispiel verschwendete, nicht wieder verwertbare Rohstoffe, Produktionskosten, Nacharbeit, Kosten für die Reklamationsbearbeitung, Fehleranalysen, zusätzliche Transportkosten) den jeweiligen Reklamationen zugebucht werden.

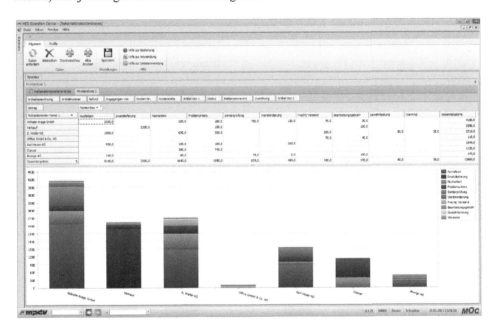

Abb. 7.32 In dieser Pivot-Tabelle werden die entstandenen Reklamationskosten zum Beispiel je Kunde zusammengefasst und summarisch dargestellt.

7.6.4 Berichte und Formulare

Da trotz elektronischer Archivierung für bestimmte Qualitätsprozesse auch heute noch Dokumente in Papierform benötigt werden, bietet die HYDRA-CAQ die Möglichkeit, Standardformulare oder individuell gestaltete Zertifikate zu erstellen, zu verwalten, zu drucken und per Mail zu versenden. Da die Forderungen bzgl. des Designs und der Inhalte der Dokumente sehr stark variieren, verwendet HYDRA Mechanismen und Tools, die in den weitverbreiteten Microsoft Office-Anwendungen enthalten sind. Damit ist sichergestellt, dass die Anwender auch ohne tiefergehende Programmierkenntnisse in der Lage sind, neue Formulare zu entwerfen bzw. bestehende zu ändern.

4D- und 8D-Report

HYDRA verfügt über Verwaltungsfunktionen zum Erstellen, Ändern, Freigeben und Deaktivieren von Dokumentvorlagen in MS Office, die je nach Anforderungen vor dem Drucken ausgewählt werden. In diese Vorlagen werden beim Aufrufen des Formulars die zugehörigen Werte eingetragen, die über vorangegangene Selektionen ermittelt wurden. Gängige Formulare wie zum Beispiel der 4D- oder der 8D-Report werden nach der Lizenzierung der entsprechenden HYDRA-CAQ-Funktionen zur Nutzung freigeschaltet.

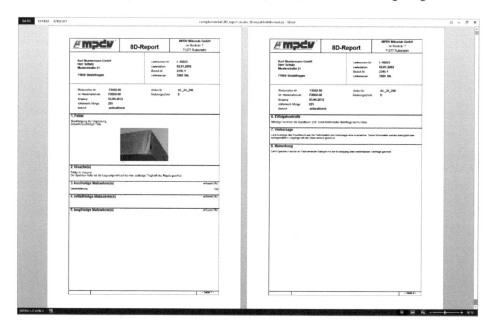

Abb. 7.33 Der 8D-Report ist ein weit verbreitetes Standard-Dokument, das zur Dokumentation von Reklamationen genutzt wird. Das Design inkl. dem Einbinden von Grafikelementen und Fotos ist individuell gestaltbar.

7.6.5   HYDRA-REK im Überblick

Stammdatenpflege:
Anlegen und Pflegen aller Stammdaten zu Reklamationen

Automatisches Erzeugen von Reklamationen:
Reklamationserzeugung durch Zuweisung von speziellen Fehlerarten

Reklamationserfassung:
Erfassungsdialoge über Clients im Intranet, über das Internet oder mobile Geräte

Monitoring:
Aktuelle Übersichten und grafische Analyse zu Reklamationen

Fehlerschwerpunktanalyse:
Grafische Auswertung der erfassten Fehlerarten, -orte und -ursachen

Maßnahmenverfolgung:
Aktueller Status und Verfolgung von definierten Maßnahmen inkl. Bearbeitungsmöglichkeiten

Workflow-Historie:
Grafische und tabellarische Darstellung der kompletten Historie zu einer Reklamation

Erstellung / Verwaltung von Formularen:
Standardreports und individuelle Formulare für das Reklamationsmanagement

Reklamationskosten:
Grafische Auswertung der erfassten Kosten und Kostenarten

7.7 Prüfmittelverwaltung (PMV)

Prüfmittel sind wichtige Betriebsmittel, die heute zur Produktion genauso erforderlich sind, wie Werkzeuge und Maschinen, denn ohne geeignete Mess- und Prüfeinrichtungen sind viele Qualitätsprüfungen überhaupt nicht durchführbar. Moderne Prüfeinrichtungen wie Messmikroskope, Bilderkennungssysteme, Messmaschinen oder ähnliche tragen mit ihren Fähigkeiten, Qualitätsmerkmale automatisiert zu erfassen und direkt über Datenschnittstellen an das CAQ-System zu übergeben, wesentlich dazu bei, dass die Kosten für die Qualitätssicherung in einem überschaubaren Rahmen gehalten werden.

Ob die gefertigten Erzeugnisse den Anforderungen des Kunden entsprechen, hängt unter anderem auch vom richtigen Einsatz der Prüfmittel ab. So muss einerseits sichergestellt werden, dass die erforderlichen Prüf- bzw. Messmittel in ausreichender Anzahl und in entsprechendem Zustand zur Verfügung stehen. Andererseits muss der Nachweis erbracht werden, dass die Produktqualität mit dem geplanten Messmittel überhaupt überwacht werden kann (Messmittelfähigkeit).

7.7.1 Stammdatenverwaltung

Ähnlich wie bereits bei anderen HYDRA-Applikationen beschrieben, werden auch die Prüfmittel in gemeinsamen Tabellen zusammen mit anderen Betriebs- und Fertigungshilfsmitteln oder Ressourcen geführt.

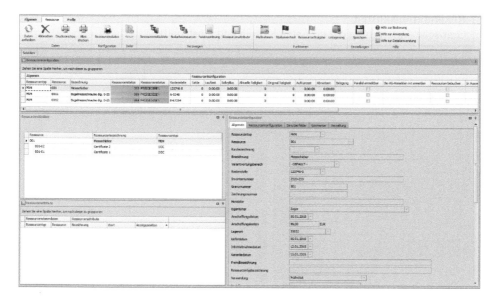

Abb. 7.34 Tabelle mit den Stammdaten der vorhandenen Prüf- und Messmittel

7.7.2 Prüfplanung und Kalibrierung

Die Überwachung und Kalibrierung der Prüfmittel wird über die ebenfalls bereits beschriebene Technik der Prüfplanung gesteuert. HYDRA bietet hierzu Musterprüfpläne nach VDI 2618 und zur Toleranzermittlung den Zugriff auf die Form- und Lagetoleranzen nach ISO 7168. Ergebnis der Prüfplanung in diesem Bereich sind Überwachungs-, Kalibrier- und Eingangsprüfpläne, die Voraussetzung für die Erfassung der Abweichungen inkl. Fehlerklassifizierung über individuell gestaltbare Dialoge sind.

Ziel der Prüfungen ist es, für jedes Prüfmittel die Messsystemfähigkeit zu bestätigen und dauerhaft zu erhalten.

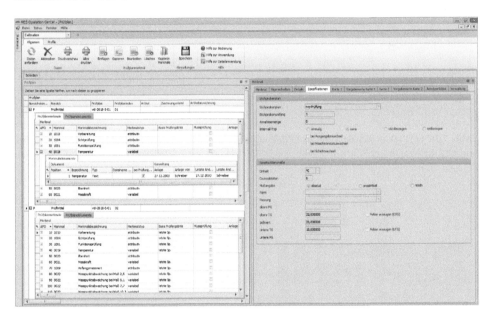

Abb. 7.35 In den Prüfplänen werden für alle Messmittel spezifische Merkmale angelegt, die für die spätere Beurteilung der Messsystemfähigkeit dienen.

7.7.3 Datenauswertung und Kalibrierplanung

Die Analyse und Dokumentation der Messmittelfähigkeit erfolgt nach den gängigen Normen in der QS 9000 bzw. TS 16949. Als Ergebnis entsteht eine Beurteilung, ob sich die eingesetzten Messsysteme während ihres Einsatzes verändert haben oder gar zerstört wurden. Dazu gehört die Ermittlung der Messmittelstreuung, die Aussage zur Vergleichbarkeit der Prüfungen (Wiederholbarkeit) und die Ermittlung des Prüfereinflusses auf die Durchführung der Prüfung (Vergleichbarkeit).

Die Fähigkeitsuntersuchungen werden mit Hilfe der bereits beschriebenen Funktionen wie Messwertkarten, Regelkarten in individuell definierter Ausprägung oder Fehlerschwerpunktanalysen durchgeführt. Welche Kalibrierungen oder Wartungsaktivitäten an welchen Prüfmitteln durchgeführt wurden, zeigt die Funktion Ressourcenhistorie auf.

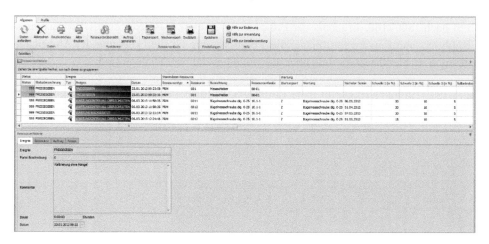

Abb. 7.36 In HYDRA werden Mess- und Prüfmittel als spezielle Ressourcen geführt. In der Ressourcenhistorie wird der gesamte Lebenslauf von Mess- und Prüfmitteln inkl. der Prüffälligkeit dargestellt.

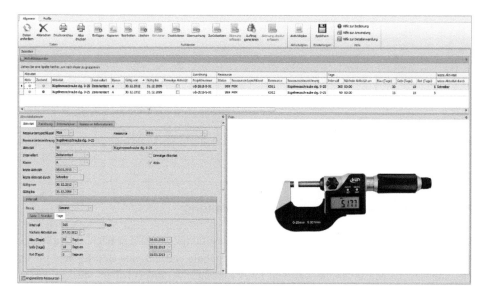

Abb. 7.37 Analog zur Planung der Wartungs- und Instandhaltungstätigkeiten für Maschinen und Werkzeuge nutzt das HYDRA-Prüfmittelmanagement den Aktivitätenkalender für die Planung und Überwachung der Kalibrierungen.

7.7.4   HYDRA-PMV im Überblick

Stammdatenpflege:
Anlegen und Pflegen aller prüfmittelrelevanten Stammdaten

Prüfplanung:
Festlegen von Kalibriermerkmalen und weiteren Daten in speziellen Prüfplänen für Prüfmittel

Kalibrierplanung:
Anlegen von Kalibrierintervallen für Prüfmittel im Aktivitätenkalender

Prüfdatenerfassung:
Messungen zu den Prüfmerkmalen, die in den Prüfplänen hinterlegt sind

Regelkarten und Histogramme:
Analyse der Merkmalsdaten, die zu den Prüfmitteln erfasst wurden

Fehlerschwerpunktanalyse:
Grafische Auswertung der erfassten Fehlerarten, -orte und -ursachen

Kalibrierstatus und Kalibrierbefund:
Visualisierung des Status und der Befunde, die bei Kalibrierungen ermittelt wurden

Maßnahmenverfolgung:
Aktueller Status und Verfolgung von definierten Maßnahmen inkl. Bearbeitungsmöglichkeiten

9783662595077